U0689699

颜氏家训选译 韩愈诗文选译

中华书局

图书在版编目(CIP)数据

颜氏家训选译;韩愈诗文选译/黄永年译注. —北京:中华书局,2025.8.—(黄永年文集).—ISBN 978-7-101-17201-0

Ⅰ.B823.1;I214.232

中国国家版本馆 CIP 数据核字第 20252U3J99 号

书　　名	颜氏家训选译　韩愈诗文选译
译 注 者	黄永年
丛 书 名	黄永年文集
责任编辑	李洪超
装帧设计	刘　丽
责任印制	韩馨雨
出版发行	中华书局
	(北京市丰台区太平桥西里 38 号　100073)
	http://www.zhbc.com.cn
	E-mail:zhbc@zhbc.com.cn
印　　刷	河北品睿印刷有限公司
版　　次	2025 年 8 月第 1 版
	2025 年 8 月第 1 次印刷
规　　格	开本/850×1168 毫米　1/32
	印张 11⅞　插页 2　字数 280 千字
国际书号	ISBN 978-7-101-17201-0
定　　价	78.00 元

前　言

黄永年先生离开我们已经十八年多了，今年适逢先生百年诞辰，我们特编辑《黄永年文集》以寄纪念之情。

黄先生终其一生从事学术，从早年就读大学时撰写多种考订文字，直至人生最后岁月沉疴缠身仍强支病体整理其师《吕思勉文史四讲》（身后方付梓行世），其间虽数历坎坷，身处逆境而矢志不移，竟日手不释卷，伏案笔耕，堪称视学术为生命的楷模。黄先生禀赋超常，兴趣广泛，其学及于文史诸多领域，并多有不同凡响的创获；加之记忆强健，文献稔熟，是故常能成竹在胸，下笔千言，一挥而就，生平所著数百万言，是一位真正著作等身的学术大家。

《黄永年文集》旨在搜裒先生历年所撰文史学术论著汇为一编。黄先生的学术生涯长达六十年，硕果累累，其文散见于多年来的各种报刊，一些论文尤其是早年所撰，如今已难得一见。尽管先生生前，曾有经美国汪荣祖教授代为选编的《唐代史事考释》，复有手订之数种选集，辞世后又有门生、家人编选的几种论文集，然由于种种原因，如格于篇幅，所收有限；各集时有重复，亦有不同；且经先生手订之本，由于时间有先后，着眼点有别，文字复时有歧异。而若干早年出版之著作更久绝于市肆，一册难求。故这次编辑《文集》，期于尽量向学界和广大读者朋友提供一套全面认识和了解黄先生学术思想见解的成果汇集。

文集共编为十四册。一至九册为各类著作,包括中国古代史研究、古文献学,以及普及性读物,可以基本上较为完整地反映出黄先生的治学领域及一生所从事的学术工作;十至十四册文史论集所收大多为各类学术论文,分为国史探赜、文献钩沉、文史论考、文史杂论(序跋书评、师友追忆、治学丛谈)等,各部分之标题为编者拟加。考虑到各册字数的平衡,把篇幅较小,且内容性质相近的著作,两种或几种并为一册。同时,为便于读者阅读,给几种著作配了插图。

需要说明,《文集》所收均为黄先生单独完成独立署名之作,并非先生之所有文字,未予收入者主要有以下几种情况:

一是凡与他人合著,即便大行于世并颇具影响者,此次编选亦只能忍痛舍置。

二是非专门的学术著作概不收入。黄先生生性忠介耿直,具有老一辈学人天下兴亡匹夫有责的情怀,曾当选为全国人大代表,参与讨论商议国家大事,每每发表真知灼见;学术之余,先生也偶尔以诗托怀,赋有格律诗若干成集,格调高古,言清志远;先生又长于治印,诸作 2004 年中华书局以《黄永年印存》之名刊行,广获识者好评。诸如此类,虽然亦有价值,因与文集编辑宗旨相违离,故皆不选。

三是师友门生往来书信。虽目前编者存有部分,但因此次编辑时间匆迫,未能较为全面地征集搜讨,只得暂告阙如,以留待他日。

四是若干早期撰写文字未能检到,遗憾未得收入;凡未公开发表者则此次亦不予收录。

由于若干文章发表后经修订文字复收录于他处,或标题亦有改变;又黄先生生前曾亲自选编过数种论文集,其中所收篇什时有重复异同。此番选录，主要取其内容完整，或后来有重要修改者。

已出黄先生多种论著，或为繁体或为简体，先生生前多次表示，因制订简化字方案时对于若干前代形义不同之繁体异体归于同一简体，有时难于知晓和恢复本字，极易产生困惑，因此对于文史学科，他主张仍以繁体为宜。此次编辑《文集》遵从黄先生的意愿，统一体例，学术类著作论文概使用繁体字。本为《古代文史名著选译丛书》所撰的今译著作，系面向大中学生等普通读者的普及类读物，原书即要求使用简化字，是以仍保持原貌，此为特例。

《文集》编辑出版，得到中华书局原总经理徐俊、原总编辑顾青、副总编辑俞国林的大力支持。中华书局作为国内一流的文史著作和古籍整理专业出版社，出版诸书以选题精审、校订严密、学术和出版品质俱佳而享有盛名，黄先生生时即对书局赞誉有加，《文集》能够经由中华书局刊行，亦足以告慰先生在天之灵。

编务工作主要由黄先生现仍在陕西师范大学工作的诸位门生和再传弟子承担。王其祎研究员为《文集》题签，苏小华博士编写了附录《黄永年先生论著年表》，为全书增色不少。

陕西师范大学国际长安学研究院大力资助《文集》出版。

在此一并致以衷心的感谢！

编者

2025 年 4 月

目　录

颜氏家训选译

韩愈诗文选译

韩愈文选译

颜氏家训选译

前　言

　　家庭教育我们今天很重视，古人何尝不是如此。当然，古人之所以重视还有其特殊原因，即当时没有像今天小学、中学那样的学校，有钱人家的孩子虽可上书塾，但教的读的都只是些书本知识，品德教育还多半靠家长，更不用说没有条件读书识字的劳动人民子弟了。劳动人民子弟平时听到的是家长的口头教育，有钱人家除口头教育外，读过书喜欢做文章的家长还常写下点书面的东西，通称为《家诫》或《家训》。据记载最早的有西晋时杜预写的《家诫》，可惜很久以前就失传了。流传下来最早最有名的则是颜之推的二十篇《颜氏家训》，它写成在隋朝初年，离今天已有一千四百多年的岁月。

　　"存在决定意识"，在给这部《颜氏家训》作选译，并把它介绍给读者之前，有必要讲一讲作者颜之推生活的时代，以及颜之推在这个时代的社会地位和经历，这也是前人所说的要"知人论世"。只有这样，读者才会懂得这部《家训》为什么要这么训，这么写，懂得其中哪些东西在当时就是错误的，就不足为训，哪些东西在当时虽正确，但随着时代的变迁在今天已失去现实意义，而另有一些东西则时至今日仍可供参考借鉴。我们今天不是要弘扬我国的优秀传统文化吗？传统文化中究竟哪些算优秀，是精华，哪些是糟粕，在它身上不会贴个明显的标签，而且精华、糟粕还常常夹杂在一起。要加以区别,最科学的办法还是作"知人论世"的分析。

这里先说时代。颜之推生活的当然是封建时代,社会是封建社会。但这个封建社会又有其特殊性,即曾经出现过一种特殊的东西叫"门阀"。要知道,我国封建社会在西周春秋时本来是和西欧中世纪一样都是所谓封建领主制,上面是从天子、诸侯、大夫、士一层层领主,统治着没有人身自由的农奴。只是我国社会成熟得早,早在进入战国时代就从封建领主制转化成为封建地主制,不再是领主来剥削农奴而变成地主来剥削有人身自由的佃农。这当然是一大进步。无奈任何一种社会在它刚出现时总不免留有前一种社会的残余。秦汉时中央虽已集权,郡守、县令的僚属却都要由本地所谓"大姓"的子弟充任,这就是过去领主势力在基层的残余。这在中央政权稳定时还相安无事,一旦中央政权瓦解,这些大姓就以本宗族的人员为基础,或割据一方,或问鼎中原,从东汉末年的群雄并起到三国分立,都是他们活跃的结果。到魏晋时候,这些大姓中立有功勋成为显要者就被政府承认为身份高贵、拥有特权的"士族",此外不论是地主还是农民都只算是"庶族"。这种士族是世袭的,一个人成了士族就一家都是士族,子孙也世代都是士族,所以又被称为"门阀",门是家门,阀是阀阅,据说这阀阅是大门左右的一对柱子,家门里立了功常在上面张贴功状,于是人们用它来称士族,意思是有功勋的特殊富贵人家。这种士族的特权体现在两个方面:一是可以庇荫本宗族的成员和投靠的客,这些成员和客只对他们的士族主子缴租并服劳役兵役,不再向国家承担赋役,他们对士族主子的人身依附近似于农奴依附领主。再是士族子弟不到二十岁就可做官,而且必做庶族不许充任的清贵官,于是士族和庶族在仕宦上也分出清、浊两途,和领主制时代诸侯、大夫、士必须世袭又有近似之处。这实际上是领主制残余势力的一次回光返照,是历史的倒退而非进步。

尽管如此,这些士族在刚被认可时总还有些能量,否则他们就不会活跃在政治舞台上。但由于士族的生活实在太优裕,传了几代之后总不免腐朽起来。像东晋初年头号士族王家到后期就十分腐朽,亏得还有后起的士族谢家来填补空缺,淝水之战靠了谢安、谢玄等将相打败了氐族苻坚号称百万大军的南侵。进入南北朝以后,北朝经魏孝文帝拓跋宏迁都洛阳重定族姓,使士族队伍加进大批鲜卑贵族而得延续一百多年的生命。南朝的汉族政权则除皇朝更迭外没有对士族队伍作调整,基本上仍是已腐朽了的东晋后期那几姓。士族办不了实事只好把庶族吸收进政权机构,但仍然被士族看不起。直到梁武帝末年招降的北方胡化将领侯景作乱,把在如今江苏南京的京城建康攻陷,在如今湖北江陵的梁元帝政权接着又被北方的西魏消灭,南方士族一再经受严重的打击,在陈霸先建立的陈朝里就只得尽由庶族来充任将相了。不久隋灭陈统一中国,到唐初的法令上不再有士族准许庇荫的条文,旧士族子孙想做官只有和庶族一样参加科举考试,门阀这个怪物才在我国历史上最终消失。

以上粗线条地描绘了门阀士族的兴衰,接着就该介绍《颜氏家训》作者颜之推的社会地位和经历。据《北齐书·颜之推传》的记述,这颜家原籍琅邪临沂即今山东临沂,是魏晋以来北方的老士族。九世祖颜含跟随东晋元帝司马睿南渡,做过侍中、右光禄大夫等清贵的要职,以后七代直到颜之推的祖父都在东晋南朝做清贵官,坟墓也都在建康,是士族中的所谓“侨姓”。颜之推的父亲颜协任梁武帝第七子湘东王萧绎的王国常侍,梁武帝普通七年

（526）萧绎外任使持节都督荆湘等六州诸军事、荆州刺史，颜协也跟着去荆州的治所江陵，萧绎加镇西将军后颜协又任军府的谘议参军。梁武帝中大通三年（531）颜之推就出生在江陵，他比普通四年出生的大哥颜之仪要小八岁①。梁武帝大同五年（539）颜协在江陵去世，不久萧绎也回建康任职。大同六年（540）萧绎又出任使持节都督江州诸军事、镇南将军、江州刺史，梁武帝太清元年（547）再次调任使持节都督荆雍等九州诸军事、镇西将军、荆州刺史，颜之推和大哥颜之仪都先后跟到江州的治所即今江西九江和荆州治所江陵，颜之推做上了萧绎湘东王国的左常侍，加镇西将军府的墨曹参军，其时年龄还不到二十岁，显然体现了士族仕宦的特权。太清二年（548）侯景打进建康，第二年把梁武帝萧衍拘禁起来活活饿死，立梁武帝第三子萧纲为傀儡皇帝。简文帝大宝元年（550），萧绎派儿子萧方诸出任郢州刺史防御侯景，让年仅二十岁的颜之推去郢州治所夏口（今湖北武汉）任管记做文书工作。大宝二年（551）侯景叛军打进夏口把萧方诸和颜之推俘虏到建康，侯景杀萧纲自己称帝。第二年（552）梁军收复建康，侯景败死，萧绎在江陵称帝成为历史上的梁元帝，颜之推回到江陵任元

①《北齐书·颜之推传》不载颜之推的生卒年，这里说生于中大通三年（531），是清代学者钱大昕在所撰《疑年录》里作的考证，钱氏是根据《颜氏家训·序致》里所说颜之推"年始九岁"便丧父，又据《梁书·颜协传》说颜之推父颜协卒于梁武帝大同五年（539），这年颜之推既是九岁，上推出生之年必是梁武帝中大通三年（531），因为古人的年龄都用虚算，即以出生的那一年为一岁，过了年头便是两岁，以此类推，又这位颜协在《北齐书·颜之推传》里写作颜勰（xié 协），"勰"、"协"二字古可通用。颜之仪的传则见于《周书》，说他卒于隋文帝开皇十一年（591），享年六十九，由此推算出生年是梁武帝普通四年（523）。

帝的散骑侍郎。两年后即元帝承圣三年(554)西魏又出兵南下攻占江陵,萧绎被杀,官员百姓十多万人沦为奴隶被押送关中,二十五岁的颜之推和大哥颜之仪又未能幸免。好在颜之推有文才,被大将军李穆所赏识,没有多吃苦而被推荐给镇守弘农郡的阳平公李远代写书信。弘农郡的治所弘农县在今河南灵宝北面离黄河不远之处,趁水涨颜之推坐船冒险经过三门峡逃入了北齐。从这时起颜之推总算在北齐京都邺城过了二十年出头的平静生活,还生了两个儿子颜思鲁和颜愍楚①。当然这平静生活也是过得颇为不容易,因为北齐第一个皇帝文宣帝高洋和第四个皇帝武成帝高湛都是杀人如儿戏的暴君,最后一个亡国之君后主高纬又是只知玩乐的糊涂虫,颜之推以不卷入上层政治斗争而保全了身家性命,平稳地历任通直散骑常侍、中书舍人、黄门侍郎等清贵官职。而当年留在北周的颜之仪后来也做了大官,只因参与上层政治斗争多次差点酿成杀身之祸。北周建德六年(577)周武帝宇文邕吞灭北齐时,颜之推曾建议后主高纬投奔南朝的陈国,没有被听从,只让他出任平原太守去今山东平原县西南防守黄河。北齐灭亡后四十七岁的颜之推再度进入关中,又生了一个儿子颜游秦②。周静帝大象二年(580)颜之推在京城长安做御史上士。隋取代周以后在文帝开皇中还被太子杨勇召为学士,不久去世,享年六十

────────

①思鲁,表示思念原籍琅邪临沂,临沂在春秋时是鲁国的地方。愍(mǐn 悯)楚:表示哀怜被灭掉的江陵,江陵在春秋时是楚国的地方。唐初学问家注《汉书》的颜师古就是颜思鲁的儿子,大书法家颜真卿则是颜思鲁的玄孙,《旧唐书》、《新唐书》里都有这两人的传。

②游秦,是出游关中长安的意思,关中长安在春秋时是秦国的地方,颜之推对北周没有好感,不像对鲁要"思"、对楚要"愍"那样,对秦只来个"游"字就算了。

光景①。这六十年中曾三度遭受大变乱,用他自己的话就是"三为亡国之人"②,做官虽清贵但不敢抓权势,正活画出南朝士族的没落形象,这和门阀全盛时期声势煊赫的魏晋士族久已不可同日而语。

弄清了颜之推的时代以及他的社会地位和经历,再来试读《颜氏家训》,在许多方面就有"迎刃而解"之乐。

(一)《颜氏家训》里老是主张谦退,不提倡进取。这不能说是受道家思想的影响,因为《勉学》篇里提到他早年听过萧绎讲授《老子》、《庄子》,但"性既顽鲁,亦所不好"。他之所以如此,是由于他看透了门阀士族的腐朽没落,不能再指望有所进取。为此他在《家训》里专门写了《涉务》篇,对士族的只会摆空架子、不能办实事加以谴责,指出这些人"品藻古今,若指诸掌,及有试用,多无所堪。居承平之世,不知有丧乱之祸;处庙堂之下,不知有战陈之急;保俸禄之资,不知有耕稼之苦;肆吏民之上,不知有劳役之勤"。而且平时"褒衣博带,大冠高履,出则车舆,入则扶侍,郊郭之内,无乘马者",甚至有不会骑马,见了马"莫不震慑,乃谓人曰:'正是虎,何故名为马乎'"的笑话。"及侯景之乱,肤脆骨柔,不堪行步,体羸气弱,不耐寒暑,坐死仓猝者,往往而然"。士族这个阶层既无前途,颜之推自然不去梦想还有哪一天能恢复到他九世祖颜含那个时代的声形,而只能是以退为守,让自己和这个家族能苟全性命于乱世就满足。于是他在《家训》里接着写了《省事》篇

---

① 开皇前后有二十年,即公元581年到600年,"开皇中"算哪一年呢? 姑且折中算做开皇十年吧,折成公元是590年,从颜之推出生的公元531年算到590年正好前后六十年,用我国旧算法就正是六十岁。

② 这话见于《北齐书·颜之推传》所载颜氏自撰《观我生赋》的自注。

和《止足》篇，《止足》篇提出"天地鬼神之道，皆恶满盈，谦虚冲损，可以免害"的思想，主张仕宦只需"处在中品"，"高此者便当罢谢"，切莫"侥幸富贵"而带来杀身灭族之祸。同时他还给家产订了个标准，说"常以二十口家，奴婢盛多，不可出二十人，良田十顷，堂室才蔽风雨，车马仅代杖策，蓄财数万，以拟吉凶急速。不啻此者，以义散之；不至此者，勿非道求之"。《省事》篇则主张安分守己，宣传多一事不如少一事的思想。这些思想从总体上讲当然属于腐朽没落的阶级意识，即使在当时也说不上有什么进步性，和今天为了建设社会主义要敢于进取这点更是背道而驰。但所讲止足如用在生活上、物质享受上还多少有点现实意义。这当然不是说照用《止足》篇里"良田十顷"、"蓄财数万"的地主阶级标准，而应该有今天真正合理的标准和要求。

（二）没落的士族成员如何才能生存？颜之推的答复是要学真实本领而不能再像以往那样务虚名，所以《颜氏家训》里就有个《名实》篇，痛斥务虚名的害处，说"不修身而求令名于世者，犹貌甚恶而责妍影于镜也"。什么算是该学的真实本领呢？讲军事会打仗不算，因为多次战乱告诉颜之推这太危险，不符合谦退的宗旨。为此他还在《家训》里写了《诫兵》篇，指出文士"颇读兵书，微有经略，若居承平之世，睥睨宫阃，幸灾乐祸，首为逆乱，诖误善良；如在兵革之时，构扇反覆，纵横说诱，不识存亡，强相扶戴"的荒唐，说"此皆陷身灭族之本"。在颜之推看来，该学的还是传统的儒家经典，为此他在《家训》里写了《勉学》篇，指出学的目的"本欲开心明目"，"修身利行"，退一步"纵不能增益德行，敦厉风俗，犹为一艺，得以自资。父兄不可常依，乡国不可常保，一旦流离，无人庇荫，当自求诸身耳。谚曰：'积财千万，不如薄伎在身。'伎之易习而可贵者，无过读书也"。这自然是颜之推的经验之谈，他自己就是凭读书有学问在萧梁、北齐、北周、杨隋四个政权都做上了清贵的官职。这种读书做官的论调今天看来自不足取,但提倡勤学、早学,主张"失于盛年,犹当晚学"等等,总不能算错,在今天仍可起教育作用。《勉学》篇之后接着是《文章》篇,因为当时除经学外还要求写好文章。这《文章》篇在理论上也有许多可以补充我国古代文论专著《文心雕龙》的地方。还有《书证》篇是对经、史、文章等所作的零星考证,《音辞》篇是对经、史等读音的考订,都可说是《勉学》、《文章》两篇的补充。绝大部分应属有用的精华,尽管有些太专业不易看懂。《杂艺》篇则讲了经、史、文章以外的若干技艺,所讲书法、绘画、射箭、算术、医学、弹琴等也都有精华成分。南北朝的士族中常有儒、道、佛三教并重的做法,颜之推则不信道而信佛。他在《勉学》篇里指出老、庄都系"任纵之徒",谈玄"非济世成俗之要",并写了《养生》篇否定道教的炼丹学仙,这些也都是可取的。所写的《归心》篇为信佛辩护并宣传迷信当然不可取,但这也是政局动荡中企图避凶趋吉的一种措施,和苟全性命于乱世的思想有其共通之处。

　　(三)《颜氏家训》中另一部分是专讲治家道理的,有《教子》、《兄弟》、《后娶》、《治家》、《风操》、《慕贤》,直到最后讲丧葬的《终制》共七篇。当然,这所治之家只是个趋于没落的士族之家,但其中仍有适用于今天的主张和办法。例如《教子》篇指出"无教而有爱"的毛病,"饮食运为,恣其所欲,宜诫翻奖,应呵反笑,至有识知,谓法当尔。骄慢已习,方复制之,捶挞至死而无威,忿怒日隆而增怨,逮于成长,终为败德",今天某些家庭岂非正是这样出了不肖子孙。《兄弟》篇指出幼小时兄弟间"不能不相爱","及其壮也,各妻其妻,各子其子,虽有笃厚之人,不能不少衰",所以要提倡"友悌深至,不为旁人之所移",这在今天看来也很有道理。《后娶》篇里有些话因时代不同已用不上，但所指出后妻"惨虐孤遗，离间骨肉"的事情今天还存在，仍值得警惕。《治家》篇里指出治家应宽猛结合，应"施而不奢，俭而不吝"，以及不应让夫人干政，不应杀害女婴，不应买卖婚姻，不应损坏书籍，不应相信巫术等等，在今天仍多可取。《慕贤》篇里指出"与善人居，如入芝兰之室，久而自芳"，"与恶人居，如入鲍鱼之肆，久而自臭"，因而对当世名贤应景仰向慕，不应"贵耳贱目，重遥轻近"，也颇符合教育原理。《终制》篇里指出厚葬的弊端加以抵制，教导儿子们"宜以传业扬名为务，不可顾恋朽壤"，对今天办理丧事也可资借鉴。只有《风操》篇所讲避讳、称谓以及和丧事有关的某些问题在门阀解体后久不受人重视，讲得虽对但在今天已无现实意义。总之，这些讲治家的篇章中可取的精华居多数，贵在善于别择。

作了如上的分析，可以看到这部《颜氏家训》是有瑜有瑕，有精华也有糟粕，但从总体来看精华还是多于糟粕，弄出个选译本来读读很有好处。当然所选译的不可能字字句句都是精华而不带糟粕，因为前面说过，精华和糟粕往往夹杂在一起，这部《家训》包括其中多数篇章就是如此，总不能选几句删几句，甚或一句里删几个字。这里只能做到在精华多的篇里多选，少的少选，另外虽非糟粕但过于专业难懂的也少选，例如《书证》篇本是《家训》里最长的一篇，因为专业难懂，在这本《选译》里只选了很少几段。另外《归心》篇可说很少精华，清代刊刻《颜氏家训》时有人曾把它删去不刻，但考虑到全书二十篇中十九篇都选译了，独缺一篇不选也不好，仍选译出来使读者可窥《家训》全貌。好在每篇之前都加了一小段提示性质的文字，对如何区别精华、糟粕多少作了点讲说。

《颜氏家训》过去的刻本很多。这本《选译》是用清乾隆五十四年(1789)卢文弨抱经堂刻本作底本,因为它所依据的是较好的七卷本,又经学者赵曦明和卢文弨本人作了注,刊刻时还由卢氏作了校勘整理。另外,今人王利器也撰写了一部《颜氏家训集解》,1980 年由上海古籍出版社印行问世,其文字除沿用抱经堂本外,还旁征南宋刻元人修补的七卷原本和多种明清刻二卷本校勘异同。我在撰写这本《选译》时曾利用这些校语来改正抱经堂本的脱误,为简省起见没有一一出注作说明。《集解》除赵、卢旧注外还搜集了其他学者对《家训》的解说,有些地方还有自己的看法,这本《选译》也曾多次采用,限于体例也不再说明是谁的说法。前人今人的解说难免有疏略之处,只要我能发现就径行补正。如《杂艺》篇"遂为陆护军画支江寺壁"这句前人今人均阙而不说,我就注出陆护军是时任护军将军的陆法和,支江即枝江,是个县。至于前人说错或今人说错、点错之处,在这本《选译》里注对、译对、点对就行了,不再一一指出。

　　　　　　　　　　　　黄永年(陕西师范大学古籍所)

序致第一

这是颜之推给《家训》写的自序。所谓序,是序说;致,是表达;序致,就是表达讲说撰写这《家训》的目的。目的有两个:一是前人著作多重复圣贤之书,他则专讲家庭里教育子孙的道理。二是自己经受家庭教育、社会阅历,有许多深切的体会,需要写出来留给后人作鉴诫。

这篇《序致》文字不多,所以全部注译,不作删节。

夫圣贤之书,教人诚孝①,慎言检迹②,立身扬名③,亦已备矣。魏晋已来④,所著诸子⑤,理重事复,递相模教⑥,犹屋下架

①诚孝:就是忠孝,《颜氏家训》是入隋后写的,要避隋文帝杨坚父亲的名讳,故把"忠"改写成"诚"字。
②检:检点,约束。迹:行为。
③立身:树立自身,指自身干出一番事业。
④已来:就是"以来"。
⑤诸子:本指先秦诸子,如儒家的《孟子》《荀子》,墨家的《墨子》,道家的《老子》《庄子》,法家的《韩非子》之类。这里指魏晋以来的类似论著,如荀悦《申鉴》、徐幹《中论》之类。
⑥教(xiào 效):通"学"。

屋、床上施床耳①。吾今所以复为此者，非敢轨物范世也②，业以
整齐门内③，提撕子孙④。夫同言而信，信其所亲；同命而行，行其
所服。禁童子之暴谑⑤，则师友之诫⑥，不如傅婢之指挥⑦；止凡
人之斗阋⑧，则尧舜之道，不如寡妻之诲谕⑨。吾望此书为汝曹之
所信⑩，犹贤于傅婢、寡妻耳⑪。

　　吾家风教⑫，素为整密⑬，昔在龆龀⑭，便蒙诱诲。每从两兄⑮，

①屋下架屋、床上施床：比喻重复而无用。当时的床兼指坐具和卧具，北宋
　以来才成为卧具的专称。
②轨物范世：轨，在古代本指车的轨迹；范，在古代本指浇铸的模子，因而后
　来引申为规范的意思，这里的轨物范世就是给办事处世作规范。轨物的
　"物"即指事物。
③业以：事业的"业"本指专业。这里的"业以"即专门用来的意思。
④提撕(xī西)：本是拉的意思，后多引申为提醒，教诲。
⑤暴：暴躁，胡闹。谑(xuè)：戏笑，戏闹。
⑥师友：这里指可以求益请教的人，也就是通常所谓师长，不能解释成老师
　和朋友。
⑦傅婢：傅是辅佐的意思，傅婢就是富贵人家照管小孩的婢女。
⑧凡人：世俗之人。阋(xì隙)：争吵。
⑨寡妻：就是指妻，不是指死去丈夫的所谓寡妇。谕：使理解。
⑩汝曹：曹本指辈、指群。汝曹，就是你们。
⑪贤：这里指胜过、好过。
⑫风教：风也是教，这里指家教。
⑬整：整齐，严肃。密：周详，完备。
⑭龆龀(tiáo chèn 条趁)：龆和龀，本都指儿童脱去乳齿，长出恒齿，后引申指
　童年。
⑮两兄：《梁书·颜协传》只说颜协有子之仪、之推，《元和姓纂》则说颜协生之
　仪、之推、之善。这里所说"两兄"除之仪外不知还有谁，难道之善也是兄？

晓夕温凊①,规行矩步②,安辞定色,锵锵翼翼③,若朝严君焉④。赐以优言⑤,问所好尚⑥,励短引长⑦,莫不恳笃⑧。年始九岁,便丁荼蓼⑨,家涂离散⑩,百口索然⑪。慈兄鞠养⑫,苦辛备至,有仁无威,导示不切。虽读《礼》、《传》⑬,微爱属文⑭,颇为凡人之所陶染⑮,肆欲

①温凊(qìng):温在这里是温被使暖,凊是凉,在这里是扇席使凉,温凊泛指侍奉父母。

②规行矩步:规本是圆规,矩本是直角尺,后规矩引申为规矩礼法,规行矩步就是行动谨慎,举止端方。

③锵(qiāng)锵:即跄(qiāng)跄,步趋有节的样子。翼翼:恭敬的样子。

④严君:这里指尊严的君上,但通常多借用来指父亲。

⑤优言:好话,优容勉励的话。

⑥好尚:爱好崇尚。

⑦励:通"砺",磨炼,磨掉。引:引申,这里是发扬的意思。

⑧笃:在这里是确当的意思。

⑨丁:当,逢上。荼蓼(tú liǎo 途了):荼本是苦菜,蓼本是辛辣的野菜,荼蓼本指处境辛苦,这里指父亲去世家境困苦。

⑩家涂:家道。

⑪百口:指家属,古代大家庭人口多,所以说百口。索然:萧索,零落无生气的样子。

⑫鞠:抚养。

⑬《礼》、《传》:《周礼》和《春秋左传》。《北齐书·颜之推传》说他家世善治这两种经书,其中《左传》在魏晋南北朝以至隋唐都列入所谓《五经》之中,《周礼》则为南北朝士族所重视的《三礼》之首列(另两种为《仪礼》和《礼记》,《礼记》又是当时的《五经》之一)。

⑭微:稍,少。属文:属是联接,把字句联接起来做成文章,古人称为"属文",而不叫"作文"。

⑮陶:熏陶。染:染习,影响。

轻言①,不修边幅②。年十八九,少知砥砺③,习若自然,卒难洗荡④。二十已后,大过稀焉。每常心共口敌⑤,性与情竞⑥,夜觉晓非,今悔昨失,自怜无教,以至于斯。追思平昔之指⑦,铭肌镂骨⑧;非徒古书之诫,经目过耳也。故留此二十篇,以为汝曹后车耳⑨。

【翻译】

　　那些圣贤的著作,教导人们尽忠行孝,要说话谨慎行为检点,事业成立名声播扬,所有这些都已讲得很周全。魏晋以来,出现的一些子书,道理重复内容因袭,人人互相模仿学习,真好比屋下架屋,床上安床了。我如今所以再要写这部《家训》,并非敢于给办事处世作什么规范,而是专门用来整顿家门,教诲子孙。同样的话,因为是所亲近的人说的就相信;同样的命令,因为是所信服的人发出的就执行。禁止小孩的胡闹戏笑,那师友的训诫,就不如傅婢的指挥;阻止俗人的斗殴争吵,那尧舜的教导,就不如妻子的劝解。我希望这《家训》能被你们所遵信,总还比傅婢、妻子的

---

①肆:放纵。轻:轻率。
②不修边幅:不注意衣着仪表。
③砥砺(dǐ lì 底厉):本指磨刀石,引申为磨砺。
④卒(cù):同"猝",突然,短暂间。
⑤心共口敌:指要用内心来控制,使嘴里不乱说。
⑥性与情竞:性指善的本性,情指情欲,竞是竞争,斗争。
⑦指:通"旨",意旨,意愿志趣。
⑧铭肌镂(lòu 漏)骨:铭、镂都是刻,铭肌镂骨,形容体会深切。
⑨为汝曹后车:《汉书·贾谊传》里有"前车覆,后车戒"的话,为汝曹后车就是供汝曹鉴戒的意思。

话来得高明。

我家的家教，向称严肃周详，我当初在童年时，就受到诱导教诲。经常跟随两位哥哥，早晚侍奉双亲，行动谨慎举止端方，言语安详神色平和，锵锵翼翼，好似朝见尊严的君上。双亲优容勉励，问我们爱好崇尚，磨掉我们的短处发扬我们的长处，都既恳切又确当。到我九岁的时候，父亲去世陷入困境，家道沦落，家口萧索。哥哥抚养我，竭尽苦辛，但有仁爱而少威严，引导启示不那么严切。我当时虽也诵读《礼》《传》，但又对做文章稍有爱好，多少受到世俗的熏陶影响，私欲放纵言语轻率，不修饰边幅。到十八九岁，才稍知磨砺，只是习惯已成自然，短时间难于洗涤净尽。到二十岁以后，大的过错才较少出现，但还经常心和口相敌，性和情相争，夜晚发觉清晨的错误，今天悔恨昨天的过失，自己常叹息由于缺乏教育，以至于此。回想起生平的意愿志趣，体会深切；不比光阅读古书上的训诫，只是经过一下眼睛耳朵而已。因此写下这二十篇，给你们作为后车之鉴。

教子第二

　　家庭里的大问题是如何教育子女，这在封建社会已是如此。而且当时要维护好门阀士族的家声世业，更急于教育出能光宗耀祖的好儿子。这里所说的在今天当然不都适用，但像文中所说的"无教而有爱"，结果"逮于成长，终为败德"，仍值得引起今天为父母者警觉。最后一段指斥某士大夫教儿子学鲜卑语、弹琵琶去"伏事公卿"的下贱做法，说明颜之推还讲点骨气，在当时已算难能可贵。

　　上智不教而成，下愚虽教无益，中庸之人①，不教不知也。古者圣王，有胎教之法②，怀子三月，出居别宫，目不邪视，耳不妄听，音声滋味③，以礼节之。书之玉版④，藏诸金匮⑤。生子咳

————————

①中庸之人：除掉上智、下愚以外绝大多数的普通人，寻常人。
②胎教：我国古代认为孕妇的言行能影响胎儿，因而必须谨守礼仪，给胎儿好的影响，叫胎教。大概在先秦时已有此说法，具体措施则如下文所讲。
③音声：古人称音乐为音声，到唐代还称奏乐的人为"音声人"。滋味：美味。
④书之玉版：写在玉版上。先秦时没有纸，一般在竹木简上书写，也有用帛书写，更讲究的则用玉版来代替。
⑤金匮（guì 贵）：匮是"柜"的古字，是方形或长方形的家具，用来盛放东西。金匮是金属制造的柜，盛放重要的东西。

喂①。师保固明孝仁礼义②，导习之矣。凡庶纵不能尔③，当及婴稚识人颜色、知人喜怒，便加教诲，使为则为，使止则止，比及数岁④，可省笞罚⑤。父母威严而有慈，则子女畏慎而生孝矣。吾见世间无教而有爱，每不能然，饮食运为⑥，恣其所欲⑦，宜诫翻奖，应呵反笑⑧，至有识知⑨，谓法当尔。骄慢已习⑩，方复制之，捶挞至死而无威⑪，忿怒日隆而增怨⑫，逮于成长，终为败德⑬。孔子云："少成若天性⑭，习惯如自然。"是也。俗谚曰⑮："教妇初来，教儿婴孩。"诚哉斯语。

凡人不能教子女者，亦非欲陷其罪恶，但重于呵怒伤其颜色⑯，不忍楚挞惨其肌肤耳⑰。当以疾病为谕，安得不用汤药针艾

---

①咳喂(hái tí)：也写作"孩提"，指在襁褓中的婴儿，孩指婴儿刚会笑，提指可以提抱。

②师保：师和保都是先秦时教育贵族子弟的官。

③尔：如此，这样。

④比及：等到。

⑤笞(chī 痴)：鞭打，杖击。

⑥运为：即"云为"，行为。

⑦恣(zì 自)：任凭。

⑧呵(hē)：大声喝斥，呵斥。

⑨有识知：识知即知识，有识知指懂了事。

⑩慢：怠慢。

⑪挞(tà)：用鞭或杖打。

⑫忿(fèn 奋)：同"愤"。

⑬败德：败坏的品德。

⑭少成：从小养成的习惯。天性：人出生就具有的本性。

⑮谚(yàn)：谚语，俗话。

⑯重：难，不愿意。颜色：脸色，神色。

⑰楚：古代刑杖叫楚，引申为用刑杖打人也叫楚。

救之哉①？又宜思勤督训者可愿苛虐于骨肉乎②？诚不得已也！
……

父子之严，不可以狎③；骨肉之爱，不可以简④。简则慈孝不接⑤，狎则怠慢生焉⑥。
……

人之爱子，罕亦能均，自古及今，此弊多矣。贤俊者自可赏爱，顽鲁者亦当矜怜⑦。有偏宠者，虽欲以厚之，更所以祸之。……

齐朝有一士大夫⑧，尝谓吾曰："我有一儿，年已十七，颇晓书疏⑨，教其鲜卑语及弹琵琶⑩，稍欲通解，以此伏事公卿，无不宠爱，亦要事也。"吾时俯而不答。异哉，此人之教子也！若由此业自致卿相，亦不愿汝曹为之。

---

①针艾：针灸(jiǔ jiǔ)，用针刺，用艾熏灼。

②骨肉：习惯把子女说成父母的亲骨肉。

③狎(xiá 匣)：因亲近而轻忽。

④简：简慢。

⑤慈孝不接：父要慈，子要孝，慈孝不接，是说慈和孝不能会合，也就是慈和孝都做不好。接，在这里是会合的意思。

⑥怠(dài 迨)：懈怠。

⑦顽鲁：顽和鲁都是愚蠢的意思。矜(jīn)：怜悯，同情。

⑧齐朝：北齐朝。

⑨书疏：奏疏、信札之类。

⑩鲜卑语：北齐的皇室高氏据研究应源出高丽，但自北魏以来北朝的大臣显贵多系鲜卑族，所以当时有些人因懂鲜卑语和显贵们接近而自鸣得意。弹琵琶：琵琶是中亚流行的乐器，在北齐中亚的乐舞颇受显贵们欢迎，因而会弹琵琶也成为时髦的事情。

【翻译】

上智的人不用教就能成才，下愚的人即使教也不起作用，只有中庸的人要教育，不教就不知。古时候的圣王，有"胎教"的做法，怀孕三个月，出去住到别的房子里，眼睛不能邪视，耳朵不能乱听，听音乐吃美味，都要依照礼加以节制，还得把这些写到玉版上，藏进金匮里。到婴儿出生还在孩提时，做师保的本就要讲说孝仁礼义，来引导学习。普通老百姓家纵使不能如此，也当在婴儿认识人、懂得喜怒时，就加以教导训诲，叫做就得做，不叫做就得不做，等到长大几岁，就可少用鞭打惩罚。只要父母既威严又慈祥，子女自然敬畏小心而有孝行了。

我见到世上那种不讲教只有爱的，常常不是这样，吃什么，干什么，听凭孩子开口，该训诫反而夸奖，该呵斥反而欢笑，等孩子有了知识，还认为道理本来如此。到骄傲怠慢已成习惯才去制止，那就纵使敲打得再狠毒也树立不起威严，愤怒得再厉害也只会增加怨恨，直至成长，终于养成坏品德。孔子说："年纪小时养成的就像天性，习惯了也就成为自然。"是很对的。俗话说："教媳妇要在初来时，教儿子要在婴孩时。"这话确实如此。

一般人不能教子女的，也并非要把子女推进罪恶的泥坑，只是不愿意使他因呵斥而神色沮丧，不忍心使他因敲打而肌肤痛苦。这该用生病来作比喻，怎能不用汤药针艾来救治啊？还该想一想那认真督促训诫的难道愿意对亲骨肉刻薄凌虐吗？实在是不得已啊！

……

父子之间要讲严，而不可以狎；骨肉之间要有爱，但不可以简。简了就慈孝都做不好，狎了怠慢就会产生。

……

人的爱孩子，很少能做到均平，从古到今，有这种毛病的可多得很。其实俊秀的固然引人喜爱，愚蠢的也应该加以怜悯。那种有偏爱的，虽是想对他好，反而会给他招祸。

……

齐朝有个士大夫，曾对我说："我有个儿子，已有十七岁，很懂写点书疏，教他讲鲜卑话、弹琵琶，差不多都学会了，凭这些来服侍公卿，没有不被宠爱的，这也是紧要的事情。"我当时低头没有回答。奇怪啊，这个人的教儿子！如果用这种办法做到卿相，我也不愿让你们去干。

兄弟第三

　　不讲节制生育的时候,一对夫妻往往生好几个孩子,在封建社会尤其如此,因而兄弟之间如何相处,自然也成为《家训》的一个内容。加之当时的门阀士族喜欢维持大家庭,兄弟成家后仍多住在一起,要相处得好就更不容易。这里所说的,在今天看来还多少有些道理,某些地方仍可资借鉴。

　　夫有人民而后有夫妇,有夫妇而后有父子,有父子而后有兄弟,一家之亲,此三而已矣。自兹以往,至于九族①,皆本于三亲焉,故于人伦为重者也,不可不笃②。

　　兄弟者,分形连气之人也③。方其幼也,父母左提右挈④,前

①九族:从自身算起,加上以上的父、祖、曾祖、高祖,以下的子、孙、曾孙、玄孙一共九代叫九族;另一种算法是父族四、母族三、妻族二,合成九族。
②笃:诚笃,忠实,这里是认真对待的意思。
③分形连气:分形,指兄弟形体分开,不是一个人。连气,也称同气,指兄弟为同父母所生,至少是同一父所生,气质相同相连,这"同气"一词还常作兄弟的代称。
④挈(qiè):提携。

襟后裾①,食则同案②,衣则传服③,学则连业④,游则共方⑤,虽有
悖乱之人⑥,不能不相爱也。及其壮也⑦,各妻其妻,各子其子,虽
有笃厚之人,不能不少衰也。娣姒之比兄弟⑧,则疏薄矣⑨。今使
疏薄之人,而节量亲厚之恩⑩,犹方底而圆盖,必不合矣。惟友悌
深至⑪,不为旁人之所移者免夫⑫!

　　二亲既殁⑬,兄弟相顾,当如形之与影,声之与响⑭,爱先人之

①襟(jīn):古人穿长衣,衣的前幅叫襟。裾(jū居):衣的后幅。
②案:我国宋以前盛放饮器的木制长盘,有短足,类似当时作桌子用的几而
　更轻小。
③传服:有兄弟的人家,哥哥长大穿不下的衣服可留给弟弟穿,现代社会仍
　是如此,当时则称之为"传服"。
④连业:业,先秦时本指书写经典的大版,所以老师教学生经典叫"授业",学
　生向老师学经典叫"受业",这里的连业,指兄弟共用一个课本,尽管颜之
　推时写书早已用纸而不用业了。
⑤共方:方,就是"常",指常去之处。共方,去同一个地方。
⑥悖(bèi背)乱:荒谬胡来。
⑦壮:进入壮年,古人以三十岁为壮。
⑧娣姒(dì sì弟四):古人称兄妻为娣,弟妻为姒,后来也称为"妯娌"(zhóu lǐ
　轴里)。
⑨疏:疏远。薄:淡薄,欠亲密。
⑩节量:节制度量,掌握,如该十分亲热,还是只需半冷半热之类。
⑪友:兄弟互相敬爱。悌(tì):敬爱兄长。
⑫旁人:指妻。
⑬殁(mò末):死亡。
⑭响:这里指回声。

遗体①,惜己身之分气②,非兄弟何念哉?兄弟之际,异于他人,望深则易怨③,地亲则易弭④。譬犹居室,一穴则塞之,一隙则涂之,则无颓毁之虑;如雀鼠之不恤⑤,风雨之不防,壁陷楹沦⑥,无可救矣。仆妾之为雀鼠,妻子之为风雨,甚哉!

兄弟不睦⑦,则子侄不爱;子侄不爱,则群从疏薄⑧;群从疏薄,则僮仆为仇敌矣。如此,则行路皆踏其面而蹈其心⑨,谁救之哉?人或交天下之士皆有欢爱而失敬于兄者,何其能多而不能少也⑩;人或将数万之师得其死力而失恩于弟者,何其能疏而不能亲也⑪!

---

①先人之遗体:先人,指已死亡的父母。遗体,通常解释为死者的躯体。但这里的"先人之遗体",不能解释为父母死后的躯体,而是指兄弟,因为兄弟是父母所生,等于从父母身上分离出来的,所以这么说(有时这"先人之遗体"也指自身,因为自身也是从父母身上分离出来的)。

②己身之分气:指兄弟,因为自身和兄弟是"连气"即"同气",也可讲作同一气所分,所以说兄弟是"己身之分气"。

③望深:期望深,也就是要求高。

④弭(mǐ米):消除,平息(多指消除隔阂,平息纷争等)。

⑤雀鼠:《诗·召南·行露》有"谁谓雀无角,何以穿我屋","谁谓鼠无牙,何以穿我塘"的句子,所以这里把雀和鼠作为毁坏居室的代表动物。恤(xù序):忧虑。

⑥楹(yíng盈):厅堂前部的柱子。沦(lún轮):本是没落的意思,这里只能解释成摧折。

⑦睦(mù木):和睦。

⑧群从(cóng):族里的子侄辈。

⑨行路:行路之人,毫不相干的陌生人。踏(jí籍):践踏。蹈(dǎo):踩上。

⑩能多:指"交天下之士皆有欢爱",天下之士为数多。不能少:指"失敬于兄",兄为数少。

⑪能疏:指"将数万之师得其死力",数万之师和己疏。不能亲:指"失恩于弟",弟和己亲。

娣姒者,多争之地也。使骨肉居之①,亦不若各归四海②,感霜露而相思③,伫日月之相望也④。况以行路之人⑤,处多争之地,能无间者鲜矣⑥。所以然者,以其当公务而执私情⑦,处重责而怀薄义也。若能恕己而行⑧,换子而抚,则此患不生矣。

人之事兄,不可同于事父,何怨爱弟不及爱子乎⑨?是反照而不明也⑩!

······

【翻译】

有了人而后有夫妇,有了夫妇而后有父子,有了父子而后有兄弟,一个家庭里的亲人,就这三种关系。由此类推,直推到九族,都是原本于这三种亲属关系,所以在人伦中极为重要,不能不认真对待。兄弟,是形体虽分而气质相连的人。当他们幼小的时候,父母左手提右手携,拉前襟扯后裾,吃饭同案,衣服递穿,学习用同一册课本,游玩去同一处地方,纵使有荒谬胡来的,也不可能

①骨肉居之:指亲姊妹成为娣姒。
②各归四海:四海,泛指国内各个地方。各归四海即俗话离得远一点。
③感霜露而相思:《诗·秦风·蒹葭(jiān jiā 兼家)》有"蒹葭苍苍,白露为霜,所谓伊人,在水一方"的句子,因此这里说"感霜露而相思"。
④伫(zhù 住)日月之相望:伫,久立而等待。伫日月之相望,是说等待相会的日子。
⑤行路之人:指做娣姒的本来素不相识,等于行路的陌生人。
⑥间(jiàn):本指空隙,这里引申为嫌隙。
⑦当公务:指兄弟同居的大家庭办事。执私情指娣姒各顾自己的小家室。
⑧恕(shù):宽宥,原谅。
⑨怨爱弟不及爱子:这是指为弟的怨兄爱弟比不上爱子。
⑩反照:对着镜子照看,这里指把"事兄不同事父"和"爱弟不及爱子"对看。

不相爱。等到进入壮年,各有各的妻,各有各的子,纵使是诚笃厚道的,也不可能不打折扣。至于娣姒比起兄弟来,就更疏远欠亲密了。如今让这种疏远欠亲密的人来掌握亲厚不亲厚,就好比方的底座要加个圆盖,必然合不拢了。这种情况只有十分友悌,不被旁人所动摇的才能避免出现啊!

双亲已经去世,剩下兄弟相对,应该既像形和影,又像声和响,爱护先人的遗体,顾惜自身的分气,除了兄弟还能恋念谁呢?兄弟之间,和他人可不一样,要求高就容易互相埋怨,而关系亲也容易消除隔阂。譬如住的房屋,出现了一个洞就堵塞,出现了一条缝就填补,就不会有倒塌的危险;如果有了雀鼠也不忧虑,刮风下雨也不防御,那就墙崩柱摧,无从挽回了。仆妾比那雀鼠,妻子比那风雨,怕还更厉害吧!

兄弟不和睦,子侄就不相爱;子侄不相爱,族里的子侄辈就疏远欠亲密;族里的子侄辈疏远不亲密,那僮仆就成仇敌了。这样,即使走在路上的陌生人都会踏他的脸踩他的心,还有谁来救他啊?世人中有的能结交天下之士并做到欢爱却对兄长不尊敬的,这怎么能多而不能少啊;世人中又有能统率几万大军并得其死力却对弟弟不恩爱的,又怎么能疏而不能亲啊!

娣姒之间,纠纷最多。即使骨肉成为娣姒,也不如离得远一点,好感受霜露而相思,等待日子来相会。何况本像走在路上的陌生人,却处在多纠纷之地,能做到不生嫌隙的实在太少了。所以会这样,是因为办的是大家的公事,却都要顾自己的私利,担子虽重却少讲道义。如果能使自己讲恕道原谅对方,把对方的孩子像自己的那样爱抚,那这类灾祸就不会发生了。

人的侍奉兄长,不应等同于侍奉父亲,那为什么埋怨兄长爱弟弟不如爱儿子呢?这就是没有把这两件事对照起来看明白啊!

　　……

后娶第四

　　夫妻俩很少同时死亡,这就出现夫或妻死亡后活着的该不该再婚,以及再婚后如何对待非亲生子女等问题。在古代这类问题同样存在,为此颜之推在《家训》里写了《教子》、《兄弟》之后就要写这个题目。只是因为父系社会以男性为主,男的结婚叫娶,女的结婚叫嫁,所以这个题目叫《后娶》而已。

　　吉甫,贤父也。伯奇,孝子也。以贤父御孝子,合得终于天性,而后妻间之,伯奇遂放①。曾参妇死②,谓其子曰:"吾不及吉甫,汝不及伯奇。"王骏丧妻③,亦谓人曰:"我不及曾参,子不如华、元④。"并终身不娶。此等足以为诫。其后假继惨虐孤遗⑤,离

----

①吉甫……遂放:尹吉甫是周宣王时大臣,伯奇是他的儿子,传说伯奇母死,尹吉甫娶后妻不贤,对尹吉甫说:"伯奇见姜美,有邪念。"尹吉甫不信,这后妻就弄个蜂放在衣领上,叫伯奇替她捉,尹吉甫远看误认为伯奇行动不规,把他放逐出去。见《琴操·履霜操》。
②曾参(shēn):春秋末年人,孔子的学生,以孝著称。
③王骏:西汉成帝时大臣,传附见《汉书·王吉传》。
④华、元:曾华、曾元,曾参的两个儿子,曾华一作曾申。
⑤假继:假母、继母,都是后母的意思。孤遗:前妻留下的孩子,因为已失去生母,所以也可称"孤"。

间骨肉①,伤心断肠者何可胜数②。慎之哉！慎之哉！

江左不讳庶孽③,丧室之后④,多以妾媵终家事⑤。疥癣蚊虻⑥,或未能免；限以大分⑦,故稀斗阋之耻⑧。河北鄙于侧生⑨,不预人流⑩,是以必须重娶,至于三四,母年有少于子者。后母之弟与前妇之兄⑪,衣服饮食爱及婚宦⑫,至于士庶贵贱之

---

① 离间骨肉：这里是指后母挑拨前妻之子和其生父使之不睦。

② 断肠：形容极其悲痛。胜数：数得清。

③ 江左：即江东,狭义的指长江在芜湖以下的南岸地区,因为芜湖以下长江是东北流向,而古代在地理上以东为左,西为右,所以既称江东又称江左。又因东晋及南朝的根据地都在江东即江左,所以也把这几朝所辖全部地区称为江东、江左,这是广义的说法。这里的江左是广义说法。庶孽：旧时代把非正妻而为婢妾等所生之子叫庶孽。

④ 室：本指家室,因为正妻主持家室,也把正妻称为室或正室。

⑤ 妾媵(yìng映)：春秋时诸侯之女出嫁,必须有宗室之妹及侄女等陪嫁,叫妾媵,也叫媵,后来广义的妾媵则成为正妻以外婢妾等的通称。终：本指终了、结束,这里是继续管下去的意思。

⑥ 疥(jiè介)癣(xuǎn选)蚊虻(méng萌)：疥是疥虫引起的疥疮,癣是癣菌引起的各种癣,都是不致命的皮肤病。虻是吸家畜血的小昆虫,和蚊虽都有害但终不成大患。这里的疥癣蚊虻是引申来指无关紧要容易处理好的细小纠纷。

⑦ 大分(fèn)：这"分"即名分,即名位及其应守的职分,大分即重大的名分,这里指妻和妾媵名分不同,所以妾媵即使主持家事后也比较本分,不致闹大的纠纷。

⑧ 耻：这里指可耻的事情,太不像话的事情。

⑨ 侧生：旧时代把不是正妻而系婢妾等所生之子叫"侧生",也就是"庶生"。

⑩ 预：参预,进入。人流：正常的有身份的人的行列。

⑪ 后母之弟：后母所生之子,对前母所生之子来说是弟。前妇之兄：前母所生之子,对后母所生之子来说是兄。

⑫ 爱及：以及。婚宦：婚姻和仕宦,在门阀时代,士族的婚姻包括娶妇（转下页）

隔①，俗以为常。身没之后②，辞讼盈公门③，谤辱彰道路④，子诬母为妾⑤，弟黜兄为佣⑥，播扬先人之辞迹⑦，暴露祖考之长短⑧，以求直己者⑨，往往而有，悲夫！自古奸臣佞妾⑩，以一言陷人者众矣，况夫妇之义⑪，晓夕移之⑫，婢仆求容⑬，助相说引⑭，积年累月⑮，安有孝子乎？此不可不畏。

　　凡庸之性，后夫多宠前夫之孤⑯，后妻必虐前妻之子。非唯

（接上页）嫁女必须也找士族，士族的仕宦做官也必须做清贵的官，非士族则婚既不能找士族，宦也不能历清贵，这婚和宦在当时是决不能马虎的两件大事

①士庶：士族和庶族。当时士族和庶族不能通婚，士族一上来就可做清贵官而庶族一辈子也做不上清贵官。

②没：通"殁"，死亡。

③辞讼：也作"词讼"，诉讼。公门：官署，衙门。

④彰：昭彰，公开。

⑤子：这里指前妻之子。母：这里指后母。

⑥弟：这里指后母之子。黜（chù）：贬斥。兄：这里指前妻之子。佣：佣保，雇佣的仆役。

⑦辞：言语。迹：字迹。

⑧祖考：已去世之父叫考，祖考，指已去世之祖。长短：是非，好坏。

⑨直己：直本指伸直，直己，就是使自己有理。

⑩佞（nìng）：用花言巧语谄媚他人。

⑪义：这里指情义。

⑫移：改变，动摇。

⑬容：欢悦。

⑭说（shuì 税）：劝说别人使相信自己的话。引：引诱。

⑮积年累月：指日子久了。

⑯后夫：妇女再婚的新夫叫后夫。前夫之孤：再婚妇女原先的丈夫叫前夫，当时一般丈夫死了妇女才再婚，所以把和前夫生的孩子叫孤，孤本是用来称呼无父之子。

妇人怀嫉妒之情①,丈夫有沉惑之僻②,亦事势使之然也。前夫之孤,不敢与我子争家,提携鞠养,积习生爱③,故宠之;前妻之子,每居己生之上,宦学婚嫁④,莫不为防焉,故虐之。异姓宠则父母被怨⑤,继亲虐则兄弟为仇⑥,家有此者,皆门户之祸也⑦。

……

【翻译】

　　吉甫,是贤父。伯奇,是孝子。以贤父来对待孝子,应该能够一直保有父子间慈孝的天性,可后妻离间,伯奇就被放逐。曾参的妻死去,他对他的儿子说:"我比不上吉甫,你也比不上伯奇。"王骏的妻死去,他也对人说:"我比不上曾参,我的儿子比不上曾华、曾元。"两位后来都终身没有再娶。这些都足以引为鉴戒。后世那些做后母的虐待孤儿,离间骨肉,弄得伤心断肠的多得数不清。对此要小心啊! 对此要小心啊!

　　江左不避忌庶孽,妻死以后,多由妾媵把家事管下去。细小的纠纷,有时固未能免除;但限于名分,斗殴争吵等太不像话的事情就很少见。河北鄙视庶出,不让庶出的进入有身份人的行列,所以必须重娶,甚至重娶三四次,后母年龄有时比大的儿子还小。后母生的弟弟和前妇生的兄长,在衣服饮食以及婚姻仕宦上的差

---

①嫉(jí疾)妒:妒忌。

②沉惑:沉迷,这里指丈夫沉迷于妻的美色。僻:不正的行为。

③积习:日久相承的习惯。

④宦学:这宦指做官,学指学业。

⑤异姓:指前夫之子,因姓前夫之姓所以叫"异姓"。

⑥继亲:指继母,即后母。

⑦门户:家门,家庭。

异，甚至像有士庶贵贱之间隔，而世俗对此习以为常。到本人死亡之后，家里的人为诉讼跑穿了公门，把诽谤污辱的话说到大路上，前妻之子诬蔑后母为妾，后母之子贬斥前妻之子为佣。宣扬先人的言语字迹，暴露祖考的是非好坏，使自己变得很有理似的，常常可以见到，真可悲啊！从古以来的奸臣佞妾，用一句话来害人的多得很呢。何况凭夫妇的情义，早晚想办法来改变男人的心意，而婢仆为了讨主子的欢心，帮着劝说引诱，积年累月，怎还有孝子呢？对此不可以不畏惧。

　　庸俗人的习性，后夫多数宠爱前夫的孤儿，后妻必定虐待前妻的孩子。这不仅由于妇人心怀妒忌，丈夫沉迷女色，也是事势促使如此。前夫的孤儿，不敢和我的孩子争夺家业，我把他提携抚养，日久习惯生爱，因而宠他；前妻的孩子，常常居于自己所生孩子之上，无论仕宦学业婚姻嫁娶，没有不需防范的，因而虐待他。异姓之子受宠则父母遭怨恨，后母虐待前妻之子则兄弟成仇敌，家里有这类事情，都是门户的祸害。

　　……

治家第五

　　怎样把家管好，在今天仍是一大问题，古人对此自更感烦难。颜之推在这《治家》篇里提出应宽猛结合，应"施而不奢，俭而不吝"，以及不应让夫人干政，不应杀害女婴，不应买卖婚姻，不应损坏书籍，不应相信巫术等等，在当时确很有识见，即便在今天看来也多可取。至于言词中没有把夫妻放在对等地位，则是妇女没有获得彻底解放前男人思想上的通病，这种通病今天仍多少存在，不必苛责古人。

　　夫风化者①，自上而行于下者也，自先而施于后者也。是以父不慈则子不孝，兄不友则弟不恭，夫不义则妇不顺矣。父慈而子逆，兄友而弟傲②，夫义而妇陵③，则天之凶民，乃刑戮之所摄④，非训导之所移也。

　　答怒废于家⑤，则竖子之过立见⑥；刑罚不中，则民无所措手

①风化：这里是教化即教育感化的意思。
②傲：轻慢，傲慢。
③陵：以下侮上。
④戮（lù）：杀。摄：通"慑"，使之畏惧。
⑤废：不用，没有这么做。
⑥竖（shù）子：童仆。

足①。治家之宽猛，亦犹国焉。

　　孔子曰②："奢则不孙③，俭则固④。与其不孙也，宁固。"又云⑤："如有周公之才之美⑥，使骄且吝，其余不足观也已⑦。"然则可俭而不可吝已。俭者，省约为礼之谓也；吝者，穷急不恤之谓也。今有施则奢，俭则吝。如能施而不奢，俭而不吝，可矣。

　　生民之本⑧，要当稼穑而食⑨，桑麻以衣⑩。蔬果之畜，园场之所产；鸡豚之善⑪，埘圈之所生⑫。爰及栋宇器械⑬，樵苏脂烛⑭，

　　———————

①刑罚……手足：见于《论语·子路》。中（zhòng）：合适，确当。措：安放。意思是滥施刑罚，使民动辄得咎，不知如何举动才好。
②孔子曰：见于《论语·述而》。
③孙：同"逊"，逊让。
④固：固陋，固塞鄙陋，识见短浅。
⑤又云：见于《论语·泰伯》。
⑥周公：周武王之弟周公旦，辅佐周成王灭掉殷商残余势力，相传是位多才多艺的圣人。
⑦其余：指骄和吝以外的那点才。不足观：不值得称道。已：用来表确定的语气。
⑧生民：人民，人生。
⑨稼：播种谷物。穑（sè 啬）：收获谷物。
⑩桑麻以衣：古代黄河流域和长江流域还不知道种棉花、织棉布，而是种桑养蚕织绢帛给富贵人做衣服，种麻织麻布给普通人做衣服，元朝以后种棉花、织棉布才在长江以至黄河流域逐渐普及。
⑪豚（tún）：本指小猪，这里泛指猪。善：通"膳"。
⑫埘（shí 时）：墙壁上挖洞做成的鸡窠。圈（juàn 倦）：畜栏，猪羊的圈。
⑬栋宇：房屋的正梁，栋宇即房屋。械：用具。
⑭樵苏：本指打柴割草以充燃料，这里应解释为充燃料的柴草。脂烛：用油脂做的蜡烛。

莫非种殖之物也①。至能守其业者,闭门而为生之具以足②,但家无盐井耳③。今北土风俗,率能躬俭节用,以赡衣食④。江南奢侈⑤,多不逮焉。

……

世间名士⑥,但务宽仁,至于饮食饷馈⑦,僮仆减损;施惠然诺,妻子节量,狎侮宾客⑧,侵耗乡党⑨:此亦为家之巨蠹矣⑩。

……

裴子野有疏亲故属饥寒不能自济者⑪,皆收养之。家素清贫,时逢水旱,二石米为薄粥⑫,仅得遍焉,躬自同之,常无厌色。邺下有一领军⑬,贪积已甚,家童八百,誓满一千,朝夕每人肴

①殖:通"植"。
②为生之具:治生之具,生活必需的东西。
③盐井:食盐有海盐、池盐、岩盐、井盐之分,井盐产于盐井,这里说"家无盐井",即是不能产盐之意。
④赡(shàn 善):供给。
⑤江南:长江以南的泛称,和江左一词常互用。
⑥名士:知名的文士。
⑦饷:用食物款待。馈(kuì):用食物赠送。
⑧宾客:客人,也指南北朝时依附在世家大族门下的人。
⑨侵耗(hào):侵是侵蚀,耗是损耗。侵耗,就是刻剥。乡党:乡里,乡邻。
⑩蠹(dù 妒):本指蛀虫,引申为侵蚀国家或家的人和事。
⑪裴子野:南朝萧梁文士,注《三国志》的裴松之的曾孙,以孝行著称,传见《梁书》。
⑫石:容量单位,十斗为一石。
⑬邺(yè 夜)下:邺,在今河南临漳,北齐的都城。魏晋南北朝时常称建都之地为"某下",称邺为"邺下"即其一例。领军,领军大将军的省称,北部中央的高级武官。这里指鲜卑人库(shè 社)狄伏连,事见《北齐书·慕容俨传》。

膳①，以十五钱为率②，遇有客旅③，更无以兼。后坐事伏法④，籍其家产⑤，麻鞋一屋，弊衣数库，其余财宝，不可胜言。南阳有人⑥，为生奥博⑦，性殊俭吝。冬至后女婿谒之⑧，乃设一铜瓯酒⑨，数脔獐肉⑩，婿恨其单率⑪，一举尽之，主人愕然⑫，俯仰命益⑬，如此者再，退而责其女曰："某郎好酒⑭，故汝常贫。"及其死后，诸子争财，兄遂杀弟。

妇主中馈⑮，惟事酒食衣服之礼耳⑯，国不可使预政，家不可使干蛊⑰。如有聪明才智，识达古今，正当辅佐君子⑱，助其不足。

---

①肴(yáo 摇)膳：肴，本专指荤菜，这里的肴膳通指饭菜。

②率(lǜ 律)：标准。

③客旅：前来投靠或路过的宾客。

④坐事：因事，指因事被判罪的"因"。伏法：因犯法被处死刑。

⑤籍：籍没，登记并没收财产。

⑥南阳：郡名，治所宛县，即今河南南阳。

⑦奥博：深藏广蓄。

⑧冬至：二十四节气之一，在阳历的十二月二十一日至二十三日，北半球在
　这时开始进入冬季。

⑨瓯：本指盆盂一类的瓦器，这里指酒器。

⑩脔(luán 峦)：切成块的肉。獐(zhāng 章)：鹿科动物，肉可食。

⑪单率：单薄简率，不丰盛。

⑫主人：指这个南阳人。愕(è 厄)然：陡然一惊。

⑬俯仰：随宜应付。益：增添。

⑭郎：旧社会称富贵人家的男青年为"郎"，犹后来之称为"少爷"。

⑮中馈：家庭里的饮食之事。

⑯事：从事。

⑰干蛊(gǔ 古)：通常称子能承担父所不能胜任之事为"干蛊"，但这里只是干
　事情的意思，蛊用在这里只是事情的意思。

⑱君子：这里指妇女的丈夫。

必无牝鸡晨鸣①，以致祸也。

　　江东妇女，略无交游，其婚姻之家，或十数年间未相识者，惟以信命赠遗②，致殷勤焉③。邺下风俗，专以妇持门户，争讼曲直，造请逢迎④，车乘填街衢⑤，绮罗盈府寺⑥，代子求官，为夫诉屈，此乃恒代之遗风乎⑦？南间贫素⑧，皆事外饰⑨，车乘衣服，必贵整齐，家人妻子，不免饥寒。河北人事⑩，多由内政⑪，绮罗金翠⑫，不可

————————

① 牝（pìn 聘）鸡晨鸣：《书・牧誓》有"牝鸡无晨，牝鸡之晨，惟家之索"的话，牝鸡即母鸡，说母鸡本不会在早晨啼叫的，如果母鸡早晨啼叫，这个家就将萧条下去了。这个典故通常被用来否定妇女掌权，认为妇女掌权定会坏事。

② 信命：古时多称使者为"信"，"信命"就是派人传达音信的意思。遗（wèi 卫）：赠送。

③ 殷勤：情意恳切深厚。

④ 造：前往。请：谒见。逢迎：迎接。

⑤ 车乘（shèng）：古时一辆车配上四匹拉的马叫一乘，车乘，就是马拉的车，这里指北齐贵族妇女所坐的车。衢（qú 渠）：四通八达的道路。

⑥ 绮（qǐ 起）罗：有花纹的高级丝织品，这里指穿着绮罗的贵族妇女。府寺：府和寺，都是古代官署的名称，这里指北齐的政府机关。

⑦ 恒代之遗风：北魏本来建都平城，在今山西大同，当时属恒州代郡管辖。这里说"恒代之遗风"，就指北魏以来的旧习俗。

⑧ 南间：南方，指南北朝的南朝地区。贫素：家世清贫的人。

⑨ 外饰：外表的修饰。

⑩ 河北：当时地理上的习惯用语，指今河北省和河南、山东两省的古黄河以北的地区。人事：交际应酬。

⑪ 内政：本指内部事务都是妇女主持，因而这里用"内政"来指主持家务的妇女。

⑫ 金翠：金是黄金，翠是一种绿色的宝石，金翠就指用这类贵重物品制成的妇女饰物。

废阙①，羸马悴奴②，仅充而已③，倡和之礼④，或尔汝之⑤。

河北妇人，织纴组紃之事⑥，黼黻锦绣罗绮之工⑦，大优于江东也。

太公曰⑧："养女太多，一费也。"陈蕃曰⑨："盗不过五女之门⑩。"女之为累，亦以深矣。然天生蒸民⑪，先人传体，其如之何？世人多不举女⑫，贼行骨肉⑬，岂当如此而望福于天乎？吾有疏亲，家饶妓媵⑭，诞育将及⑮，便遣阍竖守之⑯，体有不安⑰，窥窗倚户，若生女者，

---

①阙(quē)：通"缺"。

②羸(léi雷)：瘦、弱。悴(cuì翠)：憔悴。

③充：充数。

④倡和：在这里即"倡随"，也就是所谓"夫倡妇随"，指夫妇间交谈。

⑤尔汝之：夫妇间交谈中以"尔""汝"相称，这在封建社会的富贵人家本是认为不敬的，但当时河北的贵族家庭中并不拘泥于此。

⑥织纴(rèn认)组紃(xún旬)：见于《礼记·内则》。纴也作"䋙"，是纺织，组是用丝织成薄而阔的带子，紃是用丝织成像绳的带子，总起来指编制丝织品。

⑦黼黻(fǔ fú府弗)锦绣罗绮：黼黻是古代礼服上所绣的花纹，这"黼黻锦绣罗绮"指绣制衣服。

⑧太公曰：这话见于《太平御览》卷四八五所引《六韬》，《六韬》此书传为助周灭纣的姜太公所撰作，其实是后人依托。

⑨陈蕃曰：陈蕃是后汉末年的名士大臣，这话见于《后汉书·陈蕃传》，是陈蕃上疏中引用的俗谚。

⑩盗不过五女之门：意思是有了女儿长大后要操办嫁妆，多至五个女儿则家必被弄穷，连盗贼都不愿来光顾。

⑪天生蒸民：见于《诗·大雅·荡》，蒸是众多的意思。

⑫举：抚养。

⑬贼：残害。行：施加于。

⑭饶：富有、多。妓：指家妓，和婢、妾地位差不多。

⑮诞(dàn)：在先秦古籍中本是大的意思，后人误称生育为"诞"。

⑯阍(hūn昏)：守门人。

⑰体有不安：身体不舒服，这里指妇女临产。

辄持将去①,母随号泣,使人不忍闻也。

　　妇人之性,率宠子婿而虐儿妇,宠婿则兄弟之怨生焉②,虐妇则姊妹之谗行焉③。然则女之行留皆得罪于其家者④,母实为之。至有谚曰:"落索阿姑餐⑤。"此其相报也。家之常弊,可不诫哉!

　　婚姻素对⑥,靖侯成规⑦。近世嫁娶,遂有卖女纳财⑧,买妇输绢⑨,比量父祖⑩,计较锱铢⑪,责多还少⑫,市井无异⑬。或猥

━━━━━━━━━

①辄(zhé 哲):即。持将去:指把女婴拿去弄死。

②兄弟:指女儿的兄弟。

③姊妹:指儿子的姊妹。

④女之行留皆得罪于其家:行,指女儿出嫁,出嫁后为其夫之母所虐。留,指娶进儿媳妇,又为此儿之母所虐。

⑤落索阿姑餐:阿姑,夫之母。落索,冷落萧索,这句话的意思是儿媳妇对夫之母报复,把极恶劣的饭给她吃。

⑥素:寒素。对:配对,婚姻"门当户对"的"对"。

⑦靖侯成规:靖侯是颜之推的九世祖颜含,东晋时人,权臣桓温要和他家论婚娶,为他所拒绝,靖侯是他死后的谥,传见《晋书》。成规:等于说立下的规矩。本书《止足》篇:"靖侯戒子侄曰:'婚姻勿贪势家。'"

⑧卖女纳财:指嫁女收受财礼,等于卖出。

⑨买妇输绢:指娶儿媳妇要给对方财礼,等于买进。输,送达。绢,在当时也是货币,直到唐代还是钱和绢并用。

⑩比量父祖:比较评量父、祖上代的官爵,因为当时还是门阀的时代,婚姻要选择高门士族。

⑪计较锱铢(zī zhū 资朱):锱、铢都是古代的重量单位,六铢合一锱,四锱才合一两,因而称计较微小的钱财者为"计较锱铢"、"锱铢必较"。

⑫责:责求,索取。还:回报,偿还。

⑬市井:古代用来做买卖的地方,这里指做买卖。

婿在门①,或傲妇擅室②,贪荣求利,反招羞耻,可不慎欤?

　　借人典籍,皆须爱护,先有缺坏,就为补治,此亦士大夫百行之一也③。济阳江禄④,读书未竟,虽有急速,必待卷束整齐⑤,然后得起⑥,故无损败,人不厌其求假焉⑦。或有狼籍几案⑧,分散部帙⑨,多为童幼婢妾之所点污⑩,风雨虫鼠之所毁伤,实为累德⑪。吾每读圣人之书,未尝不肃敬对之。其故纸有《五经》词义及贤达姓名⑫,不敢秽用也⑬。

---

①狠:卑狠,下流。

②擅:专擅,操纵。

③百行(xíng):封建社会士大夫要求自己做到的多种好的行为。

④济阳:县名,在今河南兰考东北。江禄:南朝萧梁的文人,传附见《南史·江夷传》。

⑤卷束:当时的书本都作卷轴形式,读过收拾必须卷好并束起来。折叠式书籍如旋风叶是晚唐才出现的。

⑥起:我国在晚唐以前通行跪坐,跪坐在席上或床上,有事情得起身。

⑦厌:厌烦,讨厌。假:借。

⑧狼籍:也写作"狼藉",纵横散乱貌。几:跪坐时放在席首前或床前,如同来椅前要放桌子。案:和几相似,但较小且轻巧。

⑨部帙(zhì 至):部,本指门类,引申后称一种书为一部书。帙,用细竹丝编成的包书卷用的书衣,一般十个卷轴包成一帙。

⑩点污:弄脏。

⑪累德:有损于道德。

⑫《五经》:南北朝时通常以《周易》、《尚书》、《毛诗》、《礼记》、《春秋左传》为《五经》。贤达:有才德声望的人。

⑬秽用:用在污秽的地方。

吾家巫觋祷请①,绝于言议;符书章醮②,亦无祈焉:并汝曹所见也,勿为妖妄之费。

【翻译】

风化这件事,是从上向下推行的,是从先向后施行的。所以父不慈就子不孝,兄不友就弟不恭,夫不义就妇不顺了。至于父虽慈而子要逆,兄虽友而弟要傲,夫虽义而妇要陵,那就是天生的凶恶之人,要用刑罚杀戮来使他畏惧,而不是训诲诱导之所能改造了。

家里没有人发怒、不用鞭打,那童仆的过失马上出现;刑罚用得不确当,那百姓就无所措其手足。治家的宽和猛,也好比治国一样。

孔子说:"奢了就不逊让,俭了就固陋。与其不逊让,宁可固陋。"又说:"如果有周公那样的才那样的美,但只要他既骄且吝,余下的也就不足观了。"这样说来是可以俭而不可以吝了。俭,是合乎礼的节省;吝,是对困难危急也不体恤。当今常有讲施舍就成为奢,讲节俭就入于吝。如果能够施而不奢,俭而不吝,那就很好了。

人生最根本的事情,是要播收谷物而食,种植桑麻而衣。所

①巫觋(xí习):巫是自言能与鬼神交往的人。在先秦时地位极高,秦汉以来地位大大降低,成为从事迷信活动以谋生的人,多数由妇女充任。觋,专指男巫。祷请:向鬼神祈祷请求。

②符书:通称"符箓(lù录)",道教徒用墨笔或朱笔在纸上画成似字非字的图形,自言可以驱使鬼神、治病延年,其实都是骗人的。章醮(jiào叫):醮,本是一种向神祈祷的祭祀,后来道教徒把给天曹上奏章作祈祷的活动叫做"章醮"。

贮藏的蔬果,是果园场圃之所出产;所充膳的鸡猪,是鸡窝猪圈之所畜养。还有那房屋器具、柴草蜡烛,没有不是靠种植的东西来制造的。那种能保守家业的,可以关上门而生活必需品都够用,只是家里没有口盐井而已。如今北方的风俗,都能做到省俭节用,只要供给衣食就行。江南地方奢侈,多数比不上北方。

……

世上的名士,但图宽厚仁煦,却弄得待客馈送的饮食,被僮仆减损,允诺资助的东西,被妻子克扣,轻侮宾客,刻剥乡邻。这也是治家的大祸害。

……

裴子野有远亲故旧饥寒无力自救的,都收养下来。家里一向清贫,有时遇上水旱灾,用二石米煮成薄粥,勉强让大家都吃上,自己也亲自和大家一起吃,从没有厌倦的表示。邺下有个领军,贪欲积聚得实在够狠,家童已有了八百人,还发誓凑满一千,早晚每人的饭菜,以十五文钱为标准,遇上客人来,也不增加一些。后来犯事处死,籍没家产,麻鞋有一屋子,旧衣有几个库,其余的财宝,更多得说不完。南阳地方有个人,深藏广蓄,性极俭吝,冬至后女婿来看他,他给备下一铜瓯的酒,还有几块獐肉,女婿恨他太欠丰盛,一下子就吃尽喝光。这个人很吃惊,只好对付着添上一点,这样添过几次,回头责怪女儿说:"某郎太爱喝酒,才弄得你老是贫穷。"等到他死后,几个儿子争夺遗产,因而发生了兄杀弟的事情。

妇女主持中馈,只从事酒食衣服并做得合礼而已,国不能让她过问大政,家不能让她干办正事。如果真有聪明才智,识见通达古今,也只应辅佐丈夫,对他够不到的作点帮助。一定不要来个牝鸡晨鸣,招致灾祸。

江东的妇女,很少对外交游,结成婚姻的亲家,有十几年还不相识的,只派人传命送礼,来表示殷勤。邺下的风俗,专门让妇女当家,争讼曲直,谒见迎候,驾车乘的填塞通路,穿罗绮的挤满官署,替儿子乞求官职,给丈夫诉说冤屈,这应是恒代的遗风吧?南方的贫素人家,都注意修饰外表,车乘衣服,一定讲究整齐,而家人妻子,反不免饥寒。河北交际应酬,多凭妇女,绮罗金翠,不能短少,而马匹瘦弱奴仆憔悴,勉强充数而已,夫妇交谈,有时"尔""汝"相称。

河北妇女,从事编织组纴的工作,制作黼黻锦绣罗绮的工巧,都大大胜过江东。

太公说:"养女儿太多,是一种耗费。"陈蕃说:"盗贼都不愿光顾有五个女儿的家门。"女儿之使人受害,也够深重了。但天生蒸民,又是先人的遗体,能对她怎么样呢?世人多有人生了女儿不养育,残害亲骨肉,这样岂能盼望上天降福吗?我有个远亲,家里有许多妓媵,将要生育,就派童仆守候着,临产时,看着窗子靠着门户,如果生了女婴,马上拿走,产妇随即号哭,真叫人不忍心听。

妇女习性,多宠爱女婿而虐待儿媳妇,宠爱女婿那女儿的兄弟就会生怨恨,虐待儿媳妇那儿子的姊妹就易进谗言。这样看来女的不论出嫁娶进都会得罪于家,都是为母的所造成。以至俗谚有道:"落索阿姑餐。"说做儿媳妇的以此来相报复。这是家庭里常见的弊端,能不警诫吗!

婚姻要找寒素人家,这是当年靖侯的老规矩。近代嫁娶,就有收受财礼出卖女儿,输送绢帛买进儿媳妇,比量父祖,计较锱铢,索取多而回报少,和做买卖没有区别。以致有的门里弄来个下流女婿,有的屋里操纵于凶儿媳妇,贪荣求利,反而招来耻辱,能不审慎吗!

　　借人家的书籍,都得爱护,原先有缺失损坏,要给修补,这也是士大夫百行之一。济阳人江禄,每当读书未读完,即使有紧急事情,也要等卷束整齐,然后起身,因此书籍不会损坏,人家对他来求借不感到厌烦。有人把书籍在几案上乱丢,以致部帙分散,多被小孩婢妾弄脏,风雨虫鼠毁伤,这真有损道德。我每读圣人写下的书,从没有不严肃恭敬地相对。废旧纸上有《五经》文义和贤达姓名,也不敢用在污秽之处。

　　我们家里从来不讲巫觋祷请,也没有用符书章醮去祈求:这都是你们所见到的,切莫把钱花费在这些妖妄的事情上。

风操第六

　　所谓风操,是指士大夫家的风度节操。颜之推在这个题目下主要讲了三个问题:一个是避讳问题,一个是称谓问题,再一个是和丧事有关的问题。这些问题在魏晋南北朝的门阀士族中是极其讲究的,但进入唐代门阀士族解体以后,已很少受人重视了。这里把它选译出来,只是让读者知道当时曾经有过这些习俗而已。今天应另讲新的风操,这和当年这些习俗已没有什么继承关系了。

……

　　《礼》云①:"见似目瞿②,闻名心瞿③。"有所感触,恻怆心眼④,若在从容平常之地⑤,幸须申其情耳。必不可避,亦当忍之,犹如伯叔、兄弟,酷类先人,可得终身肠断与之绝耶⑥?又"临文

---

①《礼》云:见于《礼记·杂记》。
②见似目瞿(jù 据):瞿,吃惊,这是说看到容貌和父母相像的人就目惊。
③闻名心瞿:这是说听到和父名相同时就心惊。
④恻(cè 测):凄怆,伤痛。怆(chuàng):凄怆,伤悲。
⑤从(cōng)容平常:正常情况。
⑥肠断:极度悲痛的夸张词语。

不讳,庙中不讳,君所无私讳①"。盖知闻名须有消息②,不必期于颠沛而走也③。梁世谢举④,甚有声誉,闻讳必哭,为世所讥。又有臧逢世,臧严之子也⑤,笃学修行,不坠门风⑥,孝元经牧江州⑦,遣往建昌督事⑧,郡县民庶⑨,竞修笺书⑩,朝夕辐辏⑪,几案盈积,书有称"严寒"者,必对之流涕⑫,不省取记⑬,多废公事,物情怨骇⑭,竟以不办而还。此并过事也。

---

①临文……私讳:这见于《礼记·曲礼上》。讳,古人对君主及父祖尊长之名不能说,不能写,叫避讳。临文不讳,指作文章时用到本应避讳的字可以不避讳而写进去。庙中不讳,指在宗庙里祭祀时对被祭者的小辈可以称其名而不避讳。君所无私讳,指在君主面前不应避自己父祖的名讳。

②闻名:"闻名心瞿"的"闻名"。消息:斟酌,看情况办。

③期:一定要。颠沛:倾跌,脚步忙乱不稳。

④谢举:南朝萧梁文士,传见《梁书》。

⑤臧严:萧梁文士,传见《梁书》。

⑥坠:毁坏。门风:家风,家门的风习。

⑦孝元经牧江州:孝元是梁元帝萧绎,他在梁武帝大同六年(540)出任使持节都督江州诸军事、镇南将军、江州刺史。经牧,经略治理,也就是任刺史的意思。江州,治所溢口在今江西九江。

⑧建昌:江州的属县,在今九江、南昌之间。

⑨民庶:民在这里泛指居民,庶则指没有官爵的人。

⑩修:撰写。笺(jiān):书信。

⑪辐辏(fú còu):本指车辐凑集于毂上,用来比喻人或物集聚。

⑫书有……流涕:臧逢世因为父名严,所以见到写有"严寒"的书信就对之流涕。

⑬不省(xǐng醒):不察看,不检查。记:书信,这里指写书信,写回信。

⑭物情:人情,人心。

　　近在扬都①，有一士人讳审，而与沈氏交结周厚，沈与其书，名而不姓②，此非人情也。

　　……

　　昔侯霸之子孙③，称其祖父曰家公；陈思王称其父为家父④，母为家母；潘尼称其祖曰家祖⑤：古人之所行，今人之所笑也。今南北风俗，言其祖及二亲，无云"家"者，田里猥人，方有此言耳⑥。凡与人言，言己世父⑦，以次第称之⑧，不云"家"者，以尊于父，不敢"家"也⑨。凡言姑、姊妹、女子子⑩，已嫁则以夫氏称之，在室则以次第称之⑪，言礼成他族，不得云"家"也。子孙不得称"家"者，

---

①扬都：指东晋南朝的京城建康，旧名建邺，即今江苏南京。因为它又是扬州的治所，所以也称扬都。

②名而不姓：署上自己的名而不写姓沈，因为"沈"、"审"同音，写上"沈"字就犯了对方的讳。

③侯霸：东汉时人，官至大司徒，传见《后汉书》。

④陈思王：三国曹魏大文学家曹植，封为陈王，死后谥为思，人称陈思王，传见《三国志》。

⑤潘尼：西晋时文学家，传附见《晋书·潘岳传》。

⑥今南北……言耳：后世已常称自己的祖父为家祖，父为家父，母为家母，把所谓"田里猥（wěi 委）人"之言变成为通行的雅称。田里，即农村里。猥人，卑贱的人。

⑦世父：伯父。

⑧次第：排行。

⑨不云……"家"也：因为伯父尊于父，不能算作小家庭里人，所以不好加上"家"字称家世父。

⑩女子子：女性的孩子，女儿。

⑪在室：女子未出嫁叫在室。

轻略之也①。蔡邕书集呼其姑、姊为家姑、家姊②,班固书集亦云
家孙③,今并不行也。

凡与人言,称彼祖父母、世父母、父母及长姑④,皆加"尊"字,
自叔父母已下,则加"贤"字,尊卑之差也。王羲之书⑤,称彼之母
与自称己母同,不云"尊"字,今所非也。

……

昔者,王侯自称孤、寡、不穀。自兹以降,虽孔子圣师,与门人
言皆称名也⑥。后虽有臣、仆之称,行者盖亦寡焉。江南轻重各
有谓号⑦,具诸《书仪》⑧。北人多称名者,乃古之遗风。吾善其称
名焉。

……

古人皆呼伯父、叔父,而今世多单呼伯、叔。从父兄弟姊妹已
孤⑨,而对其前呼其母为伯叔母,此不可避者也。兄弟之子已孤,

---

① 轻略:不重视,忽略。
② 蔡邕(yōng):东汉末文学家,传见《后汉书》。
③ 班固:东汉初文学家、史学家,《汉书》的撰写者,传附见《后汉书·班彪
　传》。
④ 世父母:伯父和伯母。长姑:父之姊。
⑤ 王羲之:东晋时大书法家,传见《晋书》。
⑥ 门人:弟子,学生。
⑦ 轻重:指礼仪轻重。谓号:称谓。
⑧ 《书仪》:记述礼节的书,在当时称为《书仪》。《隋书·经籍志》里收录了好
　几个人撰写的《书仪》,后来都失传了。
⑨ 从父兄弟姊妹:从父,父之兄弟;从父兄弟姊妹,即从父所生的兄弟姊妹,
　也就是今天所说的堂兄弟姊妹。已孤:父已死去,这里即指上文所说的
　"从父"已死去。

与他人言,对孤者前呼为兄子、弟子,颇为不忍,北土人多呼为
侄①。案《尔雅》、《丧服经》、《左传》侄虽名通男女②,并是对姑之
称,晋世以来,始呼叔侄。今呼为侄,于理为胜也。

……

古者,名以正体③,字以表德④,名终则讳之,字乃可以为孙
氏⑤。孔子弟子记事者,皆称仲尼⑥;吕后微时⑦,尝字高祖为
季⑧;至汉爰种⑨,字其叔父曰丝⑩;王丹与侯霸子语⑪,字霸为君
房⑫。江南至今不讳字也。河北人士全不辨之,名亦呼为字,字

---

①北土:北方。
②《尔雅》:我国最早的解释词义的专书,成于西汉时,后升格为经,成为"十
　三经"之一。《丧服经》:即《仪礼》中的《丧服》篇。《仪礼》在汉代本是经,
　当时所谓"五经"中的《礼》即是《仪礼》,南北朝隋唐时《礼记》取代《仪礼》
　成为"五经"之一,但《仪礼》仍为"三礼"及"十三经"之一。
③正体:表明本身。即指出是谁。
④表德:表示德行。
⑤为孙氏:用来作为孙辈的氏,如鲁国公子展之孙无骇卒,鲁隐公用公子展
　这个字称无骇这一支为展氏。当时姓和氏是有区别的,氏只是姓里面的
　一支,秦汉以来姓和氏就没有区别,通称为姓而不再称氏了。
⑥孔子……仲尼:见于《论语》,如《子张》篇说"仲尼不可毁也",仲尼是孔子
　的字。
⑦吕后:西汉高祖的皇后吕雉。微时:微贱而未富贵的时候。
⑧尝字高祖为季:季是汉高祖刘邦的字,事见《史记·高祖纪》。
⑨爰种:西汉爰盎(àng)的兄子。
⑩字其叔父曰丝:丝是爰盎的字,事见《汉书·爰盎传》。
⑪王丹:东汉时人,传见《后汉书》。
⑫君房:侯霸的字。

固呼为字。尚书王元景兄弟①,皆号名人,其父名云,字罗汉,一皆讳之②,其余不足怪也。

……

偏傍之书③,死有归杀④,子孙逃窜,莫肯在家;画瓦书符,作诸厌胜⑤;丧出之日⑥,门前然火⑦,户外列灰⑧,被送家鬼⑨,章断注连⑩:凡如此比,不近有情⑪,乃儒雅之罪人⑫,弹议所当加也⑬。

……

《礼经》⑭:"父之遗书,母之杯圈⑮,感其手口之泽⑯,不忍读

---

① 王元景:北齐王昕(xīn 欣)字元景,曾判祠部尚书,与其弟王晞(xī 希)均好学有名望,传见《北齐书》。

② 一皆:一概,一并,统统。

③ 偏傍之书:不属正经的书,旁门左道的书。

④ 归杀:杀,也写作"煞",即所谓"回煞",说人死后到某一天"煞"要回来,家里的人必须外出躲避。据文献,这种迷信恶俗在汉魏时已有了,直到解放后才基本上消灭掉。

⑤ 厌(yā 压)胜:古代的一种巫术,用咀咒来制服人或物。

⑥ 丧出:出丧,把尸体送出。

⑦ 门前然火:用火拦住鬼不让重新进门。然,是"燃"的本字。

⑧ 户外列灰:用灰拦住鬼不让重新进门。

⑨ 被(fú 弗):古代除灾去邪的仪式。家鬼:死者本是家里的人,所以称"家鬼"。

⑩ 章断注连:上章以求断绝死者所患疾病之传染连续。注连,就指疾病传染连续。

⑪ 有情:有人情,合乎人情。

⑫ 儒雅:儒学正道。

⑬ 弹(tán):弹劾,检举官吏的过失。

⑭ 《礼经》:这见于《礼记·玉藻》,原文较繁,这是节要。

⑮ 圈:通"棬(quān)",曲木制成的盂。

⑯ 手口之泽:手上的汗水和唾水。

用。"政为常所讲习①，雠校缮写②，及偏加服用③，有迹可思者耳。
若寻常坟典④，为生什物⑤，安可悉废之乎？既不读用，无容散逸，
惟当缄保以留后世耳⑥。

……

江南风俗，儿生一期⑦，为制新衣，盥浴装饰⑧，男则用弓矢纸
笔，女则刀尺针缕⑨，并加饮食之物，及珍宝服玩，置之儿前，观其
发意所取⑩，以验贪廉愚智，名之为试儿，亲表聚集⑪，致宴
享焉⑫。

……

四海之人，结为兄弟⑬，亦何容易⑭，必有志均义敌⑮，令终如

---

①政：通"正"。
②雠（chóu 仇）校：也作"校雠"，即校勘。缮：抄写，当时还没有发明印刷术，
　书籍需要抄写。
③服用：使用。
④坟典：《左传》昭公十二年有"三坟、五典、八索、九丘"的说法，杜预注："皆
　古书名。"因而人们常用"坟典"作为古书的代称。
⑤为生：治生，营生。什物：常用器物。
⑥缄（jiān 尖）：封闭。
⑦期（jī 基）：一周年。
⑧盥（guàn 贯）：浇水洗手。浴：洗澡。
⑨刀：剪刀。缕：线。
⑩发意：动念头。
⑪亲表：亲属中表，所谓中表，包括父之姊妹（姑母）的子女，母之兄弟（舅父）
　姊妹（姨母）的子女。
⑫享：通"飨"（xiǎng 享），用酒食款待人。
⑬结为兄弟：即所谓结义兄弟。
⑭容易：轻易，随便。
⑮敌：相当，匹敌。

始者,方可议之。一尔之后①,命子拜伏,呼为丈人,申父交之敬②,身事彼亲,亦宜加礼。比见北人甚轻此节③,行路相逢,便定昆季④,望年观貌,不择是非,至有结父为兄、托子为弟者⑤。

……

【翻译】

……

《礼》上说:"见到貌似的目惊,听到名同的心惊。"有所感触,心目凄怆,如果处在正常情况,自应该让这种感情表达。但如果无法回避,也应该有所忍耐,譬如伯叔、兄弟,容貌极像先人,能够终身见到他们就极度悲痛以至和他们断绝往来吗?《礼》上又说:"做文章不用避讳,在庙里祭祀不用避讳,在君主面前不避私讳。"可见听到名讳应该有所斟酌,不必一定要颠沛走避。梁时有个叫谢举的,很有声望,但听到私讳就哭,被世人所讥笑。还有个臧逢世,是臧严的儿子,学问踏实品行端正,能维持门风,梁元帝出任江州,派他去建昌督促公事,郡县民庶,都抢着给他写信,信多得早晚丛集,堆满了几案,信上有写了"严寒"的,他见到了一定对信流泪,再不察看作覆。公事常因此不得处理,引起人们骇怪怨恨,终于因不会办事而被召回。这都是把事情做过头了。

近来在扬都,有个士人讳"审"字,同时又和姓沈的结交亲厚,

①一尔:一旦如此。
②父交:父之所交往,父辈。
③北人:北方人。此节:这一点。
④昆季:兄弟。
⑤结父为兄:把父辈结为兄。托子为弟:把子侄辈结为弟。

姓沈的给他写信,只署名而不写上姓,这也不近人情。

……

从前侯霸的子孙,称他们的祖父叫家公;陈思王称他的父叫家父,母叫家母;潘尼称他的祖叫家祖:这都是古人所做的,而为今人所笑的。如今南北风俗,讲到他的祖和父母二亲,没有说"家"的,农村里卑贱的人,才有这种叫法。凡和人谈话,讲到自己的世父,用排行来称呼,不说"家",是因为世父比父还尊,不敢称"家"。凡讲到姑、姊妹、女儿,已经出嫁的就用丈夫的姓来称呼,没有出嫁的就用排行来称呼,意思是行婚礼就成为别个家族的人,不好称"家"。子孙不好称"家",是对他们的轻视忽略。蔡邕文集里称呼他的姑、姊为家姑、家姊,班固文集里也说家孙,如今都不通行。

凡和人谈话,称人家的祖父母、世父母、父母和长姑,都加个"尊"字,从叔父母以下,就加个"贤"字,以表示尊卑之有差别。王羲之写信,称人家的母和称自己的母相同,都不说"尊"字,这是如今所不取的。

……

从前王侯自己称自己孤、寡、不穀。从此以后,尽管孔子这样的圣师,和门人谈话都自己称名。后来虽有自称臣、仆的,但也很少有人这么做。江南地方轻重各有称谓,都记载在《书仪》上。北方人多自己称名,这是古代遗风。我认为自己称名好。

……

古人都叫伯父、叔父,而今世多单叫伯、叔。从父兄弟姊妹已孤,而当他面叫他母亲为伯母、叔母,这是无从回避的。兄弟之子已孤,和别人谈话,对着已孤者叫他兄子、弟子,就颇为不忍,北方人多叫他侄。案之《尔雅》、《丧服经》、《左传》侄虽通用于男女,都是对姑而言，晋代以来，才叫叔侄。如今叫他侄，从道理上讲是对的。

……

古时候，名用来表明本身，字用来表示德行，名在死后就要避讳，字就可以作为孙辈的氏。孔子的弟子记事时，都称孔子为仲尼；吕后在微贱时，曾称汉高祖的字叫他季；至汉人爱种，称他叔父的字叫丝；王丹和侯霸的儿子谈话，称侯霸的字叫君房。江南地方至今对字不避讳。河北人士对名和字完全不加区别，名也叫做字，字自然叫做字。尚书王元景兄弟，都号称名人，父名云，字罗汉，一概避讳，其余的人就不足怪了。

……

旁门左道的书里说，人死后有归杀，子孙要逃窜在外，没有人肯留在家里；要画瓦书符，作种种厌胜；出丧那天，要门前生火，户外铺灰，被送家鬼，上章以断绝注连：所有这类做法，都不近人情，是儒雅的罪人，弹议所当施加。

……

《礼经》上说："父留下的书籍，母用过的杯圈，感到上面有手泽、口泽，就不忍再阅读使用。"这正因为是父所常讲习，经校勘抄写，以及母个人使用，有遗迹可供思念。如果是寻常的书籍，营生的器物，怎能统统废弃不用呢？既已不读不用，那也不该分散丢失，而应该封存保守以留传后代。

……

江南的风俗，孩子出生一周年，要给缝制新衣，洗浴打扮，男孩就用弓箭纸笔，女孩就用刀尺针线，再加上饮食，还有珍宝和服用玩耍的东西，放在孩子面前，看他动念头拿什么，用来测试他是贪还是廉，是愚还是智，这叫做试儿，聚集亲属中表，招待宴请。

……

　　四海之人，结为兄弟，也不能随便，一定要志同道合，始终如一的，才谈得上。一旦如此，就要叫自己的儿子出来拜见，叫对方为丈人，表达对父辈的敬意，自己对对方的双亲，也应该施礼。近来见到北方人对这一点很轻易，路上相遇，就可结成兄弟，只需看年龄老少，不讲是非，甚至有结父辈为兄，结子辈为弟的。

……

慕贤第七

这里所说的慕贤，不是指景仰古代的大圣大贤，而是讲对并世贤才的仰慕。其中指出世人常"贵耳贱目，重遥轻近"，以致身边明明有贤人却不知礼敬。这种毛病到今天在某些人身上仍存在，读了颜之推这篇文字应该注意戒除。

古人云："千载一圣，犹旦暮也①；五百年一贤，犹比髆也②。"言圣贤之难得疏阔如此③。倘遭不世明达君子④，安可不攀附景仰之乎⑤！吾生于乱世，长于戎马⑥，流离播越⑦，闻见已多，所值

---

① 千载……暮也：意思是虽过一千年才出一位圣人，但两位圣人之间的时间仍好似近得像从早到晚那么一点，说明圣人实在少有，能过一千年出上一位就算够密了。

② 五百……髆（bó 博）也：意思和"千载一圣，犹旦暮也"相同。髆是肩膀，比髆是肩膊靠肩膊。

③ 疏阔：不密，稀少。

④ 倘（tǎng 倘）：倘或。不世：不世出，世上所少有。

⑤ 攀附：依附。

⑥ 戎马：兵马，战争。

⑦ 流离：转徙离散。播越：播迁逃亡。

名贤,未尝不心醉魂迷向慕之也①。人在少年,神情未定②,所与款狎③,熏渍陶染④,言笑举动,无心于学,潜移暗化⑤,自然似之,何况操履艺能⑥,较明易习者也⑦!是以与善人居,如入芝兰之室⑧,久而自芳也;与恶人居,如入鲍鱼之肆⑨,久而自臭也⑩。墨子悲于染丝⑪,是之谓矣,君子必慎交游焉。孔子曰⑫:"无友不如己者。"颜、闵之徒⑬,何可世得⑭,但优于我,便足贵之。

世人多蔽⑮,贵耳贱目,重遥轻近。少长周旋⑯,如有贤哲⑰,

---

①心醉魂迷:形容仰慕之深。

②神情:精神意态。

③款狎:款洽狎习,交往极其亲密。

④熏:熏炙。渍(zì自):浸渍。陶:陶冶。染:沾染。

⑤潜移暗化:思想行为性格受外界感染,在不知不觉中起变化,今多说"潜移默化"。

⑥操履:操行,品行。艺能:技能,本领。

⑦较:通"皎",明显。

⑧芝兰:本应作"芷兰",芝是借用字,芷和兰都是有香味的草本植物。

⑨鲍鱼:这里指盐渍的咸鱼,有一种强烈的腥秽味。

⑩臭(chòu):秽恶的气味。

⑪墨子悲于染丝:这见于《墨子·所染》,讲墨子见到染丝的发出感叹。丝染在什么颜色里就会变成什么颜色,所以染丝不能不谨慎。

⑫孔子曰:见于《论语·学而》。

⑬颜、闵:颜回、闵损,都是孔子学生中的杰出人物。

⑭世得:常得,常有。

⑮蔽(bì闭):本是蒙蔽,这里引申为滞于一隅不通达的识见。

⑯少长:从幼小到长大。周旋:本指古代行礼时进退揖让的动作,这里引申为交往。

⑰哲:才能识见超越寻常的人。

每相狎侮,不加礼敬;他乡异县,微借风声①,延颈企踵②,甚于饥渴。校其长短,核其精粗,或彼不能如此矣,所以鲁人谓孔子为东家丘③。昔虞国宫之奇少长于君,君狎之,不纳其谏,以至亡国④,不可不留心也!

……

梁孝元前在荆州⑤,有丁觇者⑥,洪亭民耳⑦,颇善属文,殊工草、隶⑧,孝元书记⑨,一皆使之。军府轻贱⑩,多未之重,耻令子弟以为楷法⑪,时云:"丁君十纸,不敌王褒数字⑫。"吾雅爱其手迹⑬,

---

① 风声:名声。

② 延:引伸。企:提起脚后跟。踵(zhǒng肿):脚后跟。

③ 东家丘:丘是孔子的名,孔子是鲁国人,因为住在东边,所以当地随便地叫他"东家丘",毫无敬意。

④ 昔虞……亡:这见于《左传》僖公二年和五年,大意是晋国想吞灭虞国,虞国的宫之奇识破了晋国的阴谋,但因他在虞君身边长大,虞君和他随便惯了,把他的话不当一回事,终于虞君中了晋国的计被吞灭。

⑤ 荆州:治所江陵,即今湖北江陵。

⑥ 觇:音chān(搀)。

⑦ 洪亭:当时荆州辖区的县以下小地名,今已不详。

⑧ 草:草书。隶:隶书,但这时的隶书已与八分书不同,而向后来的所谓正书过渡。

⑨ 书记:书牍,书信。

⑩ 军府:当时梁元帝萧绎是湘东王,是使持节都督荆湘郢益宁南梁六州诸军事、西中郎将、荆州刺史,所以他的治所叫军府。

⑪ 楷法:楷模法式。

⑫ 王褒:萧梁的书法家,后入仕北周,传见《周书》。

⑬ 雅:素,向来。

常所宝持。孝元尝遣典签惠编送文章示萧祭酒①，祭酒问云："君王比赐书翰②，及写诗笔③，殊为佳手，姓名为谁，那得都无声问④?"编以实答，子云叹曰："此人后生无比，遂不为世所称，亦是奇事!"于是闻者稍复刮目⑤，稍仕至尚书仪曹郎⑥。末为晋安王侍读⑦，随王东下。及西台陷殁⑧，简牍湮散⑨，丁亦寻卒于扬州⑩。前所轻者，后思一纸不可得矣。

侯景初入建业⑪，台门虽闭⑫，公私草扰⑬，各不自全。太子

_____

① 典签：南朝方镇身边掌管文书的人，颇有权势。萧祭酒：萧子云，王褒的姑父，仕梁为国子祭酒，书法家。

② 比：近来，刚才。书翰：书信。

③ 笔：南北朝人称有韵的为文，无韵的为笔。

④ 声问：声誉，名声。

⑤ 刮目：刮目相看，用新眼光相看。

⑥ 稍：这里是逐渐的意思。尚书仪曹郎：萧梁尚书省设郎二十二人，仪曹郎是其一。

⑦ 晋安王：即梁简文帝萧纲，当时封晋安王。侍读：当时亲王有侍读，给王讲授经书。

⑧ 西台陷殁：台是台省，南北朝时称中央政府为台省，梁元帝在江陵称帝，江陵在西，所以称西台。元帝承圣三年(554)西魏攻陷江陵，杀元帝，就是这里所说的"西台陷殁"。

⑨ 简牍：纸被使用前，我国用竹简和木片书写，叫简牍，纸广泛使用后则常用"简牍"来指书信，这里即指书信之类。湮(yān 烟)：埋没。

⑩ 扬州：指扬州的治所建康，即今江苏南京。

⑪ 侯景：本是北朝大将，后投南朝萧梁，又起兵叛梁，攻入梁都城建康，梁武帝被拘饿死，侯景自称帝。后失败，出逃被杀。建业：建康旧名。

⑫ 台门：建康有台城，是台省及宫殿所在。台门即台城的城门，当时关闭了台门抗拒侯景叛军。

⑬ 公私：指政府官员和百姓。草扰：纷乱惊扰。

左卫率羊侃坐东掖门①，部分经略②，一宿皆办，遂得百余日抗拒凶逆。于是城内四万许人，王公朝士，不下一百，便是恃侃一人安之，其相去如此。……

　　齐文宣帝即位数年③，便沉湎纵恣④，略无纲纪⑤。尚能委政尚书令杨遵彦⑥，内外清谧⑦，朝野晏如⑧，各得其所，物无异议，终天保之朝⑨。遵彦后为孝昭所戮⑩，刑政于是衰矣⑪。斛律明月⑫，齐朝折冲之臣⑬，无罪被诛，将士解体⑭，周人始有吞齐之志，关中至今誉之⑮。此人用兵，岂止万夫之望而已哉⑯，国之存

---

①太子左卫率(lǜ 律)：萧梁有太子左右卫率，是太子手下的最高级武官，统带东宫警卫部队。羊侃(kǎn)：本仕北朝，后投梁，是当时的名将，传见《梁书》。东掖门：台城的门。

②部分：部署处分。经略：策划处理。

③齐文宣帝：北齐文宣帝高洋。

④沉湎(miǎn 免)：沉迷于酒。纵恣：放纵恣肆，想怎么干就怎么干。

⑤纲纪：法纪。

⑥尚书令：尚书省的长官，中央政府机构的首脑。杨遵彦：杨愔(yīn 音)，字遵彦，北方大臣，传见《北齐书》。

⑦内外：内指京城之内，外指京城以外的所有统治地区。谧(mì 密)：安宁。

⑧朝野：朝廷和民间。晏如：平静。

⑨天保：北齐文宣帝的年号，共十年(550—559)。

⑩孝昭：北齐孝昭帝高演。

⑪刑政：刑罚政令。

⑫斛律明月：斛律先，字明月，北齐大将，传见《北齐书》。

⑬折冲：御侮，抵御敌人。

⑭解体：肢体解散，比喻人心叛离。

⑮关中：地理上的习惯用语，有时专指今陕西关中盆地，有时也包括陕北、陇西。当时是北周的主要根据地。

⑯万夫之望：见《易·系辞下》，意思是万人之所瞻望，即众望所归。

亡,系其生死。

……

【翻译】

　　古人说:"一千年出一位圣人,还近得像旦暮之间;五百年出一位贤人,还密得像肩碰肩。"这是讲圣人贤人是如此稀少难得。倘或遇上不世出的明达君子,怎能不攀附景仰啊! 我出生在乱离之时,长成在兵马之间,流离播迁,见闻已多,遇上名流贤士,没有不心醉魂迷地向往仰慕。人在年少时候,精神意态还未定型,和人家交往亲密,受到熏渍陶染,人家的一言一笑一举一动,即使无心去学习,也会潜移默化,自然相似,何况人家的操行技能,是更为明显易于学习的东西啊! 因此和善人在一起,如同进入养芝兰的房室,时间一久自然芬芳;和恶人在一起,如同进入卖鲍鱼的铺子,时间一久自然腥臭。墨子看到染丝而感叹,就是这个缘故,所以君子在交游上必须谨慎。孔子说:"不要和不如自己的人做朋友。"像颜回、闵损那样的人,哪能常有,只要有胜过我的地方,就很可贵。

　　世上的人多有所蔽,重视耳闻的而轻视目睹的,重视远处的而轻视身边的。从小到大常往来的人中,如果有了贤士哲人,也往往轻慢,缺少礼貌尊敬。而对身居他乡别县的,稍稍传闻名声,就会延颈企踵,如饥似渴地想见一见,其实比较二者的短长,审校二者的精粗,很可能远处的还不如身边的,此所以鲁人会把孔子称为"东家丘"。从前虞国的宫之奇从小生长在虞君身边,虞君对他很随便,听不进他的劝谏,终于落个亡国的结局,真不能不留心啊!

　　……

　　梁元帝从前在荆州时,有个叫丁觇的,只是个洪亭地方的百姓,可能会做文章,尤其擅长写草书、隶书,元帝的往来书信,都叫他代写。可军府里的人轻贱他,对他的书法不重视,不愿子弟模仿学习,一时有"丁君写的十张纸,比不上王褒几个字"的说法。我是一向喜爱丁的书法的,常加以珍藏。后来元帝派典签叫惠编的送文章给祭酒萧子云看,萧子云问道:"君王刚才所赐的书翰,还有所写的诗笔,真出于好手,此人姓什么叫什么,怎么会毫无名声?"惠编如实回答,萧子云叹道:"此人在后生中没有谁能比得上,却不为世人称道,也算是奇怪事情!"从此听到这话的对丁稍稍刮目相看,丁也逐步做上尚书仪曹郎。最后丁做晋安王的侍读,随王东下。到西台陷落,简牍散失埋没,丁不久也死于扬州。从前轻视丁的,以后想要丁的一纸书法也不可得了。

侯景刚进入建康时,台门虽已闭守,而官员百姓纷乱惊扰,人人不得自保。太子左卫率羊侃坐镇东掖门,部署处分,一夜齐备,才能抗拒凶逆到一百多天。这时台城里有四万多人,王公朝官,不下一百,就是靠羊侃一个人才使大家安定,才能高下相差如此。……

齐文宣帝即位几年,就沉湎纵恣,法纪全无。但还能把政事委托给尚书令杨遵彦,才使内外清宁,朝野平静,大家各得其所,而无异议,整个天保一朝都如此。杨遵彦后来被孝昭帝所杀,刑政于是败坏。斛律明月,是齐朝折冲之臣,无罪被杀,将士离心,周人才有灭齐的打算,关中到现在还称颂这位斛律明月。这个人的用兵,何止是万夫之望而已,国家的存亡,实关系于他的生死。……

勉学第八

　　《荀子》的第一篇是《劝学》，颜之推写这篇《勉学》，必是受《劝学》篇的启发。这《勉学》在《家训》中是内容特长、字数特多的一篇，这里主要选译其中讲一般道理的，因为这些道理中颇有些在今天还适用，至少可资借鉴。此外讲到学习上某些具体问题的，则因其时学习内容和今天已有根本性的差异，一般也就不入选了。

　　自古明王圣帝，犹须勤学，况凡庶乎！此事遍于经史，吾亦不能郑重①，聊举近世切要，以启寤汝耳②。士大夫子弟，数岁已上，莫不被教，多者或至《礼》、《传》，少者不失《诗》、《论》③。及至冠婚④，体性

----

①郑重：这里是频繁的意思。
②寤(wù悟)：通"悟"，觉醒。
③《论》：《论语》。
④冠(guàn)婚：先秦时男子到二十岁要行一种加冠的礼节，叫冠礼，也简称为"冠"，行了这个礼后即表示此人已成年，秦汉以来虽已不行这种礼，但习惯上仍称男子二十岁为冠。婚是娶妻，先秦时男子三十岁娶妻。这里的"冠婚"是说人到二三十岁时。

稍定①,因此天机②,倍须训诱③。有志尚者,遂能磨砺④,以就素业⑤;
无履立者⑥,自兹堕慢⑦,便为凡人。人生在世,会当有业⑧,农民则
计量耕稼⑨,商贾则讨论货贿⑩,工巧则致精器用⑪,伎艺则沉思法
术⑫,武夫则惯习弓马,文士则讲议经书。多见士大夫耻涉农商⑬,
羞务工伎⑭,射则不能穿札⑮,笔则才记姓名,饱食醉酒,忽忽无
事⑯,以此销日⑰,以此终年⑱。或因家世余绪⑲,得一阶半级⑳,

---

①体性:体质性情。

②天机:天赋的机灵。

③倍:加倍。

④磨砺:本意是磨刀刃使锐利,引申为磨练。

⑤素业:儒素之业,即士族的那套事业。

⑥履立:履是实行,行为;立是树立。履立是指想成就功业。

⑦堕:通“惰”。慢:怠慢。

⑧会:合,应。

⑨计量:计较商量。

⑩贿:财物。

⑪工巧:能工巧匠。器用:器皿用具。

⑫伎:同“技”。伎艺:技术才艺。法术:方法技术。

⑬耻:耻于,以干某件事为耻。

⑭羞:羞于,以干某件事为羞。

⑮札:古代铠甲上的铁片。

⑯忽忽:心中空虚恍惚。

⑰销日:消磨日子,混日子。

⑱终年:终其天年,到老死。

⑲家世余绪(xù 絮):余绪也称“绪余”,本指抽丝后留在茧上的残丝,引申为剩余
　的东西,这里指家世余荫,指魏晋南北朝时世家大族子弟在仕进上的特权。

⑳一阶半级:这里的阶级是指旧时官位俸给的等级,一阶半级,即后来所谓
　“一官半职”。

便自为足,全忘修学①,及有吉凶大事②,议论得失,蒙然张口③,如坐云雾,公私宴集,谈古赋诗,塞默低头④,欠伸而已⑤。有识旁观,代其入地⑥。何惜数年勤学,长受一生愧辱哉!

　　梁朝全盛之时,贵游子弟⑦,多无学术,至于谚曰:"上车不落则著作⑧,体中何如则秘书⑨。"无不熏衣剃面⑩,傅粉施朱⑪,驾长檐车⑫,跟高齿屐⑬,坐棋子方褥⑭,凭斑丝隐囊⑮,列器玩于左右⑯,

---

①修:学习。

②吉凶大事:吉指婚事,凶指丧事,南北朝士大夫很讲究婚丧礼仪,所以说吉凶大事。

③蒙然:蒙昧无知,昏昏然。张口:张口结舌,说不出话来。

④塞默:沉默,讲不出话来。

⑤欠:打呵欠。伸:伸懒腰。

⑥入地:羞惭得无脸见人,真想钻到地下去。

⑦贵游子弟:本指王公的子弟,这里指士族子弟。

⑧上车不落则著作:著作,指著作郎,是清贵官。南朝时士族子弟一开始就可做这个官。"上车不落"是当时俗语,现在已不明含义。

⑨体中何如则秘书:秘书,秘书郎,也是南朝士族子弟一开始就可做的官职,"体中何如"就是问人家身体好不好。

⑩熏衣剃面:用香熏衣服,用刀剃面,都是当时士族子弟的生活习惯。

⑪傅粉施朱:涂脂抹粉,汉魏以来男子的习惯,这时士族子弟仍如此。

⑫长檐车:车盖有前檐的车。

⑬跟:这里是跟着转的意思。高齿屐(jī):屐是木底的鞋,下面有齿,高齿的屐是当时士族所常着。

⑭棋子方褥(rù):褥是坐垫,当时仍是跪坐,跪坐在一种方形的床上,讲究的床上铺褥。棋子的棋,指围棋。棋子方褥,是指褥上有如同围棋棋盘那样的方块图案。

⑮斑丝隐(yìn)囊:隐是依靠的意思,隐囊是供富贵依靠的软囊;斑丝,染色丝,指隐囊外表用染色丝织成。

⑯器:器用。玩:玩物。

从容出入①,望若神仙,明经求第②,则顾人答策③,三九公宴④,则假手赋诗⑤,当尔之时,亦快士也⑥。及离乱之后⑦,朝市迁革⑧,铨衡选举⑨,非复曩者之亲⑩,当路秉权⑪,不见昔时之党⑫,求诸身而无所得,施之世而无所用,被褐而丧珠⑬,失皮而露质⑭,兀若枯木⑮,泊若穷流⑯,鹿独戎马之间⑰,转死沟壑之际⑱,当尔

---

① 从容:舒缓,不急迫。
② 明经求第:汉魏晋南北朝时州郡有举秀才、孝廉的办法,每年或隔几年由州郡送几名秀才、孝廉,经中央考试及第后录用,考试是"策试",即出问题让回答,所问多有经义,所以可叫"明经求第",这和隋唐正式设置明经科不是一回事。
③ 顾:通"雇"。答策:回答策试秀才、孝廉的问题。
④ 三九:三公九卿,泛指朝廷显贵。公宴:用公款的正式宴会。
⑤ 假手:本指利用他人为自己办事,这里指请人代笔。
⑥ 快士:佳士。
⑦ 离乱:乱离,战乱流离。
⑧ 朝市:朝廷。
⑨ 铨衡:本指衡量轻重的器具,引申为执掌选拔人才的职位。选举:选拔人才,和今天所说的选举不是一回事。
⑩ 曩(nǎng):从前。亲:亲属。
⑪ 当路秉权:当路,当道,掌权。秉权,也是掌权。这一般都指宰相。
⑫ 党:亲属,私党。
⑬ 褐(hè):兽毛或粗麻制成的短衣,古代贫贱人穿用。丧珠:指内里也没有珠玉,即没有本领。
⑭ 失皮而露质:古人有"羊质虎皮"的说法,指其人外表像样内里不行,这里是说连外表的虎皮也丢了只剩下内里的羊质。
⑮ 兀(wù):浑然无所知觉。
⑯ 泊:通"薄"。穷流:干涸的水流。
⑰ 鹿独:落拓,流离颠沛。
⑱ 转:辗转。

之时,诚驽材也①。有学艺者,触地而安②。自荒乱以来③,诸见俘虏,虽百世小人④,知读《论语》、《孝经》者⑤,尚为人师;虽千载冠冕⑥,不晓书记者,莫不耕田养马,以此观之,安可不自勉耶?若能常保数百卷书,千载终不为小人也。

夫明六经之指⑦,涉百家之书⑧,纵不能增益德行,敦厉风俗⑨,犹为一艺,得以自资⑩。父兄不可常依,乡国不可常保⑪,一旦流离,无人庇荫⑫,当自求诸身耳。谚曰:"积财千万,不如薄伎在身⑬。"伎之易习而可贵者,无过读书也。世人不问愚智,皆欲识

---

①驽(nú 奴):能力低下。

②触地:随处,到处。

③荒乱:兵荒马乱,战乱。

④百世小人:累世都出于庶族寒门而非士族,这是魏晋南北朝门阀盛行时的特殊讲法。

⑤《孝经》:战国后期儒家讲孝道的一种小书,在汉代和《论语》一书都是启蒙性读物,后列入"十三经"。

⑥千载冠冕:千载是夸大的说法,实际就是世代冠冕即世代做大官的意思,冕本是先秦时诸侯卿大夫戴的帽子,这里是指当时的世家大族,他们一般都世代做大官。

⑦六经:先秦时本以《诗》、《书》、《礼》、《乐》、《易》、《春秋》为"六经",但《乐》并没书本可读,所以西汉时只有"五经",这里讲"六经"只是对经书的泛称。

⑧百家:诸子百家,本指先秦诸子,百家是说学派之多,这里是指"五经"以来的各种学问。

⑨敦厉:敦厚砥砺。

⑩资:凭借,依靠。

⑪乡国:家乡。

⑫庇荫:覆盖,保护。

⑬伎:通"技"。

人之多，见事之广，而不肯读书，是犹求饱而懒营馔①，欲暖而惰裁衣也。夫读书之人，自羲、农已来②，宇宙之下③，凡识几人，凡见几事，生民之成败好恶，固不足论，天地所不能藏，鬼神所不能隐也④！

　　有客难主人曰⑤："吾见强弩长戟⑥，诛罪安民，以取公侯者有矣；文义习吏⑦，匡时富国⑧，以取卿相者有矣；学备古今，才兼文武，身无禄位，妻子饥寒者，不可胜数，安是贵学乎？"主人对曰："夫命之穷达⑨，犹金玉木石也；修以学艺⑩，犹磨莹雕刻也⑪。金玉之磨莹，自美其矿璞⑫；木石之段块，自丑其雕刻。安可言木石之雕刻，乃胜金玉之矿璞哉？不得以有学之贫贱，比于无学之富贵也！且负甲为兵，咋笔为吏⑬，身死名灭者如牛毛，角立杰出者

①馔（zhuàn 撰）：食物。
②羲、农：伏羲、神农，神话传说中我国远古的帝王。
③宇宙：《淮南子·齐俗训》上说："往古来今谓之宙，四方上下谓之宇。"也就是通常所说的"天下"。
④天地……能隐：这是指即使天地鬼神这样超越人间的神秘东西，在读书人面前也将呈露原形而无所隐藏，颜之推用这话来极言读书的作用。
⑤有客难（nàn）主人：这是假设，难是诘难，主人指颜之推自己。
⑥弩：用扳机发射的强弓。戟：先秦时就出现的兵器，是所谓有枝兵，即既可直刺，又可横击，和宋以后出现的方天画戟不是一回事。
⑦吏：旧时官员的通称。
⑧匡：纠正，救助。
⑨命之穷达：穷是困厄，做不上官。达是显达，做上大官。说穷达是生来的命，当然是迷信的话。
⑩修：学习，研习。
⑪莹（yíng 营）：磨之使光亮。
⑫矿璞（pú 仆）：矿内有金，璞内蕴玉。
⑬咋（zé 责）笔：咋是啃咬，过去办公都用毛笔，使用毛笔时有人习惯用嘴咬开笔头。吏：这里指类似办事员那样的小官吏。

如芝草①;握素披黄②,吟道咏德③,苦辛无益者如日蚀④,逸乐名
利者如秋荼⑤;岂得同年而语矣⑥。且又闻之,生而知之者上,学而
知之者次,所以学者,欲其多知明达耳。必有天才,拔群出类,为将
则暗与孙武、吴起同术⑦,执政则悬得管仲、子产之教⑧,虽未读书,
吾亦谓之学矣。今子即不能然,不师古之踪迹,犹蒙被而卧耳⑨。"

人见邻里亲戚有佳快者,使子弟慕而学之,不知使学古人,何
其蔽也哉?世人但知跨马被甲,长矟强弓⑩,便云我能为将;不知
明乎天道,辩乎地利⑪,比量逆顺⑫,鉴达兴亡之妙也⑬。但知承

---

① 角立:卓然特立。芝草:灵芝,是一种菌,古人认为是罕见的祥瑞之物。
② 素:白色的生绢,使用纸前以及刚使用纸时曾用它来写书,这里即指书。
　黄:东晋南北朝隋唐时用纸制的卷子写书,这种卷子都染成黄色的防蠹,
　这里也指书。
③ 吟、咏:发出声叫吟,声音拉长叫咏,这里是诵读的意思。
④ 日蚀:是不常见的天象,用在这里就是不常见的意思。
⑤ 秋荼(tú 途):荼是一种苦茶,到秋天愈加长得繁盛。用在这里就是多的
　意思。
⑥ 同年而语:也常说成"同日而语",相提并论的意思。
⑦ 孙武:相传是春秋时军事家,在吴国任大将,传见《史记》,但《左传》不载其
　事迹。吴起:战国前期的军事家、法家,历仕魏、楚等国,传见《史记》。
⑧ 管仲:春秋时齐国的政治家,传见《史记》。子产:春秋时郑国的政治家,传
　见《史记》。
⑨ 蒙被:用被子蒙盖着头。
⑩ 矟(shuò 朔):一种柄特别长的矛,后来多写成"槊"。
⑪ 明乎天道,辩乎地利:《孙子·始计》上说:"天者阴阳寒暑时制也;地者,远
　近险易广狭死生也。"明乎天道的"天道",辩乎地利的"地利",即指以上这
　些东西。
⑫ 比量:比较衡量。逆顺:逆在这里指违背时势人心,顺指顺乎时势人心。
⑬ 鉴达:明察通晓。

上接下①，积财聚谷，便云我能为相；不知敬鬼事神②，移风易俗，调
节阴阳③，荐举贤圣之至也④。但知私财不入⑤，公事夙办⑥，便云
我能治民；不知诚己刑物⑦，执辔如组⑧，反风灭火⑨，化鸱为凤之
术也⑩。但知抱令守律⑪，早刑晚舍⑫，便云我能平狱⑬；不知同

---

① 承上接下：承受上边的指示往下贯彻。

② 敬鬼事神：古人迷信，即使好的政治家，也往往认为要得到鬼神即祖先和
上帝的庇佑，所以重视敬鬼事神。

③ 调节阴阳：西汉时认为丞相要调节阴阳，如果出现水旱灾之类，就会责怪
丞相没有尽到责任，这当然是古代的一种迷信观念。

④ 至：最高的水平、境界。

⑤ 私财不入：不弄进财物作为私有，也就是不贪赃。

⑥ 夙(sù 速)：早。

⑦ 刑物：刑通"型"。刑物，给别人做出个样子。

⑧ 执辔(pèi 配)如组：这见于《诗·邶(bèi 贝)风·简兮》和《诗·郑风·大叔于
田》，辔是驾驭牲口的缰绳，组是织组即织丝带，执辔如组是指驾马像织组
那样有文章条理，这里又用来比作治理百姓之有条理。

⑨ 反风灭火：这里用刘昆的故事。《后汉书·儒林传》说，刘昆在光武帝时任
江陵令，县里连年火灾，刘昆向火叩头，多能降雨止风，使火熄灭，这当然
是江陵人给这位好县令制造的神话。

⑩ 化鸱(chī 痴)为凤：这里用仇览的故事。《后汉书·循吏传》说，仇览是陈
留郡考城县(在今河南，已和河南的兰封县合并为兰考县)人，县里选任他
为蒲亭长，境内有个叫陈元的不孝其母，经仇览劝导后变成了孝子，当地
人歌颂仇览能把鸱鸮(xiāo 消)教化好。鸱鸮：猫头鹰一类的鸟，古人认为
是不孝之鸟，其实是益鸟。鸾凤是仇览自比，并非说把原来是鸱鸮的陈元
变为凤，是颜之推记错了。

⑪ 令：中国古代由政府规定的各种法制。律：中国古代的刑法。

⑫ 刑：判刑。舍：赦免。

⑬ 平狱：处理刑狱轻重适中。

辕观罪①,分剑追财②,假言而奸露③,不问而情得之察也④。爰
及农商工贾,厮役奴隶⑤,钓鱼屠肉,饭牛牧羊,皆有先达,可为师
表⑥,博学求之,无不利于事也。

　　夫所以读书学问,本欲开心明目⑦,利于行耳。未知养亲
者,欲其观古人之先意承颜⑧,怡声下气⑨,不惮劬劳⑩,以致甘

---

①同辕观罪:这是用什么故事,今天已不清楚。

②分剑追财:这是用何武的故事。《太平御览》卷六三九引《风俗通》说,西汉
　何武任沛郡(治所相县在今安徽濉溪西北)太守,郡内有富人,妻先死,自
　己死时儿子才几岁,女儿已嫁又不贤,就假意把全部财产传给女儿,只留
　下一剑给儿子,还嘱咐等儿子长到十五岁时才给,后来儿子长到十五岁,
　女儿连剑也不给,告到何武那里,何武说,当初富人把财产传女儿,是怕不
　传女儿要害死儿子,剑是象征决断的,叫十五岁时给,是估计到十五岁已
　有能力诉讼,于是把财产全部判归儿子。

③假言而奸露:这是用李崇的故事。《魏书·李崇传》说,李崇任北魏的扬州
　刺史(治所寿春即今安徽寿县),寿春人苟泰的儿子三岁时失去,为同县赵
　奉伯收养,后双方争这个儿子,都说是自己亲生的,李崇叫把这个孩子藏
　起来,过些时候假意对双方说,这孩子已暴死,苟泰听了放声悲哭,赵奉伯
　只是叹息而已,于是李崇知道苟泰是孩子的真父亲,把孩子判还他。

④不问而情得:这是用陆云的故事。《晋书·陆云传》说,陆云任浚(xùn 迅)
　仪(今河南开封)令,有人被杀,陆云叫把此人的妻关起来,又不讯问,过了
　十多天放掉,而叫人偷偷地跟着,说:“不出十里,当有男子候之与语,便缚
　来。”果然捉到这样的男子,原来是他和这女的私通,把此人杀死,这时听
　到女的放出,急于等着问个究竟,结果落网抵罪。

⑤厮(sī)役:供使唤服劳役的人。

⑥师表:表率,学习的榜样。

⑦开心:开通心窍。明目:明亮眼睛。

⑧先意:探知父母的意旨。承颜:顺受父母的脸色。

⑨怡声:说话声音和悦。下气:呼吸不出声,表示极其恭顺,即所谓“大气也不敢出”。

⑩惮(dàn 但):怕。劬(qú 渠):劳苦。

腴①，惕然惭惧②，起而行之也。未知事君者，欲其观古人之守职
无侵③，见危授命④，不忘诚谏⑤，以利社稷⑥，恻然自念⑦，思欲效
之也。素骄奢者，欲其观古人之恭俭节用，卑以自牧⑧，礼为教
本，敬者身基⑨，瞿然自失⑩，敛容抑志也⑪。素鄙吝者，欲其观古
人之贵义轻财，少私寡欲，忌盈恶满⑫，赒穷恤匮⑬，赧然悔耻⑭，
积而能散也。素暴悍者，欲其观古人之小心黜己⑮，齿弊舌存⑯，

---

① 甘腴（ruǎn 软）：甘，本指甜，引申为美味。腴，在这里当"软"讲。甘腴，指
　软美而为老年者爱吃的东西。

② 惕：戒惧。

③ 侵：侵官，越权侵犯人家的职守。

④ 见危授命：这见于《论语·宪问》，意思是遇到危难时不惜付出自己的
　生命。

⑤ 诚谏：忠谏。忠写成"诚"字，可能是避隋文帝之父杨忠的名讳。

⑥ 社稷：社本是中国古代帝王诸侯所祭的土地神，稷本是所祭的谷神，中国
　古代是农业社会，所以社稷成了国家的代称。

⑦ 恻（cè 测）：凄怆。

⑧ 卑以自牧：这见于《易·谦》。牧是养的意思，卑以自牧，就是谦卑以自养
　其德。

⑨ 礼为……身基：《左传》成公十三年有"礼，身之干也；敬，身之基也"的说
　法，意思是礼敬是立身的基干。

⑩ 自失：茫无所措。

⑪ 敛（liǎn）容：正容以表示肃敬。抑志：抑制高昂的志气。

⑫ 盈：满得要溢出来。恶（wù 误）：憎恨。

⑬ 赒（zhōu 周）：周济，救济。

⑭ 赧（nǎn）：羞愧的脸色。

⑮ 黜（chù）：贬抑。

⑯ 齿弊舌存：这见于《说苑·敬慎》，意思是牙齿坚硬但先脱落，舌头柔软倒
　能存在。

含垢藏疾①,尊贤容众②,苶然沮丧③,若不胜衣也④。素怯懦
者⑤,欲其观古人之达生委命⑥,强毅正直⑦,立言必信,求福不
回⑧,勃然奋厉⑨,不可恐慑也⑩。历兹以往,百行皆然,纵不能
淳⑪,去泰去甚⑫,学之所知,施无不达。世人读书者,但能言之,
不能行之,忠孝无闻,仁义不足,加以断一条讼⑬,不必得其理;宰
千户县⑭,不必理其民;问其造屋,不必知楣横而棁竖也⑮;问其
为田,不必知稷早而黍迟也⑯。吟啸谈谑⑰,讽咏辞赋,事既优

---

① 含垢藏疾:垢是污秽,疾是毛病,即对人家的缺点毛病包容而不指出,古人
　认为是美德。

② 尊贤容众:对贤人尊重,对一般人也包容。

③ 苶(nié):疲倦的样子。

④ 不胜衣:形容身体弱,弱得加上一件衣服都重得受不了。

⑤ 怯(qiè):胆小。

⑥ 达生:《庄子》里有一篇叫《达生》,这里借来指通晓人生的意义而不怕死。
　委命:委是交付,委命是一切听任天命,这里也用来指不怕死。

⑦ 毅:坚强果断。

⑧ 求福不回:这见于《诗·大雅·旱麓》,旧注解释为求福而不入于邪,把
　"回"字解释为违,为邪,这里指把好事干下去不回头。

⑨ 勃:奋发的样子。

⑩ 慑(shè 摄):使之畏惧屈服。

⑪ 淳(chún):通"纯"。

⑫ 泰:过甚。

⑬ 断:判断。

⑭ 宰:主管。千户县:有一千户人家的县。

⑮ 楣(méi):房屋的横梁,又门上的横木也叫楣。这两种楣都是横着的。棁
　(zhuó 浊):梁上的短柱,是竖着的。

⑯ 稷:高粱。

⑰ 啸:撮口发出长而清越的声音,魏晋南北朝的士大夫常爱啸。谑(xuè):开
　玩笑。

闲①,材增迂诞②,军国经纶③,略无施用,故为武人俗吏所共嗤诋④,良由是乎⑤?

夫学者所以求益耳。见人读数十卷书,便自高大,凌忽长者⑥,轻慢同列⑦,人疾之如仇敌,恶之如鸱枭⑧。如此以学自损,不如无学也。

古之学者为己,以补不足也;今之学者为人,但能说之也。古之学者为人,行道以利世也;今之学者为己,修身以求进也⑨。夫学者犹种树也,春玩其华,秋登其实⑩,讲论文章,春华也,修身利行,秋实也。

人生小幼,精神专利⑪,长成已后,思虑散逸,固须早教,勿失机也。吾七岁时,诵《灵光殿赋》⑫,至于今日,十年一理⑬,犹不遗忘。二十以外,所诵经书,一月废置,便至荒芜矣⑭。然人有坎

---

① 优闲:悠闲,闲暇自得。

② 迂诞:迂阔荒诞。

③ 军国:军务与国政。经纶(lún):本是整理丝缕,引申为处理国家大事。

④ 嗤(chī 痴):讥笑。诋(dǐ 底):毁谤。

⑤ 良:确,真。

⑥ 凌:通"陵",欺凌。忽:忽视,轻视。长(zhǎng)者:辈分高、地位高的人。

⑦ 同列:同在朝班,同事。

⑧ 鸱枭(xiāo 嚣):即"鸱鸮"。

⑨ 进:仕进,做官。

⑩ 登:成熟收获。

⑪ 专利:专一,集中于一点。

⑫《灵光殿赋》:西汉宗室鲁恭王建有灵光殿,经战乱到东汉时巍然独存,东汉王延寿为此写了《鲁灵光殿赋》,今保存在《文选》里。

⑬ 理:对书本作温习。

⑭ 荒芜:本指田地不治,杂草丛生,这里引申为对书本荒疏。

壈①,失于盛年,犹当晚学,不可自弃。孔子曰②:"五十以学《易》,可以无大过矣。"魏武、袁遗,老而弥笃③。此皆少学而至老不倦也。曾子十七乃学④,名闻天下;荀卿五十始来游学⑤,犹为硕儒⑥;公孙弘四十余方读《春秋》⑦,以此遂登丞相;朱云亦四十始学《易》、《论语》⑧;皇甫谧二十始受《孝经》、《论语》⑨,皆终成大儒:此并早迷而晚寤也。世人婚冠未学,便称迟暮,因循面墙⑩,亦为愚耳。幼而学者,如日出之光;老而学者,如秉烛夜行,犹贤乎瞑目而无见者也⑪。

学之兴废,随世轻重。汉时贤俊,皆以一经弘圣人之道⑫,上

①坎壈(kǎn lǎn):同"坎廪(lǎn)",困顿不得志。

②孔子曰:见于《论语·述而》,但这是依据后来的本子,最早的本子作"五十以学,亦可以无大过矣"。

③魏武……弥笃:魏武是魏武帝曹操,袁遗是袁绍的从兄,曹操曾说"长大而能勤学"的,只有他自己和袁遗,见《三国志·魏书·武帝纪》注。笃:认真,专心致志。

④曾子十七乃学:《家训》的很多本子"十七"都作"七十",但这位曾子是孔子的学生曾参,曾参并非到七十岁才学,宋人的《类说》引用《家训》作"十七",应是对的,颜之推认为十七岁才学、二十岁才学都算晚了。

⑤荀卿……游学:荀卿是战国儒家大师,传见《史记》。

⑥硕:大。

⑦公孙……《春秋》:公孙弘是西汉武帝时丞相,传见《汉书》。

⑧朱云……《论语》:朱云,是西汉元帝成帝时经学家,传见《汉书》。

⑨皇甫……《论语》:皇甫谧(mì 密)是西晋时学者,传见《晋书》。

⑩因循:沿袭保守,疲沓不振作。面墙:面对着墙壁一无所见,常用来比喻不学。

⑪瞑(míng 名)目:瞑本是日暮的意思,瞑目就是闭上眼睛。

⑫汉时……之道:西汉时盛行的是今文经学,学者只要在"五经"中读通一种经,能用来联系当时的政治就行。

明天时①，下该人事②，用此致卿相者多矣。末俗已来不复尔③。空守章句④，但诵师言，施之世务，殆无一可。故士大夫子弟，皆以博涉为贵，不肯专儒⑤。梁朝皇孙以下，总丱之年⑥，必先入学⑦，观其志尚，出身已后⑧，便从文吏⑨，略无卒业者⑩。冠冕而为此者，则有何胤、刘瓛、明山宾、周捨、朱异、周弘正、贺琛、贺革、萧子政、刘绍等⑪，兼通文史，不徒讲说也。洛阳亦闻崔浩、张伟、刘芳⑫，邺下又见邢子才⑬，此四儒者，虽好经术，亦以才博擅名，如此诸贤，故为上

————————

① 上明天时：西汉今文经学提倡所谓"天人感应"之说，说天象变化和人间政事有密切关系，这当然是迷信。

② 该：包括，通贯。

③ 末俗：晚近的习俗，一般都指不好的习俗。

④ 空守章句：章是分章，句是断句。今文经学大师们对所治的经都作了章句，但后人只抱住这点章句之学，和实际脱节。

⑤ 专儒：专守只知章句的儒生之学。

⑥ 总：拢起来收束。丱(guàn 惯)：古时儿童束发成两角的样子。

⑦ 入学：指进入国子学，当时规定五品以上官员子弟可以进入国子学，也称国学。

⑧ 出身：出仕，开始做官。

⑨ 文吏：文官。

⑩ 略无：很少有。卒业：完毕学业。

⑪ 何胤：传见《梁书》。刘瓛(huán 环)：传见《南齐书》。明山宾：传见《梁书》。周捨：传见《梁书》。朱异：传见《梁书》。周弘正：传见《陈书》。贺琛：传见《梁书》。贺革：传附见《梁书·贺玚传》。萧子政：著作见《隋书·经籍志》。刘绍(tāo)：传附见《梁书·刘昭传》。

⑫ 崔浩：传见《魏书》。张伟：传见《魏书》。刘芳：传见《魏书》。

⑬ 邢子才：邢卲字子才，传见《北齐书》。

品。以外率多田野间人①,音辞鄙陋,风操蚩拙②,相与专固③,无所
堪能,问一言辄酬数百④,责其指归⑤,或无要会⑥。邺下谚云:"博
士买驴⑦,书券三纸⑧,未有'驴'字。"使汝以此为师,令人气塞⑨。
孔子曰⑩:"学也,禄在其中矣⑪。"今勤无益之事⑫,恐非业也! 夫
圣人之书,所以设教,但明练经文,粗通注义,常使言行有得,亦足
为人。何必"仲尼居"即须两纸疏义⑬,燕寝、讲堂亦复何在⑭,以
此得胜,宁有益乎? 光阴可惜,譬诸逝水,当博览机要⑮,以济功

----

① 田野间人:家在农村的人。
② 蚩:通"媸",丑陋。
③ 专固:专断保守。
④ 问一……数百:南北朝盛行所谓义疏之学,对经的本文和注都作繁琐的
　 解释。
⑤ 指归:要旨。
⑥ 要会:要领总会。
⑦ 博士:当时国子学里每一种经都设有主讲的人叫博士,这里的博士是泛称
　 治经学的人。
⑧ 券:买卖的契约。三纸:三张纸。
⑨ 气塞:气沮,沮丧得都说不出来。
⑩ 孔子曰:见于《论语·卫灵公》。
⑪ 禄:做官的俸禄。
⑫ 勤:用力于。
⑬ "仲尼居":这是《孝经》第一章的开头第一句,仲尼是孔子的字。居是一种
　 坐的姿势。
⑭ 燕寝……何在:有人说"仲尼居"是在讲堂上,有人说是在燕寝闲居,燕寝
　 即休息的内室。这句话的意思是,不论是燕寝还是讲堂,反正如今都不存
　 在了,争论又有什么意义。
⑮ 机要:机微精要的东西。

业，必能兼美①，吾无间焉②。

　　俗间儒士，不涉群书，经、纬之外③，义疏而已。吾初入邺，与博陵崔文彦交游④，尝说王粲集中难郑玄《尚书》事⑤。崔转为诸儒道之，始将发口，悬见排蹙⑥，云："文集只有诗、赋、铭、诔⑦，岂当论经书事乎？且先儒之中，未闻有王粲也。"崔笑而退，竟不以粲集示之。魏收之在议曹⑧，与诸博士议宗庙事，引据《汉书》，博士笑曰："未闻《汉书》得证经术。"收便忿怒，都不复言，取《韦玄成传》掷之而起⑨，博士一夜共披寻之⑩，达明乃来谢曰："不谓玄成如此学也！"

---

① 兼美：两全其美。
② 间：间隙，不足之处。
③ 纬：纬书，西汉末年开始流行，因为和"六经"、《孝经》等相配合，所以叫纬，种数极多，其中多数充满着神秘色彩，在东汉时成为经学家的必修书，到隋炀帝时曾明令予以禁毁，以后就都失传，只有其他古书里引用的片断文字还保存到今天。
④ 博陵：郡名，治所博陵县在今河北蠡（lǐ 礼）县，博陵的崔姓是北朝著名的大士族。
⑤ 王粲：东汉末文学家，传见《三国志·魏书》。郑玄：东汉末经学大师，遍注《周易》、《尚书》、《毛诗》、三《礼》、《论语》等书，传见《后汉书》。
⑥ 悬：凭空地，没有理由地。排蹙（cù 促）：蹙同"蹴"，排蹙就是排斥。
⑦ 铭：古代刻在碑石、器物上的一种文体，多申鉴戒或歌颂功德。诔（lěi 耒）：古代用来表彰死者德行并致哀悼的一种文体，仅能用于上对下。
⑧ 魏收：北齐的文学家、史学家，传见《北齐书》。议曹：应作"仪曹"，《隋书·百官志》说北齐尚书省的殿中尚书下属有仪曹，"掌吉凶礼制事"。
⑨《韦玄成传》：附见《汉书·韦贤传》，其中有韦玄成对宗庙的议论。
⑩ 披：指打开书卷。

　　夫老、庄之书①,益全真养性,不肯以物累己也。故藏名柱史②,
终蹈流沙③;匿迹漆园④,卒辞楚相⑤:此任纵之徒耳⑥。何晏、王
弼⑦,祖述玄宗⑧,递相夸尚,景附草靡⑨,皆以农、黄之化⑩,在乎己
身,周、孔之业⑪,弃之度外⑫。而平叔以党曹爽见诛⑬,触死权之

----

①老、庄之书:《老子道德经》,相传是先秦时老子所撰写。《庄子》,内篇当是
　战国时庄子撰写,外篇、杂篇多数是这一学派的人所撰写。这两部书在魏
　晋南北朝玄学盛行时几乎成为高级知识分子必读之书。
②藏名柱史:老子做过周守藏室的史,也就是管理图书的柱下史,藏名柱史,
　就是做柱下史而不为人们所知晓的意思。
③终蹈流沙:传说老子最后西游,进入流沙,不知所终。流沙,当指今新疆境
　内的沙漠。
④匿迹漆园:庄子做过漆园吏。匿迹,也是不露声色、不为人们所知晓的意思。
⑤卒辞楚相:据说楚国要聘庄子为相,庄子辞谢不干。
⑥任纵:任性放纵。
⑦何晏:曹魏时玄学家,传附见《三国志·魏书·曹真传》。王弼:曹魏时玄
　学家,传附见《三国志·魏书·钟会传》。
⑧玄宗:道家把"道"别称为玄宗。
⑨景附草靡:景是"影"的本字,这句话的意思是像影子那样附着形体,像小
　草那样随着风倒,靡就是随风倒下。
⑩农、黄之化:农、黄是神农、黄帝,道家把神话传说中的古帝王神农、黄帝假
　托为他们这个学派的创始人,农、黄之化就指道家的教化。
⑪周、孔:周是西周初年辅佐成王的周公旦,孔是孔子,当时曾把周公说成是
　先圣,比先师孔子地位还高,周、孔之业就指儒家的学问。
⑫弃之度外:度是心意计度,"弃之度外"今常作"置之度外",即不予考虑。
⑬平叔:何晏的字。曹爽:曹魏明帝的宠臣,明帝死后辅政,后为司马懿所
　杀,传附见《三国志·魏书·曹真传》。

网也①;辅嗣以多笑人被疾②,陷好胜之阱也③;山巨源以蓄积取讥④,背多藏厚亡之文也⑤;夏侯玄以才望被戮⑥,无支离拥肿之鉴也⑦;荀奉倩丧妻神伤而卒⑧,非鼓缶之情也⑨;王夷甫悼子悲不自胜⑩,异东门之达也⑪;嵇叔夜排俗取祸⑫,岂和光同尘之流也⑬;

① 死权:为权势而死。

② 辅嗣:王弼的字。

③ 好(hào 耗)胜:喜欢胜过别人。阱(jǐng 井):陷坑。

④ 山巨源:西晋大臣山涛,字巨源,曾是讲玄学的"竹林七贤"之一,传见《晋书》。但他并无蓄积财富被人讥笑的事情,很可能是颜之推记错了。

⑤ 多藏厚亡:这见于《老子》第四十四章,原文是"多藏必厚亡",意思是收藏得多的散失也多。

⑥ 夏侯玄:曹魏玄学家,为司马师所杀,传见《三国志·魏书》。

⑦ 支离拥肿:支离疏是《庄子·人间世》里所提到的畸形人,以畸形而能终其天年。《庄子·逍遥游》里还讲到一种叫樗(chū 初)的大树,树干拥肿,小枝拳曲,因无用也就不被匠人砍伐,这里说的"拥肿"便是指这樗。

⑧ 荀奉倩(qiàn):曹魏荀粲字奉倩,妻死后虽不哭而神伤,不久自己也死亡,见《世说新语·惑溺》注引《荀粲别传》。

⑨ 鼓缶(fǒu 否)之情:《庄子·至乐》里说,庄子妻死,庄子箕踞鼓盆而歌,缶就是瓦盆。

⑩ 王夷甫:西晋王衍字夷甫,传附见《晋书·王戎传》,其中说他在幼子死去后悲不自胜,不自胜就是自己不能克制。

⑪ 东门之达:《列子·力命》里说,魏国有个东门吴的,儿子死了不忧愁,理由是他当初没有儿子并不忧愁,现在等于没有儿子,有什么好忧愁。《列子》是东晋初张湛编造的伪书,但后人长期认为它是真的先秦时道家著作。

⑫ 嵇叔夜:曹魏玄学家嵇康,字叔夜,"竹林七贤"之一,因不混同于世俗而为司马昭所杀,传见《晋书》。

⑬ 和光同尘:这见于《老子》第四章,原文是"和其光,同其尘",意思是不露锋芒,与世无争。

郭子玄以倾动专势①,宁后身外己之风也②;阮嗣宗沉酒荒迷③,乖畏途相诫之譬也④;谢幼舆赃贿黜削⑤,违弃其余鱼之旨也⑥:彼诸人者,并其领袖,玄宗所归。其余桎梏尘滓之中⑦,颠仆名利之下者⑧,岂可备言乎! 直取其清淡雅论,剖玄析微,宾主往复⑨,娱心悦耳,非济世成俗之要也。洎于梁世,兹风复阐⑩。《庄》、《老》、《周易》,总谓"三玄"。武皇、简文⑪,躬自讲论。周弘正奉

①郭子玄:西晋玄学家郭象,字子玄,传世的《庄子》就是经他手删定作注的本子,但他在官场上颇为弄权,传见《晋书》。这里说的"倾动",就是指权势震动,"专势"就是专权。

②后身外己:这见于《老子》第七章,原文是"后其身而身先,外其身而身存",意思是让自身居后反而会占先,不把自身当一回事反而得生存。

③阮嗣宗:曹魏玄学家阮籍,字嗣宗,"竹林七贤"之一,常以酗醉不问世事来保全自身,传见《晋书》。

④畏途相诫:这见于《庄子·达生》,原文是"夫畏途者十杀一人,则父子兄弟相戒也,必盛卒徒而后敢出焉",意思是不要随便外出以免遇到危险,这是针对阮籍喜欢一个人驾车外出乱跑而说的。

⑤谢幼舆:西晋玄学家谢鲲(kūn昆),字幼舆,曾因家僮取用公家的麦草而被削除官职,因为这也是一种贪污行为,传见《晋书》。

⑥弃其余鱼:语出《淮南子·齐俗》,原文是"惠子从车百乘以过孟诸,庄子见之,弃其余鱼",意思是庄子见惠子拥有那么多的财富很反感,把自己吃剩的鱼都丢弃了。

⑦桎梏(zhì gù)尘滓(zǐ子):桎是拘脚的刑具,梏是铐手的刑具,尘滓是尘俗污秽,意思是为尘俗所桎梏,即在尘俗中混日子。

⑧颠仆(pū)名利:意思是为名利而奔走倾跌,仆就是向前跌倒。

⑨往复:问答。

⑩阐(chǎn产):开,广。

⑪武皇:南朝萧梁的梁武帝萧衍。简文:梁简文帝萧纲。

赞大猷①,化行都邑,学徒千余,实为盛美。元帝在江、荆间,复所爱习,召置学生,亲为教授,废寝忘食,以夜继朝,至乃倦剧愁愤②,辄以讲自释③。吾时颇预末筵④,亲承音旨⑤,性既顽鲁,亦所不好云。

……

古人勤学,有握锥、投斧⑥,照雪、聚萤⑦,锄则带经⑧,牧则编简⑨,亦为勤笃。梁世彭城刘绮⑩,交州刺史勃之孙⑪,早孤家贫,灯烛难办,常买荻尺寸折之⑫,然明夜读⑬。孝元初出会稽⑭,精

———————————

①奉:帮助。赞:佐助。猷(yóu犹):道求。
②剧:甚。
③释:宽解,排遣。
④末筵:末席,末座,卑下的位次,是一种自谦语。
⑤承:接受,听取。音旨:言谈意旨。
⑥握锥(zhuī追):战国时苏秦读书将倦睡,就用锥刺股,见《战国策·秦策》,锥是尖利的穿孔用的东西。投斧:西汉时文党和别人一起进山伐木,说自己想远出学习,试投斧树上,斧挂住就去,结果斧真挂住,他就去长安,见《太平御览》卷六一一引《庐江七贤传》。
⑦照雪:东晋孙康家贫,常映雪读书,见《太平御览》卷一二引《宋齐语》。聚萤:东晋车胤家贫,夏月萤火虫放在囊中取光读书,传见《晋书》。
⑧锄则带经:西汉倪宽带着经书锄地,休息时就诵读,传见《汉书》。
⑨牧则编简:西汉路温舒牧羊时取泽中蒲作简,编连起来书写,传见《汉书》。
⑩彭城:这是南朝刘宋时设置的郡,治所彭城县即今江苏徐州。
⑪交州:当时治所龙编在今越南河内东天德江北岸。
⑫荻(dí):多年生草木,可供编织席箔等用。
⑬然:"燃"的本字。
⑭孝元初出会稽:梁武帝天监十三年(514),萧绎封湘东王,出任会稽太守。会稽郡的治所山阴即今浙江绍兴。

选寮宷①,绮以才华,为国常侍兼记室②,殊蒙礼遇,终于金紫光禄③。义阳朱詹④,世居江陵,后出扬都,好学,家贫无资,累日不爨⑤,乃时吞纸以实腹,寒无毡被⑥,抱犬而卧,犬亦饥虚⑦,起行盗食,呼之不至,哀声动邻,犹不废业,卒成学士,官至镇南录事参军⑧,为孝元所礼。此乃不可为之事,亦是勤学之一人。东莞臧逢世⑨,年二十余,欲读班固《汉书》,苦假借不久,乃就姊夫刘缓乞丐客刺书翰纸末⑩,手写一本,军府服其志尚,卒以《汉书》闻。

……

邺平之后,见徙入关。思鲁尝谓吾曰⑪:"朝无禄位,家无积财,当肆筋力,以申供养⑫。每被课笃⑬,勤劳经史,未知为子可得安乎?"吾命之曰:"子当以养为心,父当以学为教。使汝弃学徇

---

①寮宷(liáo cài 辽菜):寮,通"僚",宷是官,寮宷是僚属,即幕僚属官。

②国常侍:萧绎当时是湘东王,王国仿照中央也设有常侍,是王左右的亲近显贵官。记室:中记室参军的省称,掌管章奏文书等工作。

③金紫光禄:金紫光禄大夫的省称,梁时官分十八班,班多为贵,金紫光禄大夫是十四班,已属显贵。

④义阳:郡名,治所义阳县在今河南信阳。

⑤爨(cuàn 窜):烧火做饭。

⑥毡(zhān):用羊毛或其他动物毛压成,可御寒。

⑦虚:腹中空虚。

⑧镇南录事参军:萧绎在梁武帝大同六年(540)出任使持节都督江州诸军事、镇南将军、江州刺史,这录事参军就是镇南将军属下的录事参军。

⑨东莞(guǎn 管):县名,南朝刘宋以后在今山东莒县。

⑩乞丐:乞求,讨。客刺:名帖,相当于今天的名片,不过纸幅宽大。

⑪思鲁:颜之推的长子颜思鲁。

⑫申:表达。

⑬课:按照规定的内容分量讲授学习。笃:应读作"督",督促。

财①，丰吾衣食，食之安得甘？衣之安得暖？若务先王之道，绍家世之业，藜羹缊褐②，我自欲之。"

……

　　校定书籍，亦何容易，自扬雄、刘向③，方称此职耳。观天下书未遍，不得妄下雌黄④。或彼以为非，此以为是，或本同末异，或两文皆欠，不可偏信一隅也⑤。

【翻译】

　　从古以来的明王圣帝，还需要勤学，何况凡庶之人啊！这类事情遍见于经籍史书，我也不能一一列举，只举点近代切要的来启发提醒你们。士大夫的子弟，几岁以上，没有不受教育的，多的读到《礼》、《左传》，少的也起码读了《毛诗》和《论语》。等到冠婚，体质性情稍稍稳定，凭着这天赋的灵机，应该加倍教训诱导。有志向的，就能因此磨练，成其素业；不想有所树立的，从此怠惰，就成为凡人。人生在世，应当有所专业，农民则商议耕稼，商贾则讨论货财，巧匠则精造器用，技艺则考虑方法，武夫则练习弓马，文士则讲论经书。常看到士大夫耻于涉足农商，羞于从事工技，射箭则不能穿札，握笔则才记姓名，饱食醉酒，忽忽无事，以此来消

①徇(xùn)财：徇通"殉"，徇财就是以身求财。
②藜羹(lí gēng)：藜藿(huò 获)之羹，用豆叶之类做成的汤，指粗劣的饭菜。缊(yùn)：乱麻，用乱麻为絮的袍子，贫贱者所服。
③扬雄：西汉大文学家，曾在皇室的天禄阁校书，传见《汉书》。刘向：西汉大学者，在校定古书上有极大贡献，传附见《汉书·楚元王传》。
④雌黄：本是一种矿物，可制作黄色的颜料，古书用黄纸卷子书写，所以写错了字要用雌黄涂去，从而也称校改书籍为"雌黄"。
⑤一隅(yú 于)：一个角落，一个方面。

磨日子，以此来终尽天年。有的凭家世余荫，弄到一官半职，自感满足，全忘学习，遇到吉凶大事，议论得失，就昏昏然张口结舌，像坐在云雾之中；公私集会宴饮，谈古赋诗，又是沉默低头，只会打呵欠伸懒腰。有识见的人在旁看到，真替他羞得无处容身。为什么不愿用几年时间勤学，以致一辈子长受愧辱呢？

梁朝全盛时候，贵族子弟，多数没有学问，以致俗谚说："上车不落则著作，体中何如则秘书。"没有人不熏衣剃面，涂脂抹粉，驾着长檐车，踏着高齿屐，坐着棋子方褥，靠着斑丝隐囊，左右罗列着器用玩好，从容出入，看上去真好似神仙一般。要明经义求第，就雇人回答策问，要预三九公宴，就请人代笔赋诗，在这种时候，也算是个佳士。等到乱离之后，朝市变迁，铨衡选举，不再是从前的亲属，当路掌权，不再见当年的私党，求之自身一无所得，施之世事一无所用，外边披上褐而内里没有珠，外边失虎皮而肉里露羊质，兀然像段枯木，泊然像条涸流，落拓兵马之间，转死沟壑之中，在这种时候，真成了驽材。只有有学问才艺，方能随处可以安身。从战乱以来，所见被俘虏的，即使世代小人，懂得读《论语》、《孝经》的，还能给人家当老师；虽是历代冠冕，不懂得书记的，没有不去耕田养马，从这点来看，怎能不自勉呢？如能经常保有几百卷的书，过上千年也不会成为小人。

弄清六经的要旨，博览百家的著述，即使不能在德行上有所增长，风俗上有所敦砺，总还是一种才艺，得以自资。父兄不可能永远依凭，乡国不可能永远保有，一朝流离，无人庇荫，只应自己靠自己了。俗谚说："积财千万，不如薄技在身。"技之容易学习而且可贵的，没有比得上读书了。世上的人不论是愚是智，都要求人认识得多，事经历得广，却不肯读书，这就好比要求吃饱而懒于做饭，要求暖和而惰于裁衣。读书的人，从羲、农以来，在宇宙之下,认识了多少人,经历了多少事,人间的成败好坏,自不必说,即使天地也不能藏,鬼神也不能隐啊!

有位客人责难主人道:"我看到会用强弩长戟,去诛讨有罪、安定生民,从而取得公侯是有其人的;通晓文义、熟悉吏事,去匡救时世、富强国家,从而取得卿相是有其人的;可是学问备知古今,才能兼通文武,却没有官位俸禄,妻子不免饥寒的,多得数不清,学了有什么可贵啊?"主人回答道:"命的穷达,好比金玉木石;学习技艺,好比磨莹雕刻。金和玉经过磨莹,自然比本来的矿璞美;木和石的本来段块,自然比经过雕刻的木和石丑。怎可说木和石经过了雕刻,能胜于金和玉的矿璞呢? 因此也不能把有学问的贫贱人,来比没学问的富贵人啊! 何况披上铠甲为兵,咬开笔头充吏,最终身死名灭的多如牛毛,卓立杰出的稀如芝草;而持握披展黄素,诵读讲习道德,最终辛苦无益的稀如日蚀,安乐名利的多如秋荼;这怎么能同日而语。何况我还听说,生来就知道的为上,学了才知道的其次,所以要学,是要知识多而且明达事理。真有天才,能出类拔萃,充任将帅则暗合孙武、吴起的术艺,执掌国政则遥合管仲、子产的教化,这种人虽没有读书,我也说他是有学问了。如今你既不能如此,又不学习古人的踪迹,就好比蒙着被子在睡觉了。"

人们看到乡邻亲戚中有称心好样的,叫子弟去仰慕学习,而不知道叫去学习古人,何以如此糊涂? 世人只知道骑马披甲、长矟强弓,就说我能为将,不知道要有明察天道、辨识地利、比量逆顺、鉴达兴亡的能耐。只知道承上接下、积财聚谷,就说我能为相,不知道要有敬鬼事神、移风易俗、调节阴阳、荐举贤圣的水平。只知道不谋私财、早办公事,就说我能治民,不知道要有诚己正人、执辔如组、反风灭火、化鸱为凤的本领。只知道执行律令、早判晚赦,就说我能平狱,不知道要有同辕观罪、分剑追财、说假话暴露奸伪、不讯问弄清真情的明察。至于农商工贾、厮役奴隶、钓鱼屠宰、喂牛牧羊的人们中,都有显达的先辈,可以作为师表,博学寻求,没有不利于事啊!

所以要读书做学问,本意在于使心开阔使目明亮,以有利于行。不懂得奉养双亲的,要他看到古人的先意承颜、和声下气、不怕劳苦、弄来甘软,于是惕然渐惧,起而照办。不懂得服事君主的,要他看到古人的守职不侵、见危授命、不忘忠谏、以利社稷,于是恻然自念,要想效法。一贯骄傲奢侈的,要他看到古人的恭俭节约、谦卑养德、礼为教本、敬为身基,于是瞿然自失,敛容抑志。一贯鄙吝的,要他看到古人的重义轻财、少私寡欲、忌盈恶满、周济穷乏,于是赧然生悔,积而能散。一贯悍暴的,要他看到古人的小心贬抑、齿弊舌存、含垢藏疾、尊贤纳众,于是恭然沮丧,若不胜衣。一贯怯懦的,要他看到古人的达生委命、强毅正直、说话必信、求福不回,于是勃然奋厉,不可慑服。这样历数下去,百行无不如此,即使难做得纯正,至少可以去掉太严重的毛病,学习所得,用在哪一方面都会见成效。只是世人读书,往往只能说到,不能做到,忠孝无闻,仁义不足,加以判断一条诉讼,不需要弄清事理;治理千户小县,不需要管好百姓;问他造屋,不需要知道楣是横而梲是竖;问他耕田,不需要知道稷是早而黍是迟。吟啸谈谑,讽咏辞赋,事情既很悠闲,人材更见迂诞,处理军国大事,一点没有用处,从而被武人俗吏们共同讥谤,确是由于上述的原因吧?

学者是要求有所进益的。看到人家读了几十卷书,就自高自大,欺凌长者,轻视同列,使人家把他痛恨得像仇敌,厌恶得像鸱枭。像这样以学而使自己受损,还不如不学了。

古时候的学者为自己,用学来补自己的不足;如今的学者为别人,只能口头空说。古时候的学者为别人,是行道以利当世;如今的学者为自己,是修身以求仕进。学习好比种树,春天赏玩花朵,秋天收获果实,讲说讨论文章,是春天的花朵,修身以利言行,是秋天的果实。

　　人生当幼小的时候,精神专一,长成以后,思虑分散,本该早教,不要失掉机会。我七岁时候,诵读《灵光殿赋》,直到今天,十年温习一次,还不忘记。二十岁以后,所诵读的经书,一个月搁置,就荒疏了。但人会有坎壈,壮年失学,还该晚学,不可以自弃。孔子就说过:"五十岁来学《易》,可以没有大过失了。"曹操、袁遗,老而更笃:这都是从小学习到老年仍不知厌倦。曾子十七岁才学,而名闻天下;荀卿五十岁才来游学,还成为大儒;公孙弘四十多岁才读《春秋》,凭此就做上丞相;朱云也到四十岁才学《易》、《论语》;皇甫谧二十岁才学《孝经》、《论语》,都终于成为大儒:这都是早年迷糊而晚年醒悟。世上人婚冠之年没有学,就自以为太晚了,因循失学,也太愚蠢了。幼年学的,像太阳刚升起的光芒;老年学的,像夜里走路拿着蜡烛,总比闭上眼睛什么也看不见要好。

　　学的兴废,随时代而有所轻重。汉代贤俊之士,都只凭一种经来弘扬圣人之道,上则明晓天时,下则通贯人事,以此来做到卿相的很多。晚近的习俗不再是这样,空守老师的章句,只读老师的讲说,用在时务上,几乎没有一件用得上。所以士大夫的子弟,都讲究多读书,不肯专守章句。梁朝从皇孙以下,到总丱的年龄,必须先进国学,看他的志愿趋向,出仕以后,就做文吏的事情,很少有完成学业的。世代冠冕而从事经学的,则有何胤、刘瓛、明山宾、周捨、朱异、周弘正、贺琛、贺革、萧子政、刘绍等人,都兼通文史,不光会讲说。在洛阳的也听说有崔浩、张伟、刘芳,在邺下又见到邢子才,这四位儒者,虽然喜欢经学,同时也以文才博学著名,像这样的贤士,自然可称上品。此外则多数是田野间人,言辞鄙陋,风操丑拙,还都专断保守,什么能耐也没有,问一句就得回答几百句,问他要旨,有时还说不到点子上。邺下俗谚说:"博士买驴,书卷三纸,未有'驴'字。"让你们认这种人为老师,那真叫人气沮。孔子说过:"学了,俸禄就在其中了。"如今用力于无益之事,怕不算正业吧!圣人的书,是用来讲教化的,只要熟悉经文,粗通传注大义,常使自己的言行得当,也足以立身做人。何必"仲尼居"三个字就得用上两张纸的义疏,去弄清楚究竟是在燕寝还是在讲堂,这样就算讲对了,难道能有什么益处?光阴可惜,好似流水,应该博览精要,用来成就功名事业,如能两全其美,我自然没有话说。

世俗的儒生,不博览群书,除掉经传、纬书以外,只看义疏而已。我刚到邺下,和博陵的崔文彦交往,曾对他讲王粲的文集里有驳难郑玄所注《尚书》的地方。崔转向儒生们讲述,才开口,便被凭空排斥,说什么:"文集里只有诗、赋、铭、诔,难道会有讲论经书的事情吗?何况先儒之中,没听说有个王粲。"崔含笑而退,终于不把王粲的集子给他们看。魏收在仪曹,和博士们议论宗庙的事情,征引《汉书》作为依据,博士们笑道:"没有听说《汉书》可以用来证经学。"魏收就很生气,不再说什么,拿出《韦玄成传》丢在他们面前站起来就走,博士们一通宵把传一起披展研讨,到天明来向魏收致歉道:"想不到韦玄成还有这套学问啊!"

老子、庄子的书,大体上是要保养真性,不肯让外物来累自身。所以老子藏名柱史,最后进入了流沙;庄子匿迹漆园,终于辞却了楚相:这都是任性放纵之徒啊。何晏、王弼,师法讲述玄宗,转相夸张自负,像影附草靡一般,都以为神农、黄帝的教化,就在于自身，而周公、孔子的事业，则置之度外。而平叔因党附曹爽被诛杀，触犯死权的罗网；辅嗣因多笑别人被记恨，落入好胜的陷阱；山巨源因积蓄被讥讽，违背多藏厚亡的说法；夏侯玄因才望被刑戮，缺少支离拥肿的明鉴；荀奉倩死去妻子神伤而卒，绝非鼓缶的心情；王夷甫悼念儿子悲不自胜，有异东门的达观；嵇叔夜排斥世俗取祸，岂是和光同尘之流；郭子玄权势震动一时，怎算后身外己之风；阮嗣宗沉湎酒而荒迷，乖离了畏途相诫的譬喻；谢幼舆贪贿而丢官，违背弃其余鱼的宗旨：以上这些人物，都是其中的领袖，为玄宗之所依归。其余受尘俗桎梏，为名利奔走的，岂能一一细说！这些人只是欣赏清谈雅论，剖析玄微，宾主问答，娱心悦耳而已，并不把它当作救世匡俗的要道。到了梁代，这种风气又盛了起来。《庄子》、《老子》和《周易》，总称为"三玄"。武帝和简文帝，都亲自讲论。还有周弘正佐助大道，在都邑教化推行，学徒一千多人，真可说盛美。元帝在江、荆之间，又很喜欢讲习，召集学生，亲自教授，废寝忘食，早晚相继，甚至倦极愁愤的时候，就用讲授来排遣。我当时多次身列末席，亲自听到讲说，只是秉性顽愚，并不爱好。

……

古人勤学，有的握锥、投斧，有的照雪、聚萤，还有人锄地时带了经书，放牧时编连蒲简，也都称勤笃。梁代有位彭城人刘绮，是交州刺史刘勃的孙子，早年失去亲人家庭贫寒，没有能力置备灯烛，常买了荻一尺一寸地折断，点着照明夜读。元帝最初出任会稽太守，仔细挑选僚属，刘绮因有才华，被任为湘东国的常侍兼充记室，很蒙受礼遇，最后做到金紫光禄大夫。还有位义阳人朱詹，世代住在江陵，后来出居扬都，爱好学习，家贫缺乏资财，接连多天不生火做饭，常常吞下纸来填肚子，寒冷没有毡被，抱条狗睡眠,狗也饿空了肚子,起来走动偷食吃,叫它不来,哀号的声音惊动邻居,但仍不废学业,终于成为学士,官做到镇南将军属下的录事参军,被元帝所礼遇。这个人所做的是别人做不到的事情,也是一位勤学者。再有位东莞人臧逢世,二十多岁时,要读班固《汉书》,苦于向人借时间不能太长,就向姊夫刘缓乞讨客刺书翰纸末,亲手抄写一部,军府里的人佩服他有志气,他终于以精通《汉书》著称。

……

邺下平定以后,我被迁送进关中。儿子思鲁曾对我说:"朝廷上没有禄位,家里面没有积财,应该多出气力,来表供养之情。而每被课程督促,在经史上用苦功夫,不知做儿子的能安心吗?"我教训他说:"做儿子的应当以养为心,做父亲的应当以学为教。如果叫你抛弃学业而一意求财,让我衣食丰足,我吃下去哪能觉得甘美,穿上身哪能感到暖和? 如果从事于先王之道,继承了家世之业,即使吃藜羹穿缊褐,我自己也愿意。"

……

校勘写定书籍,也很不容易,当年的扬雄、刘向,才算称职。天下的书没有看遍,不可以乱下雌黄。有的那个本子以为非,这个本子以为是,有的本虽同而末有异,有的两个本子的文字都有欠缺,不能偏信一个方面。

文章第九

　　我国古代知识分子向来重视写文章,魏晋南北朝讲场面的士族尤其如此,其中有人还进而在文章写作的理论方面下功夫,南齐末年刘勰撰成的《文心雕龙》,就是人所共知的文章理论名著。颜之推这篇是继《文心雕龙》之后的文章理论著作,有很多《文心雕龙》所没有讲到的新东西,当然这些东西今天看来不一定都对,如说"章句偶对"的骈文比散体好,就显然错误。

　　夫文章者,原出五经:诏、命、策、檄①,生于《书》者也;序、述、论、议②,生于《易》者也;歌、咏、赋、颂③,生于《诗》者也;祭、祀、哀、诔④,生于《礼》者也;书、奏、箴、铭⑤,生于《春秋》者也。朝廷

---

①诏、命、策:三种文体,都是皇帝颁发的命令文告。檄(xí):一种文体,用于声讨或征伐。

②序、述、论、议:古代的四种文体,前两种相当于今天的记叙文,后两种相当于今天的议论文。

③歌、咏:诗歌。赋:古代的一种文体,铺陈华丽,讲究骈偶,多用典故,韵文与散文相错。颂:古代一种文体,用于赞颂。

④祭:祭文。祀:古代祭祀时的乐歌。哀、诔(lěi 垒):哀悼死者、记述死者生平的文章,哀又特指哀悼短夭者的文章。

⑤书、奏:古时臣下向朝廷上书的文章。箴:用于规戒的文章。铭:用于赞颂或警戒的文章。

宪章①，军旅誓、诰②，敷显仁义③，发明功德④，牧民建国⑤，不可
暂无。至于陶冶性灵⑥，从容讽谏⑦，入其滋味⑧，亦乐事也，行有
余力，则可习之。然而自古文人，多陷轻薄⑨：屈原露才扬己，显
暴君过⑩；宋玉体貌容冶，见遇俳优⑪；东方曼倩，滑稽不雅⑫；司
马长卿，窃赀无操⑬；王褒过章《僮约》⑭；扬雄德败《美新》⑮；李陵降

----

①宪章：最重要的官方文书。

②誓：誓言，誓约。诰：古代以上训下的号令式的文章。

③敷：宣扬、阐发。

④发：扩张。

⑤牧民：治理百姓，我国古代把治理百姓比做放牧牲畜，所以叫"牧民"。

⑥陶冶：陶铸，化育。性灵：性情灵感。

⑦讽谏：不直言其事，用委婉的语言劝谏。

⑧滋味：深厚的意味。

⑨轻薄：轻佻(tiāo)浮薄，不温柔敦厚。

⑩屈原……君过：屈原，战国楚国贵族，文学家，传见《史记》，《离骚》等相传
　是他所著，其中对楚王的不明作了讥刺。

⑪宋玉……俳(pái)优：宋玉，战国时楚国文学家，屈原的后辈，相传是他写的
　《讽赋》、《登徒子好色赋》里都说他长得漂亮。他又侍奉楚王，等于以乐舞
　等娱人的俳优。

⑫东方……不雅：东方朔，字曼倩，西汉文学家，以滑稽侍奉汉武帝，传见
　《汉书》。

⑬司马……无操：司马相如，字长卿，西汉文学家，传见《史记》，他曾投靠富
　人卓王孙，卓王孙女儿文君爱他，一同偷回成都，卓王孙不得已分了财物
　给他俩，"无操"即指此事。

⑭王褒过章《僮约》：王褒，西汉文学家，传见《汉书》。《僮约》是他写的一篇
　文章，其中讲他到寡妇杨惠家里去，这在后来封建思想严重的人看来是
　过失。

⑮扬雄德败《美新》：扬雄写过《剧秦美新》的文章，用否定秦朝来歌颂王莽的
　新朝，由于后来王莽垮台，写这文章就成为失德的行为。

辱夷虏①；刘歆反覆莽世②；傅毅党附权门③；班固盗窃父史④；赵元
叔抗竦过度⑤；冯敬通浮华摈压⑥；马季长佞媚获诮⑦；蔡伯喈同恶
受诛⑧；吴质诋忤乡里⑨；曹植悖慢犯法⑩；杜笃乞假无厌⑪；路粹隘

①李陵降辱夷虏：李陵本是西汉时大将，因后人伪造他给苏武的诗，所以也
　　把他当作文学家。他因战败力竭降了匈奴，传附见《史记·李将军传》。
②刘歆反覆莽世：刘歆是刘向之子，西汉大学者，起初支持王莽，后反莽不成
　　而自杀，传附见《汉书·楚元王传》。
③傅毅党附权门：傅毅，东汉文学家，曾为外戚大将军窦宪的司马，传见《后
　　汉书》。
④班固盗窃父史：班固的《汉书》是以其父班彪的史稿为基础续成的，但司马
　　迁的《史记》也用过其父司马谈的旧稿，这是当时修史的习惯，本无可厚
　　非，到颜之推时已不习惯这种做法，所以说成盗窃。
⑤赵元叔抗竦(sǒng耸)过度：赵壹字元叔，东汉文学家，恃才倨傲，见显贵司
　　徒袁逢仅是长揖，传见《后汉书》。抗竦就是高抗竦立。
⑥冯敬通浮华摈压：冯衍字敬通，东汉文学家，人们说他"文过其实"，压制他
　　不予重用，传见《后汉书》。
⑦马季长佞(nìng)媚获诮(qiào俏)：马融字季长，东汉经学家、文学家，佞媚
　　外戚梁冀，为正直者所羞，传见《后汉书》。佞是用花言巧语去谄媚，诮是
　　讥嘲。
⑧蔡伯喈(jiē)同恶受诛：蔡邕字伯喈，东汉文学家，曾为董卓擢用，王允诛董
　　卓，蔡邕言之而叹，被王允治罪，死于狱中，传见《后汉书》。同恶本指共同
　　作恶，这里是指党同罪人的意思。
⑨吴质诋忤(wǔ五)乡里：吴质，曹魏文学家，不与乡里往来应酬，受到歧视，
　　传附见《三国志·魏书·王粲传》。
⑩曹植悖慢犯法：曹植本封陈王，因醉酒悖慢贬为安乡侯，传见《三国志·魏
　　书》。
⑪杜笃乞假无厌：杜笃，东汉文学家，和当地县令往来，多次以私事乞求，终
　　至闹翻，传见《后汉书》。乞假就是借贷。

狭已甚①；陈琳实号粗疏②；繁钦性无检格③；刘桢屈强输作④；王粲率躁见嫌⑤；孔融、祢衡诞傲致殒⑥；杨修、丁廙，扇动取毙⑦；阮籍无礼败俗⑧；嵇康凌物凶终⑨；傅玄忿斗免官⑩；孙楚矜夸凌上⑪；

---

①路粹隘（ài 爱）狭已甚：路粹，东汉末在曹魏的文学家，传见《三国志·魏书·王粲传》注。隘狭，气量狭小。

②陈琳实号粗疏：陈琳，曹魏文学家，传见《三国志·魏书》。粗疏，粗率疏急。

③繁（pó 婆）钦性无检格：繁钦，在曹魏的文学家，传见《三国志·魏书·王粲传》注。检格，即法式。

④刘桢屈强输作：刘桢，在曹魏的文学家，因事受罚，配在尚方磨石，传附见《三国志·魏书·王粲传》及注。屈强即倔强，输作就是罚做苦工。

⑤王粲率躁（zào 灶）见嫌：王粲"性躁竞"，见《三国志·魏书·杜袭传》，率是轻率，躁是急躁不安静，竞是竞争，急于做官。

⑥孔融……致殒：孔融，东汉末文学家，因言论偏激，得罪曹操被杀，传见《后汉书》。祢衡，东汉末文学家，因傲慢被黄祖所杀，传见《后汉书》。

⑦杨修……取毙：杨修、丁廙（yì 异），在曹魏的文学家，都是曹植的党羽，想帮助曹植做上太子，结果失败，先后被曹操、曹丕所杀，杨修传见《后汉书》，丁廙传见《三国志·魏书·陈思王植传》注。扇动，即煽动，指煽动曹植争做太子。

⑧阮籍无礼败俗：阮籍母死，与人围棋不停止，人家去吊丧，他醉而直视，这在当时都算不讲礼仪败风俗。

⑨嵇康凌物凶终：钟会去看嵇康，嵇康不为之礼，钟会在司马昭前进谗杀害嵇康。凌物，欺凌别人。凶终，不得善终，被杀。

⑩傅玄忿（fèn 奋）斗免官：傅玄，西晋文学家，与人争论喧哗而被免官，传见《晋书》。忿，同"愤"。

⑪孙楚矜（jīn 今）夸凌上：孙楚，西晋文学家，以才气自负，对上级不礼貌，传见《晋书》。矜夸，夸耀自己长处。

陆机犯顺履险①；潘岳干没取危②；颜延年负气摧黜③；谢灵运空疏乱纪④；王元长凶贼自诒⑤；谢玄晖侮慢见及⑥。凡此诸人，皆其翘秀者⑦，不能悉纪，大较如此⑧。至于帝王，亦或未免。自昔天子而有才华者，唯汉武、魏太祖、文帝、明帝、宋孝武帝⑨，皆负世议，非懿德之君也⑩。自子游、子夏、荀况、孟轲、枚乘、贾谊、苏武、张衡、左思之俦⑪，有盛名而免过患者，时复闻之，但其损败居

---

① 陆机犯顺履险：陆机，西晋文学家，赵王司马伦专权篡位，而陆机为其僚属，传见《晋书》。犯顺，造作反作乱。履险，指干危险的事情。

② 潘岳干没取危：潘岳，西晋文学家，性轻躁，趋世利，其母教训他："尔当知足，而干没不已乎？"最终为赵王伦所杀，传见《晋书》。干没，侥幸取利的意思。

③ 颜延年负气摧黜：颜延之字延年，南朝刘宋文学家，因作《五君咏》，为宋文帝免职，传见《宋书》。负气，恃其意气不能屈居人下。

④ 谢灵运空疏乱纪：谢灵运，刘宋文学家，以谋叛被杀，传见《宋书》。空疏，指没有实在的本领。乱纪，作乱。

⑤ 王元长凶贼自诒(yí 夷)：王融字元长，南齐文学家，齐武帝死，他拥立竟陵王萧子良，不成被杀，传见《南齐书》。凶贼自诒，凶逆作乱终于自己害了自己。

⑥ 谢玄晖侮慢见及：谢朓(tiǎo)字玄晖，南齐文学家，因轻视江祏(shí 石)，被陷害死于狱中，传见《南齐书》。见及，这里指被害。

⑦ 翘秀：翘楚秀出，高出于众人的。

⑧ 大较：大略，大概。

⑨ 汉武：西汉武帝刘彻。魏太祖：曹魏武帝曹操。文帝：曹魏文帝曹丕。明帝：曹魏明帝曹叡(ruì 锐)。宗孝武帝：刘宋孝武帝刘骏。

⑩ 懿德：美德。

⑪ 子游：姓言名偃字子游，孔子弟子，以文学见称，传见《史记·仲尼弟子列传》。子夏：姓卜名商字子夏，孔子弟子，也以文学见称，传见《仲尼弟子列传》。荀况：荀子名况。孟轲：孟子名轲。枚乘：西汉文学家，传见《汉书》。贾谊：西汉文学家、政治家，传见《史记》。苏武：西汉人，以出使(转下页)

多耳①。每尝思之，原其所积②，文章之体，标举兴会③，发引性灵④，使人矜伐⑤，故忽于持操⑥，果于进取⑦。今世文士，此患弥切⑧，一事惬当⑨，一句清巧⑩，神厉九霄⑪，志凌千载，自吟自赏，不觉更有傍人。加以砂砾所伤⑫，惨于矛戟，讽刺之祸，速乎风尘⑬。深宜防虑，以保元吉⑭。

学问有利钝⑮，文章有巧拙。钝学累功，不妨精熟；拙文研想，终归蚩鄙。但成学士，自足为人；必乏天才，勿强操笔。吾见

（接上页）匈奴不屈节知名，因后人伪造他的诗，因而被列举在这里，传附见《汉书·苏建传》。张衡：东汉科学家、文学家，传见《后汉书》。左思：西晋文学家，传见《晋书》。俦：同一类的人物。

① 损败：损丧败坏。
② 所积：积本是一种病，如寒积、食积，所积就是指所以气积，也就是指病因。
③ 标举：高超。兴（xìng）会：兴致。
④ 发引：触发引动。
⑤ 矜伐：夸耀才能或功绩。
⑥ 持操：讲究操守，讲究品行。
⑦ 果于：果是果敢，果于就是勇于、敢于。进取：这里指追求富贵利禄。
⑧ 弥切：更加深切。
⑨ 事：这里指用事，即所引用的典故，南北朝人做诗做骈文都讲究用好典故。惬（qiè怯）当：满意，恰当。
⑩ 清巧：清新精巧。
⑪ 厉：上。九霄：天的极高处。
⑫ 砂砾（lì厉）所伤：砂砾是细碎的砂粒小石子，砂砾所伤指细小的伤害。
⑬ 风尘："尘"可能是"霆"，风霆就是疾风迅雷。
⑭ 元吉：元是大，吉是福。
⑮ 利钝：这里指聪慧和愚笨。

世人,至无才思,自谓清华①,流布丑拙②,亦以众矣③,江南号为"诊痴符"④。近在并州⑤,有一士族,好为可笑诗赋,诮撒邢、魏诸公⑥,众共嘲弄,虚相赞说,便击牛酾酒⑦,招延声誉。其妻明鉴妇人也,泣而谏之,此人叹曰:"才华不为妻子所难容,何况行路⑧!"至死不觉。自见之谓明⑨,此诚难也。

　　学为文章,先谋亲友,得其评裁⑩,知可施行⑪,然后出手,慎勿师心自任⑫,取笑旁人也。自古执笔为文者,何可胜言,然至于宏丽精华⑬,不过数十篇耳。但使不失体裁,辞意可观,便称才士。要须动俗盖世⑭,亦俟河之清耳⑮。

──────────

①清华:清新华丽。

②丑拙:丑恶拙劣。

③以:同"已"。

④"诊(líng 零)痴符":古代方言,指没有才学而好夸耀的人。诊是叫卖,诊痴就是叫卖痴呆。

⑤并(bīng)州:治所晋阳,即今山西太原。

⑥诮(tiǎo)撒:以言戏人。邢、魏:邢邵和魏收,都是北齐文学家、大名人,传均见《北齐书》。

⑦击牛:宰牛,古人常宰牛宴客。酾(shī 尸):斟酒。

⑧行路:行路之人,不相干的人。

⑨自见之谓明:这见于《韩非子·喻老》,说自己能看得清自己就称得上"明"。

⑩裁:裁决,判断。

⑪施行:用得上,拿得出去。

⑫师心自任:师心,指以己心为师。师心自任,指固执己见自以为是。今多作"师心自用"。

⑬宏丽:壮丽。精华:精粹。

⑭动:惊动。盖:压倒。

⑮俟(sì):等待。河之清:河指黄河,黄河因上游河床受冲刷而杂有大量泥沙,呈黄色,不得澄清,所以古人把河清看作稀罕难有、一辈子也等不到的事情。

……

　　凡为文章,犹人乘骐骥①,虽有逸气②,当以衔勒制之③,勿使流乱轨躅④,放意填坑岸也⑤。

　　文章当以理致为心肾⑥,气调为筋骨⑦,事义为皮肤⑧,华丽为冠冕⑨。今世相承,趋末弃本⑩,率多浮艳,辞与理竞,辞胜而理伏,事与才争,事繁而才损,放逸者流宕而忘归⑪,穿凿者补缀而不足⑫。时俗如此,安能独违,但务去泰去甚耳。必有盛才重誉,改革体裁者,实吾所希。

　　古人之文⑬,宏材逸气,体度风格⑭,去今实远,但缉缀疏朴,未为密致耳⑮。今世音律谐靡,章句偶对⑯,讳避精详,贤于往昔

---

①骐骥(qí jì):日行千里的良马。

②逸气:俊逸之气。

③衔:横在马口中备抽勒的铁。勒:套在马头上带嚼口的笼头。

④流:行动无定。轨躅(zhuó zhú):轨迹。

⑤放意:恣意。填坑岸:跌进坑岸下。

⑥理致:义理意致。心肾(lǚ shèn):心和脊骨,表示最核心紧要之处。

⑦气调:气韵格调。

⑧事义:用事即用典合宜。

⑨华丽:指辞藻华丽。

⑩末:指华丽。本:指理致、气调、事义。

⑪流宕(dàng 荡):流荡。

⑫穿凿:附会,任意牵合。

⑬古人之文:这指骈文流行之前的先秦两汉文章。

⑭体度:体势气度。

⑮缉缀……密致:这是颜之推用骈文的标准来要求古人之文,从而产生的偏见。缉缀,缝接拼合,指文章的撰写联缀。

⑯音律……偶对:这都是骈文的特征。

多矣①。宜以古之制裁为本,今之辞调为末,并须两存,不可偏
弃也。

......

【翻译】

　　文章,都源出于五经:诏、命、策、檄,是《书》所派生;序、述、
论、议,是《易》所派生;歌、咏、赋、颂,是《诗》所派生;祭、祀、哀、
诔,是《礼》所派生;书、奏、箴、铭,是《春秋》所派生。朝廷的宪章,
军旅的誓、诰,宣扬仁义,彰明功德,对治民建国来说是不能一刻
没有的。至于陶冶性灵,从容讽谏,能够体会其中的滋味,也是人
生乐事,如有多余的精力,自可以学习。然而从古以来的文人,多
失于轻薄:屈原夸扬才能,公开暴露君主的过错;宋玉长相美丽,
被君主当作俳优;东方曼倩,言辞滑稽而欠大雅;司马长卿,偷窃
资财而无操行;王褒的过失见于《僮约》;扬雄的品德坏于《美新》;
李陵降辱于夷虏;刘歆反覆于新莽;傅毅党附权门;班固盗取父
史;赵元叔性高抗而过度;冯敬通因浮华被摈压;马季长佞媚而被
诮;蔡伯喈同恶而受诛;吴质诋忤于乡里;曹植悖慢而犯法;杜笃
乞求借贷无厌;路粹气量狭小过分;陈琳确实粗疏;繁钦性无检
格;刘桢仍倨强于输作;王粲因轻躁被嫌弃;孔融、祢衡以诞傲殒
命;杨修、丁廙以煽动取死;阮籍以无礼败坏风俗;嵇康以凌物不
得善终;傅玄愤斗而免官;孙楚矜夸以凌上;陆机冒险作乱,潘岳
干没致危;颜延年负气被摧黜;谢灵运空疏而乱纪;王元长凶逆被
杀;谢玄晖侮慢遇害。以上这些,都是其中翘楚秀出的,不能统统

①贤于往昔多矣:这"往昔"指骈文流行前的古人之文,说贤于往昔,也是颜
　　之推的偏见。

地记起,大体如此。至于帝王,有的也未能避免这类毛病。从古做上天子并有才华的,只有汉武帝、魏太祖、魏文帝、魏明帝、宋孝武帝,都被世人讥议,不算有美德的人君。从子游、子夏、荀况、孟轲到枚乘、贾谊、苏武、张衡、左思一流人物,享有盛名而免于过失祸患的,也时常听到,只是其中损丧败坏的占多数。对此我常思考,寻找病根,当是由于文章这样的东西,要标举兴会,发引性灵,这就会使人夸耀才能,从而忽视操守,敢于进取。在现代文士身上,这种毛病更加深切,一个典故用得恰当,一个句子做得清巧,就会心神上达九霄,意气下凌千年,自己咏吟自己欣赏,不知道身边还有别人。加以砂砾伤人,会比矛戟更狠毒;讽刺招祸,会比风尘更迅速。应该认真思考防范,来保有元吉。

学问有利和钝,文章有巧和拙,学问钝的人积累功夫,不妨达到精熟;文章拙的人钻研思考,终究难免陋劣。其实只要有了学问,就是以自立做人;真是缺乏天才,就不必勉强执笔写文。我见到世人中间,有极其缺乏才思,却还自命清华,让丑拙的文章流传在外的,也很众多了,这在江南被称做"诊痴符"。近来在并州地方,有个士族出身的,喜欢做引人发笑的诗赋,还和邢邵、魏收诸公开玩笑,人家嘲弄他,假意称赞他,他就杀牛斟酒,请人家帮他扩大影响。他的妻是个心里清楚的女人,哭着劝他,他却叹着气说:"我的才华不被妻子所承认,何况不相干的人!"到死也没有醒悟。自己能看清自己才叫明,这确实是不容易做到的。

学做文章,先和亲友商量,得到他们的评判,知道拿得出去,然后出手,千万不能师心自用,为旁人所取笑。从古以来执笔写文的,多得说也说不清,但真能做到宏丽精华的,不过几十篇而已。只要体裁没有问题,辞意也还可观,就可称为才士。但要当真惊动流俗压倒当世,那也就像黄河澄清那样不容易等待到了。

······

　　凡是做文章,好比人骑的千里马,虽有俊逸之气,还得用衔勒来控制它,不要让它乱了轨迹,恣意跃进坑岸之下。

　　文章要以义理意致为心脊,气韵格调为筋骨,用事合宜为皮肤,辞藻华丽为冠冕。如今相因袭的,都是趋末弃本,多求浮艳,辞藻和义理相竞,辞藻胜而义理伏,用事和才思相争,用事繁而才思损,放逸的流荡而忘归,穿凿的补缀而不足。时世习俗如此,也不好独自立异,但求不要做得太过头。真出个负重名的大才,对这种体裁有所改革,那才是我所盼望的。

　　古人的文章,宏材逸气,体度风格,比如今的真高出很多,只是在缉缀上还粗疏质朴,没有能周密细致而已。如今的文章音律和谐靡丽,章句骈偶对称,避讳精细详密,则比古人的高明多了。应该用古人的制裁为本,如今的辞调为末,这两方面都要做好,不可以偏废。

······

名实第十

照道理，名是跟随实来的，一个人真正好，在某些方面有特殊的表现，自然得到人们的称赞，会有好的名声。但也有些思想有毛病的人，为了图好名声而作种种伪装，于是出现了名与实不相符的问题。这篇《名实》就讲这个问题，指出以巧伪来图虚名总归要败露，其中有些话在今天仍有教育意义。

名之与实，犹形之与影也。德艺周厚①，则名必善焉；容色姝丽②，则影必美焉。今不修身而求令名于世者，犹貌甚恶而责妍影于镜也。上士忘名③，中士立名，下士窃名。忘名者，体道合德④，享鬼神之福祐⑤，非所以求名也；立名者，修身慎行，惧荣观之不显⑥，非所以让名也；窃名者，厚貌深奸⑦，干浮华之虚称⑧，

①德艺：德行才艺。周厚：周备深厚。
②姝（shū 书）：美丽。
③上士：这士是士大夫的"士"，上士即高水平的人，但这"人"不包括被统治阶级在内，下文的中士、下士也应如此解释。
④体道：以道为本体。合德：与道德相融合。
⑤享鬼神之福祐：这是古人的迷信话。
⑥荣观：荣名，荣誉。
⑦厚貌深奸：外表敦朴内心奸险。
⑧干：干求，谋求。浮华：华而不实。虚称：虚名。

非所以得名也。

……

　　吾见世人,清名登而金贝入①,信誉显而然诺亏②,不知后之矛戟,毁前之干橹也③！虙子贱云④:"诚于此者形于彼⑤。"人之虚实真伪在乎心,无不见乎迹,但察之未熟耳⑥。一为察之所鉴,巧伪不如拙诚,承之以羞大矣⑦。伯石让卿⑧,王莽辞政⑨,当于尔时,自以巧密,后人书之,留传万代,可为骨寒毛竖也⑩。近有大贵,以孝著声,前后居丧,哀毁逾制⑪,亦足以高于人矣;而尝于

----

①登:升,这里指播扬。金贝:金钱。

②然诺:许诺。亏:亏损,这里指许诺了不兑现。

③后之……干橹:干,即盾,盾牌,古代防御刀剑用的东西。橹(lǔ鲁),大盾牌。后之矛戟指"金贝入"、"然诺亏",前之干橹指"清名"、"信誉",这句话就是说名实矛盾不一致。

④虙(fú伏)子贱:孔子弟子,姓虙名子贱,这话见于《孔子家语·屈节》。

⑤形:通"刑"、"型",做出榜样。

⑥熟:精审,仔细。

⑦承之以羞:《易·恒》有"不恒其德,或承之羞"的话,意思是不能经常保有其德,羞辱就可能到来。

⑧伯石让卿:春秋时郑国叫太史任命伯石为卿,伯石假意推辞,太史走后,他又叫太史再来任命自己,这样假意推辞了三次才接受,见《左传》襄公三十年。

⑨王莽辞政:东汉末王莽一再推辞不当大司马,其实也是伪装,见《汉书·王莽传》。大司马在当时是掌握最高权力的。

⑩骨寒毛竖:骨头发冷,汗毛竖起,大吃一惊的意思。

⑪哀毁:哀痛得使身体容貌都受到了损毁。

苫块之中①，以巴豆涂脸②，遂使成疮，表哭泣之过，左右童竖，不能掩之，益使外人谓其居处饮食皆为不信。以一伪丧百诚者，乃贪名不已故也！

　　有一士族，读书不过二三百卷，天才钝拙，而家世殷厚，雅自矜持③，多以酒犊珍玩④，交诸名士。甘其饵者⑤，递共吹嘘⑥，朝廷以为文华，亦尝出境聘⑦。东莱王韩晋明笃好文学⑧，疑彼制作，多非机杼⑨，遂设宴言⑩，面相讨试。竟日欢谐，辞人满席⑪，属音赋韵⑫，命笔为诗，彼造次即成⑬，了非向韵⑭，众客各自沉

①苫（shān 山）块之中：苫，草荐。块，土块。古礼居父母之丧时要垫草荐，枕土块，因而又把"苫块之中"作为居丧的代称。

②巴豆：一种植物，种子可入药，但有大毒。

③雅：素常，向来。矜持：装出端庄严肃的模样。

④酒犊（dú 读）：犊是小牛，酒犊就是牛酒，即杀牛备酒办宴会。珍玩：珍宝玩好，用来赠送名士们。

⑤甘：这里是感兴趣的意思。饵：本指引鱼上钩的食物，引申为诱饵，即用来引诱人家的东西，如这里所说的"酒犊珍玩"之类。

⑥递：一个接一个地。吹嘘：这里指不符实际地吹捧。

⑦聘：古代国与国之间派使者访问叫聘，这里指南朝的萧梁去北朝的北齐聘问。

⑧东莱王韩晋明：北齐韩晋明，韩轨之子，封东莱王，传附见《北齐书·韩轨传》。其中说："诸勋贵子孙中，晋明最留心学问。"

⑨机杼（zhù 柱）：本指织布机，引申为纺织，再引申为文章的命意构思。

⑩宴言：宴会叙谈。

⑪辞人：这里指诗人。

⑫属（zhǔ 主）音赋韵：属，连接，做诗要把一个个字连接成句。赋，赋诗，即做诗。诗要讲押韵，所以这"属音赋韵"就是做诗的意思。

⑬造次：匆忙，轻率。

⑭了：全然。

吟,遂无觉者。韩退叹曰:"果如所量。"……

治点子弟文章①,以为声价②,大弊事也。一则不可常继,终露其情;二则学者有凭,益不精励。

邺下有一少年,出为襄国令③,颇自勉笃,公事经怀,每加抚恤,以求声誉。凡遭兵役,握手送离,或赍梨枣饼饵④,人人赠别,云:"上命相烦,情所不忍,道路饥渴,以此见思⑤。"民庶称之,不容于口⑥。及迁为泗州别驾⑦,此费日广,不可常周。一有伪情,触涂难继⑧,功绩遂损败矣。

……

【翻译】

名的对于实,好比形的对于影。德艺周厚,那名就一定好;容貌美丽,那影就一定美。如今不修身而想在世上传好的名,就好比容貌很丑而要求镜子里现出美的影子。上士忘名,中士立名,下士窃名。忘名,就是体道合德,享受鬼神的福祐,而不是用来求名的;立名,就是修身慎行,生怕荣名会被埋没,而不是为了让名的;窃名,就是外朴内奸,谋求浮华的虚名,而不是真能得

①治:整治,修改。点:点窜,涂改。
②声价:声望和身份。
③襄国:县名。当时属于襄国郡,在今河北邢台西南。
④赍(jī):以物送人。饵:这里指糕饼。
⑤见思:表示思念之情。
⑥不容于口:不是口说所能说得完。
⑦泗州:北周末设置,治所宿豫,在今江苏宿迁东南。别驾:州的长官叫刺史,刺史下面最重要的辅佐官叫别驾。
⑧触涂:触处,到处。

名的。

……

　　我见到世上的人，清名播扬但金钱暗入，信誉昭著但然诺有亏，真不知是不是后面的矛戟，在捣毁前面的干橹啊！虑子贱说过："在这件事上做得真诚，就给另件事树立了榜样。"人的虚或实，真或伪固然在于心，但没有不在行动上流露出来的，只是观察得不仔细罢了。一旦观察得真切，那种巧于作伪就还不如拙而诚实，接着招来的羞辱也够大的。伯石的推让卿位，王莽的辞谢政权，在当时自以为既巧又密，可是被后人记载下来，留传万世，就叫人看了骨寒毛竖了。近来有个大贵人，以孝著称，先后居丧，哀痛毁伤过度，这也是以显得高于一般人了；可他在苦块之中，还用巴豆来涂脸，有意使脸上成疮，来显出他哭泣得多么厉害，但这种做作不能蒙过身旁童仆的眼睛，反而使外边人说他丧中的居处饮食都在伪装。由于一件伪装毁掉了百件真，就是贪名不足的结果啊！

　　有一个士族，读的书不过二三百卷，天分笨拙，可家世殷实富足，他向来矜持，多用牛酒珍玩来结交那些名士。名士中对牛酒珍玩感兴趣的，一个个接着给他吹嘘，使朝廷也认为他有文采才华，使他曾出境聘问。齐东莱王韩晋明深爱文学，对他的作品发生怀疑，怀疑多数不是他本人所命意构思，就设宴叙谈，当面讨论测试。当时整天欢乐和谐，诗人满座，属音赋韵，提笔作诗，这个士族造次间就写成，可全然没有向来的韵味，好在客人们各自在沉思吟味，没有发觉。韩晋明宴会后叹息道："果真像我们所估量的那样。"……

　　修改子弟的文章，来抬高声价，是一大坏事。一则不能经常如此，终究要透露出真情来；二则正在学习的子弟有了依赖，更加不肯专心努力。

　　邺下有个少年，出任襄国县令，很能勤勉，公事经手，常加抚恤，来谋求声誉。每派遣兵差，都要握手相送，有时还拿出梨枣糕饼，人人赠别，说："上边有命令要麻烦你们，我感情上实在不忍，路上饥渴，送这些以表思念。"民庶对他称道，不容于口。到迁任泗州别驾，这种费用一天天增多，不可能经常办到。可见一有虚假，就到处难以相继，原先的功绩也随之而毁失。

　　……

涉务第十一

　　经过东晋到南朝后期,门阀制度在南方已日趋没落,士族的子弟除摆空架子外几乎全不能办实事,政府要办实事不得不转而借重士族看不起的庶族寒人。颜之推自己虽然也出身士族,但已看到这个问题的严重性,所以专门写了这篇《涉务》,对不办实事形同废物的士族子弟进行谴责。所谓涉务,就是办实事的意思。

　　士君子之处世,贵能有益于物耳,不徒高谈虚论,左琴右书①,以费人君禄位也!国之用材,大较不过六事:一则朝廷之臣,取其鉴达治体②,经纶博雅③;二则文史之臣④,取其著述宪章,不忘前古⑤;三则军旅之臣,取其断决有谋,强干习事⑥;四则

---

①左琴右书:弹琴读书,是南北朝士大夫们自以为风雅的事情。
②治体:治理国家的体要,即治理国家的体制纲要。
③经纶:本是整理丝缕,引申为安排处理国家大事。博雅:学识渊博纯正。
④文史之臣:这文史不是指文学和史学,而是指先秦西汉时的文史之臣,即在帝王身边主管文书档案、撰作诏令典章的人。
⑤不忘前古:前古就是先古、古代。我国在旧民主主义革命以前有一种"凡古必好"的错误观念,尽管是新办法也要打着"古已有之"的旗号,因此这里要说什么"不忘前古"。
⑥强干:能力强。习事:办事熟练。

藩屏之臣①,取其明练风俗②,清白爱民③;五则使命之臣④,取其识变从宜⑤,不辱君命⑥;六则兴造之臣⑦,取其程功节费⑧,开略有术⑨:此则皆勤学守行者所能办也⑩。人性有长短,岂责具美于六涂哉⑪?但当皆晓指趣⑫,能守一职,便无愧耳。

　　吾见世中文学之士,品藻古今⑬,若指诸掌⑭,及有试用,多无所堪⑮。居承平之世⑯,不知有丧乱之祸;处庙堂之下⑰,不知有战陈

---

①藩屏之臣:藩屏,是屏障的意思,藩屏之臣就是地方高级长官如州的刺史、郡的太守,他们都是中央的藩屏。

②明练:了解熟悉。

③清白:干净,不贪污。

④使命之臣:奉命出使邻国之臣。

⑤识变从宜:懂得权变,会随机应变。

⑥不辱君命:当时的使臣都秉承君命和对方交涉,不辱君命,就是不使君命受到折辱,也就是完成了使命。

⑦兴造之臣:兴造,兴建营造,即今天所谓管土木建筑的。

⑧程功:考核工程进度。节费:节省费用。

⑨开略:打开思路,想出办法。

⑩守:奉行,认真做好。

⑪责:一定要求。具:都,完全。

⑫指趣:也写作"旨趣",大意,要旨。

⑬品藻:评议。

⑭指诸掌:通称"指掌",有两个意思,一是说浅显易明,一是说做得容易,这里是后一个意思。

⑮堪:能承受,胜任。

⑯承平:累代相承太平。

⑰庙堂:这里指朝廷。

之急①；保俸禄之资②，不知有耕稼之苦；肆吏民之上③，不知有劳役之勤：故难可以应世经务也④。晋朝南渡，优借士族⑤，故江南冠带有才干者⑥，擢为令、仆已下尚书郎、中书舍人已上⑦，典掌机要。其余文义之士，多迂诞浮华⑧，不涉世务，纤微过失，又惜行捶楚⑨，所以处于清高，盖护其短也。至于台阁令史⑩、主书监帅⑪、诸王签省⑫，并晓习吏用，济办时须，纵有小人之态，皆可鞭杖肃督，故多见委使，盖用其长也。人每不自量，举世怨梁武帝父

---

①战陈：陈是"阵"的本字，古代作战要列阵，战阵就是作战打仗。
②俸（fèng）禄：古代官员任职的正常报酬。资：供给。
③肆：任意放纵。
④应世经务：应付时世和处理政务。
⑤优借：优待假借，优待宽容。
⑥冠带：士大夫、士族的代称，因为他们都戴冠束带。
⑦令、仆：尚书省的长官尚书令和副职尚书左、右仆射（yè）。尚书省是当时的中央最高行政机关。尚书郎：南朝梁时尚书省分二十二曹，每个曹设郎一人，总称尚书郎，是清贵显要之职。中书舍人：南朝梁时在中书省下设置，任起草诏令之职，参与机密，也是清贵显要之职。
⑧迂诞：迂阔荒诞。
⑨惜：舍不得。捶楚：杖责。原先对失职的中下级官可以杖责，即使尚书郎也难免，从南齐起尚书郎成为清贵显要就再没有杖责的事情了。
⑩台阁令史：台阁指尚书省，令史是尚书省里的低级办事人员。
⑪主书：也是尚书省里的低级办事人员。监帅：应是当时派到地方上的监察人员，其详已不可考。
⑫诸王签省：南朝在外任的亲王处设有典签，本为处理文书的小吏，但实际上对这些亲王起监督作用，这里的"签"就是典签。省则是州郡里的省事，也是低级办事人员。

子爱小人而疏士大夫①，此亦眼不能见其睫耳②。

　　梁世士大夫，皆尚褒衣博带③，大冠高履④，出则车舆⑤，入则扶侍，郊郭之内⑥，无乘马者。周弘正为宣城王所爱⑦，给一果下马⑧，常服御之，举朝以为放达⑨。至乃尚书郎乘马，则纠劾之⑩。及侯景之乱，肤脆骨柔，不堪行步，体羸气弱⑪，不耐寒暑，坐死仓猝者⑫，往往而然。建康令王复⑬，性既儒雅，未尝乘骑，见马嘶歕陆梁⑭，莫不震慑，乃谓人曰："正是虎，何故名为马乎？"其风俗至此。

　　……

①梁武帝父子：指梁武帝萧衍和他的儿子梁简文帝萧绎、梁元帝萧纲。
②睫(jié)：眼睫毛。
③褒(bāo 包)衣博带：褒，是衣襟宽大，博是大。褒衣博带就是宽袍大带。
④高履：高齿屦。
⑤舆：本是车，这里指肩舆。用两根长竿，中设软坐。人坐在下面，让人抬着走，东晋南朝士大夫中最流行，是轿子的前身。
⑥郊：在城外，离城不太远一般在几十里以内的地方。郭：外城，在城外围加筑的一圈高墙。
⑦周弘正：梁陈时文士，传见《陈书》。宣城王：南朝梁武帝萧衍的嫡长子萧大器，曾封宣城郡王。
⑧果下马：一种小巧易骑的马，果树一般很矮，而这种马只有三尺高，可在果树下行走，所以叫果下马，供富贵人平时乘坐。
⑨放达：率性而为，不为世俗之见所拘束。
⑩纠劾：纠察弹劾。
⑪羸(léi 雷)：瘦弱。
⑫仓猝：匆忙。
⑬建康：晋南朝的都城，即今江苏南京。
⑭歕(pēn 喷)：同"喷"，这里指马的喷气。陆梁：跳掷，强横不驯的样子。

【翻译】

士君子的处世，贵在能够有益于事物，不能光是高谈空论，左琴右书，白白浪费君主给他的俸禄官位啊！国家的使用人材，大体不外六个方面：一是朝廷之臣，用他能通晓治体，经纶博雅；二是文史之臣，用他能撰写典章，不忘先古；三是军旅之臣，用他能决断有谋，强干习事；四是藩屏之臣，用他能熟悉风俗，清白爱民；五是使命之臣，用他能随机应变，不辱君命；六是兴造之臣，用他能程功节用，多出主意：这都是勤奋学习、认真工作的人所能办到的。只是人的秉性各有短长，怎可以一定要求这六个方面都做好呢？只要对这些都通晓大意，而做好其中的一个方面，也就无所惭愧了。

我见到世上的文学之士，评议古今，好似指掌一般，等有所试用，多数不能胜任。处在承平之世，不知道有丧乱之祸；身在朝廷之上，不知道有战陈之急；保有俸禄供给，不知道有耕稼之苦；纵肆吏民头上，不知道有劳役之勤：这样就很难应世经务了。晋朝南渡，对士族优待宽容，因此江南冠带中有才干的，就升擢到尚书令、仆以下尚书郎、中书舍人以上，执掌机要。其余只懂得点文义的多数迂诞浮华，不会处理世务，有了点小过错，又舍不得杖责，因而把他们放在清高的位置上，来给他们护短。至于那些台阁令史、主办监帅、诸王签省，都对工作通晓熟练，能按需要完成任务，纵使流露出小人的情态，还可以鞭打监督，所以多被委任使用，这是在用他们的长处。人每每不能自量，世上都在抱怨梁武帝父子喜欢小人而疏远士大夫，这也就像眼睛不能看到眼睫毛了。

梁朝的士大夫，都流行宽袍博带、大冠高履，外出可乘车舆，回家有人扶持，在郊郭以里，没有谁骑马的。周弘正为宣城王所亲爱，宣城王给他一匹果下马，他常常骑上，通朝廷都说他放达。

至于尚书郎骑了马,则会被朝廷纠察弹劾。到侯景之乱时,这些士大夫肤脆骨柔,走不了路,体羸气弱,耐不得寒暑,仓猝间坐而等死的,到处都是。有个建康令叫王复的,性情既儒雅,又不曾骑过马,一看到马在嘶叫喷气跳掷不驯,没有一次不震骇恐惧,对人家说:"这正是头老虎,为什么叫它马啊?"当时的风俗一至于此。

　　……

省事第十二

　　这《省事》篇的所谓省事,是讲要省些事,即有些事不必做、不该做,犹今人所说"多一事不如少一事"。但这种见解在很多场合其实是错误的,如今天只要是有利于国家人民的事就应该出力去做,决不能省。即使在古代,一味省事也未见得就是正人君子。因此,这里只选译了开头所讲技能不必太多而应专精的一段,这在今天学习上还不无参考价值。

　　铭金人云①:"无多言,多言多败;无多事,多事多患。"至哉斯戒也! 能走者夺其翼,善飞者减其指,有角者无上齿,丰后者无前足,盖天道不使物有兼焉也。古人云:"多为少善,不如执一;鼫鼠五能,不成伎术②。"近世有两人,朗悟士也③,性多营综④,略无成名,经不足以待问,史不足以讨论,文章无可传于集录⑤,书迹未

---

①铭金人云:见于《说苑·敬慎》,说孔子到周,在太庙前看到有个三缄其口的金人,背下铭文有"无多言……"等话。
②鼫(shí 石)鼠……伎术:鼫鼠即梧鼠,据说它能飞不能过屋脊,能爬不能到树顶,能游不能渡涧谷,能穴不能藏身体,能走不能超过人。
③朗悟:聪明。
④营综:经营。
⑤集录:选录的本子。

堪以留爱玩①，卜筮射六得三②，医药治十差五③，音乐在数十人下，弓矢在千百人中，天文、画绘、棋博、鲜卑语、胡书、煎胡桃油、炼锡为银④，如此之类，略得梗概⑤，皆不通熟。惜乎！以彼神明⑥，若省其异端⑦，当精妙也。

……

【翻译】

　　铭在金人身上的文字说："不要多话，多话会多失败；不要多事，多事会多祸患。"对极了这个训诫啊！会走的不让生翅膀，善飞的减少其指头，长了双角的缺掉上齿，后部丰硕的没有前足，大概是天道不叫生物兼具这些东西吧！古人说："做得多而做好的少，还不如专心做好一件；鼫鼠有五种本事，可都成不了技术。"近代有两位，都是聪明人，喜欢多所经营，可没有一样成名，经学禁不起人家提问，史学够不上和人家讨论，文章不能入选流传，字迹

　　① 书迹：字迹。
　　② 卜筮（shì 誓）：卜是用龟壳卜，筮是用蓍（shī 诗）草占，通称占卜，是古人相信的一种企图猜测未来的迷信活动。射六得三：射是猜测，用占卜猜中三次完全是偶然碰上，绝不是真有什么灵验。
　　③ 差（chài）：病愈。
　　④ 棋：是围棋。博：六博，古代的一种游戏，先秦时已出现，唐宋以后不再有人玩了。胡书：写鲜卑文字或西域少数民族的文字，当时通称他们为胡，所以把他们的文字称为"胡书"。炼锡为银：这当然是不可能的，因为锡和银是不同的化学元素，但古人认为可能，弄所谓"炼金术"之类，欧洲的炼金术就引导出化学这门科学。
　　⑤ 梗（gěng）概：大概。
　　⑥ 神明：这里指人的精神，灵气。
　　⑦ 异端：正经学问以外的东西。

不堪存留把玩，卜筮六次才有三次猜对，医治十人才有五人痊愈，音乐水平在几十人之下，弓箭技能在千百人之中，天文、绘画、棋博、鲜卑语、胡书、煎胡桃油、炼锡为银，诸如此类，只懂个大概，都不精通熟练。可惜啊！凭这两位的灵气，如果不去弄那些异端，应该很精妙了。

……

止足第十三

　　止足，一般写成"知足"。写成止足，是既有要满足、又含有要知止的意思。知止，就是讲做官、积财都该有个限度，财富太多、官位太高都容易招来祸患，不如有个限度得以平安过日子为好。这是南北朝时士族经历祸患后的经验之谈，和今天我们提倡的清廉、为人民服务是两种完全不同的阶级意识。

　　《礼》云①："欲不可纵，志不可满。"宇宙可臻其极②，情性不知其穷，唯在少欲知止，为立涯限尔③。先祖靖侯戒子侄曰："汝家书生门户，世无富贵④，自今仕宦不可过二千石⑤，婚姻勿贪势家⑥。"吾终身服膺⑦，以为名言也。

———————

①《礼》云：见于《礼记·曲礼上》。
②臻（zhēn 真）：至，到达。极：穷尽之处，边缘。
③涯限：边限，限度。
④世无富贵：颜之推家是士族，好多代都有做官的，这里所说世代没有"富贵"，只是指没有特大的富贵。
⑤二千石：汉代郡的太守每年俸禄为二千石粮食，以后"二千石"就成为太守的代称。这里指太守和中品级的中央官而言。
⑥势家：有特殊权势之家。
⑦服膺（yīng 英）：信服并谨记在心。

天地鬼神之道①,皆恶满盈,谦虚冲损②,可以免害。人生衣趣以覆寒露③,食趣以塞饥乏耳。形骸之内④,尚不得奢靡,己身之外,而欲穷骄泰邪⑤? 周穆王、秦始皇、汉武帝富有四海⑥,贵为天子,不知纪极⑦,犹自败累⑧,况士庶乎⑨? 常以二十口家,奴婢盛多不可出二十人,良田十顷⑩,堂室才蔽风雨,车马仅代杖策⑪,蓄财数万,以拟吉凶急速⑫。不啻此者⑬,以义散之⑭;不至此者,勿非道求之。

……

---

①天地鬼神之道:古人信鬼神,并以为天地也由神在主宰,所以会说"天地鬼神之道"这样的迷信话。

②冲:谦和。损:自己贬抑自己。

③趣:旨趣,目的。

④形骸(hái 孩):人的形体。

⑤泰:骄恣,骄傲放肆。

⑥周穆王:西周的周王姬满,传说他去西方巡游作乐,引起东方徐戎的反叛。秦始皇:秦始皇帝统一中国后虐用民力,到儿子秦二世皇帝胡亥就天下大乱,不久灭亡。汉武帝:西汉武帝刘彻,好大喜功,虐用民力,晚年多处爆发农民起义,还发生宫廷变乱。有四海:四海之内都为其所有,就是古人所说"普天之下,莫非王土"的意思。

⑦纪极:有个限度,适可而止。

⑧败累(lèi):败坏受害。

⑨士庶:士大夫和庶人(百姓)。

⑩顷:田地一百亩为一顷。

⑪杖策:扶着手杖。

⑫拟:预备。吉凶:婚事丧事。急速:指急需,急用。

⑬不啻(chì 翅):不仅,不止。

⑭义:合乎道理。

【翻译】

《礼》上说:"欲不可以放纵,志不可以满盈。"宇宙还可到达边缘,情性则没有个尽头。只有少欲知止,给立个限度。先祖靖侯教诫子侄说:"你家是书生门户,世代没有出现过大富大贵,从今做官不可超过二千石,婚姻不能贪图权势之家。"我终身服膺,认为是名言。

天地鬼神之道,都厌恶满盈,谦虚冲损,可以免害。人生穿衣服的目的是在覆盖身体以免寒冷袒露,吃东西的目的在填饱肚子以免饥饿乏力而已。形体之内,尚且无从奢侈靡费,自身之外,还要极尽骄泰吗?周穆王、秦始皇、汉武帝富有四海,贵为天子,不懂得适可而止,还招致败累,何况士庶呢?常认为二十口之家,奴婢最多不可超出二十人,有十顷良田,堂室才能遮挡风雨,车马仅以代替扶杖。积蓄上几万钱财,用来预备婚丧急用。已经不止这些,要合乎道理地散掉;还不到这些,也切勿用不正当的办法来求取。

……

诫兵第十四

　　战争是政治的继续,用兵有正义和非正义之分,这在今天是我们所熟知的。颜之推在这篇《诫兵》里不是讲这些问题,只是主张士大夫不该参预军事,并列举了历史上姓颜的多以儒雅知名,而喜武的常无成就、甚至不得好结局,来论证他这个主张。这是鉴于南北朝政局的动荡,为了保全身家性命而产生的思想,在当时也不见得十分正确,到今天自然早不适用了。

　　颜氏之先,本乎邹、鲁①,或分入齐②,世以儒雅为业,遍在书记③。仲尼门徒,升堂者七十有二,颜氏居八人焉④。秦汉魏晋,

――――――――――

①颜氏……邹、鲁:邹和鲁都是西周、春秋到战国时的诸侯国,都在以今曲阜为中心的山东东南地区,是儒家的发源地,颜之推认为他的远祖是孔子的大弟子颜回,所以这么说。

②齐:西周、春秋、战国的诸侯国。

③书记:这里是书籍记载的意思。

④仲尼……人焉:孔子弟子中学问高的用"升堂"来比喻,意思是已上得了学问的厅堂。据说这升堂的有七十二人,其中姓颜的有颜回、颜无繇(yáo 摇)、颜幸、颜高、颜祖、颜之仆、颜哙(kuài 快)、颜何共八人,见《史记·仲尼弟子列传》。

下逮齐梁，未有用兵以取达者。春秋世颜高、颜鸣、颜息、颜羽之徒①，皆一斗夫耳②。齐有颜涿聚③，赵有颜最④，汉末有颜良⑤，宋有颜延之⑥，并处将军之任，竟以颠覆。汉郎颜驷，自称好武⑦，更无事迹。颜忠以党楚王受诛⑧，颜俊以据武威见杀⑨，得姓已来，无清操者，唯此二人，皆罹祸败⑩。顷世乱离，衣冠之士⑪，虽无身手⑫，或聚徒众，违弃素业⑬，侥幸战功⑭。吾既羸薄⑮，仰惟

---

① 颜高：鲁人，善射，见《左传》定公八年，和孔子弟子颜高可能不是一个人。颜鸣：鲁人，和齐国作战时曾三次冲入敌军，见《左传》昭公二十六年。颜息：鲁人，善射，见《左传》定公六年。颜羽：鲁人，曾和齐国作战，见《左传》哀公十一年。

② 斗夫：会战斗拼杀的人。

③ 颜涿聚：春秋末齐国人，战死，见《左传》哀公二十七年。

④ 颜最：战国时赵将，赵亡时为秦所俘，见《战国策·赵策下》。

⑤ 颜良：袁绍的大将，与曹操作战被杀，见《三国志·袁绍传》。

⑥ 颜延之：应作颜延，东晋末年王恭的将领，为刘牢之所杀，见《宋书·刘敬宣传》，这里的"宋有"应作"晋有"。

⑦ 汉郎……好武：颜驷，西汉人，事见《汉武故事》。

⑧ 颜忠……受诛：见《后汉书·楚王英传》。

⑨ 颜俊……见杀：见《三国志·魏书·张既传》。武威，郡名，治所姑臧在今甘肃武威。

⑩ 罹（lí离）：遭受，都指遭受不幸的事情。

⑪ 衣冠之士：指士大夫。

⑫ 身手：勇力武艺。

⑬ 素业：指士大夫的本业，即读书做官。

⑭ 侥幸战功：企图侥幸地猎取战功。

⑮ 羸薄：身体羸弱单薄，单弱。

前代①，故置心于此②，子孙志之③。孔子力翘门关④，不以力闻，此圣证也⑤。吾见今世士大夫，才有气干⑥，便倚赖之，不能被甲执兵，以卫社稷，但微行险服⑦，逞弄拳擊⑧，大则陷危亡，小则贻耻辱，遂无免者。

……入帷幄之中⑨，参庙堂之上⑩，不能为主尽规以谋社稷，君子所耻也。然而每见文士，颇读兵书⑪，微有经略⑫，若居承平之世，睥睨宫闱⑬，幸灾乐祸，首为逆乱，诖误善良⑭；如在兵革之

----

①仰惟前代：惟是思，仰惟前代指想起过去时代那些姓颜的人喜欢武事的教训。

②置心于此：此指颜之推这一生所从事的读书仕宦而言。置心于此就是把心放在这读书仕宦上。

③志：记在心里，记住。

④孔子力翘门关：翘是举起，门关是古代城门上的悬门，紧急时从上闸下把门闭住。《左传》襄公十一年记载就是孔子的父亲叔梁纥的事情。但《吕氏春秋·慎大》等认为是孔子的事情。

⑤圣证：曹魏时经学家王肃写过《圣证论》，用圣人孔子的话来论证经学上的问题，这里说"圣证"也就是请出圣人孔子来作证。

⑥气干：气力强干。

⑦微行：改穿贫贱人的服饰、隐瞒原来的高贵身份外出。险服：武士的衣服。

⑧擊(wàn 万)：同"腕"。

⑨帷幄(wéi wò)：帐幕，多指军帐。

⑩参：参与议论。庙堂：朝廷。

⑪兵书：讲兵法的书。如《孙子》、《吴子》、《司马法》等古书。

⑫经略：策划处理军事的才能谋略。

⑬睥睨(pì nì 僻腻)：这里指心怀恶意地侧目窥察。宫闱(kǔn 捆)：闱是内室，宫闱就是皇帝居处的宫室。

⑭诖(guà 挂)误：连累。

时①,构扇反复②,纵横说诱③,不识存亡④,强相扶戴⑤:此皆陷身灭族之本也⑥。诫之哉,诫之哉!

⋯⋯

【翻译】

　　颜氏的祖先,源出于邹、鲁,有的分居到齐国,世代以儒雅为业,都记载在古书上面。孔子的学生,已升堂的有七十二人,其中颜氏就占了八人。秦汉魏晋,下及齐梁,不曾有过靠着用兵而得到显达的。春秋时颜高、颜鸣、颜息、颜羽之流,都只是个会拼杀的而已。齐国有颜涿聚,赵国有颜最,东汉末年有颜良,东晋有颜延,都身任将军,终于倾败。西汉时任郎的颜驷,自称好武,再没有干成什么事业。颜忠因党附楚王被诛,颜俊因割据武威被杀,颜氏得姓以来,操行欠清白的,只有这二人,而都遭受祸败。近时战乱,衣冠之士,虽然并无勇力,有的也招集徒众,背弃本业,想侥幸猎取战功。我既身体单弱,又想起前代的教训,所以仍旧把心放在读书仕宦上,子孙们对此要牢记在心里。孔子能举起门关,而不以有气力闻名,这是圣证。我看到今世的士大夫,才有点气力,就作为资本,又不能披铠甲执兵器来保卫国家,只是微行险服,卖弄拳勇,大则陷于危亡,小则留下耻辱,竟没有能幸免的。

―――――――

①兵革:兵是兵器,革是用皮革制作的甲,兵革引申指战争。

②构扇:构陷煽惑。反复:反复无常。

③纵横:本指战国时纵横家向国君游说用的"合纵"、"连横"两种策略,这里引申为游说。

④不识存亡:指不懂得存或亡都由形势或天命所决定。

⑤扶戴:拥戴,指把别人拥立为皇帝。

⑥灭族:古代同族人常聚居一起,灭族就是把罪犯和同族人全部处死。

……入于帷幄之中，立于朝廷之上，不能给君上尽心规划以利国家，君子认为是耻辱。然而常见到某些文士，颇能读点兵书，稍微有点谋略，如果处在承平时候，就睥睨宫闱，幸灾乐祸，带头叛逆作乱，连累良善；如果处在战乱时候，就构煽反复无常，纵横游说，不识存亡大势，硬要干扶戴之事：这都是陷身灭族的根源。要警诚啊！要警诚啊！

……

养生第十五

南北朝时道教已颇为流行。但颜之推在这里不主张到山林里去炼丹求成神仙，不受道教宣传的影响，这是应予肯定的，尽管他仍说"神仙之事，未可全诬"，没有进一步指出神仙之事全诬。此外他主张保养身体，同时又提出"生不可不惜，不可苟惜"，必要时应该不惜牺牲生命。这些在今天看来也是可取的。

神仙之事，未可全诬，但性命在天，或难钟值①。人生居世，触途牵絷②，幼少之日，既有供养之勤，成立之年，便增妻孥之累③，衣食资须④，公私驱役⑤，而望遁迹山林，超然尘滓⑥，千万不遇一尔。加以金玉之费⑦，炉器所须⑧，益非贫士所办。学如牛

①钟值：钟是当，值是逢，钟值就是碰上。
②触途：到处。絷(zhí 执)：本指用绳索绊住马足，引申为绊住。
③孥(nú 奴)：儿女。
④资：供给。须：须求。
⑤公私：指公事和私事。驱役：奔走役使。
⑥尘滓(zǐ 子)：尘埃，尘世。
⑦金玉之费：指修仙炼丹要用的黄金、玉、丹砂、云母等贵重物品。
⑧炉器：指炼丹炉。

毛,成如麟角①,华山之下,白骨如莽②,何有可遂之理?考之内教③,纵使得仙,终当有死,不能出世。不愿汝曹专精于此。若其爱养神明④,调护气息⑤,慎节起卧,均适寒暄⑥,禁忌食饮⑦,将饵药物⑧,遂其所禀⑨,不为夭折者,吾无间然⑩。……

夫养生者先须虑祸⑪,全身保性,有此生然后养之,勿徒养其无生也。单豹养于内而丧外,张毅养于外而丧内⑫,前贤所戒也。嵇康著《养身》之论,而以慠物受刑⑬,石崇冀服饵之征,而以贪溺

①麟角:凤毛麟角,比喻极其稀罕少见。
②华山……如莽:道教修仙炼丹要进深山,华山是他们最愿去的地方。白骨如莽,指修仙不成反为虎狼等所祸害,死在山下。莽,本是密生的草,这里用来形容白骨之多。
③内教:即佛教,信佛的人称儒学为外学,佛学为内学,所以也称儒家为外教,佛教为内教,儒书为外典,佛书为内典。
④神明:这里指人的精神。
⑤调护气息:气息即呼吸,道教认为调节好呼吸可以延长生命以至不死,这当然是在妄想。
⑥暄(xuān 喧):暖。
⑦禁忌食饮:我国古代对饮食有种种禁忌,有的合乎科学,有的习惯并不合乎科学。
⑧将:将养,调养。饵:食,服用。
⑨遂:顺着。禀:禀受,禀赋,这里指生来的体质。
⑩无间然:间是间隙,这里指抓住人家的间隙即毛病。无间然就是没有什么可非议了。
⑪虑祸:虑是思虑,虑祸是预防祸患。
⑫单豹……丧内:见于《庄子·达生》,说鲁国有个叫单豹的,善于养身,结果被饿虎吃掉;有个叫张毅的,会到处活动拉关系,结果害上内热之病死掉。
⑬慠(ào):同"傲"。物:这里指人。

取祸①，往事之所迷也。

　　夫生不可不惜，不可苟惜②。涉险畏之途③，干祸难之事④，贪欲以伤生，谗慝而致死⑤，此君子之所惜哉⑥！行诚孝而见贼⑦，履仁义而得罪，丧身以全家，泯躯而济国⑧，君子不咎也⑨。自乱离已来，吾见名臣贤士，临难求生，终为不救，徒取窘辱⑩，令人愤懑⑪。……

【翻译】

　　神仙的事情，不能说全是虚假，只是性命由天，很难碰上。人在世一生，到处都有牵绊，幼小时候，要尽供养父母之勤，成年以后，又增养育妻儿之累，衣食供给需求，公私奔走役使，而要想隐遁山林，超脱尘世，千万人中遇不上一个。加以金玉的耗费、炉器的置备，更不是贫士所能办到。学仙的人多如牛毛，成功的人稀如麟角，华山之下，白骨如莽，哪有能达到目的之理？再查考内

―――――――――――――――――

①石崇……取祸：石崇，西晋人，传见《晋书》。他一边服食药物以图延年，一边广积财物，结果人家欣羡他的财物，在政治斗争中把他杀害。服饵，指服食药物。征，有征验，有效。

②苟：苟且，只考虑目前利害而不讲原则道义。

③涉险畏之途：指走上危险可怕的道路。

④干祸难之事：指卷入会遭灾祸的事情。

⑤谗(chán)：说别人坏话。慝(tè 忒)：起恶念。

⑥此君子之所惜：在以上这些事情上，君子都该惜生。

⑦诚孝：应为"忠孝"，作"诚"是避隋文帝之父杨忠名讳。

⑧泯(mǐn 敏)：灭。济：有利于。

⑨咎(jiù 救)：罪责，责怪。

⑩窘(jiǒng)：受到困迫。

⑪懑(mèn 闷)：愤闷。

教,纵使成了仙,最后仍有一死,不得出世长生。我不愿你们在这上面专心精进。如果是保养精神,调护气息,慎节起卧,均适寒暑,禁忌饮食,服用药物,顺着本来的禀受,而不致夭折,这样我也就无可非议了。……

养生的人先应该预防祸患,要全身保性,有了这个生然后养它,不要徒然养它的无生。单豹养于内而丧于外,张毅养于外而丧于内,这都是前代贤人之所警诫的。嵇康写了篇《养生论》,而因傲物被杀,石崇企图服饵有效,而因贪溺招祸,这都是前代人的糊涂。

生不可不惜,也不可苟惜。涉足险畏之途,卷入祸难之事,为贪欲而伤生,行谗慝而致死,这些都是君子之所惜啊!做忠孝的事情而被杀,做仁义的事情而获罪,丧一身而保全家,丧一身而利国,君子是不会责怪的。自从乱离以来,我看到有些名臣贤士,面临大难还求生,终于生既不能求得,徒然自招窘辱,真叫人愤懑。……

归心第十六

　　颜之推虽然摆脱了道教的干扰,但仍不免成为佛教的信徒,这是因为南北朝时政局动荡,危机四伏,误认为信了佛教可以避凶趋吉。这篇《归心》,就是讲归心于佛教,把为什么要信佛教的道理告诉儿孙后代。其中所说佛儒内外两教本为一体,和为佛教辩护的种种言论,可体现出门阀士族的另一种精神面貌,因此在这里酌译一些。其他迷信宣传,就一概不入选了。

　　……内外两教,本为一体,渐积为异①,深浅不同。内典初门,设五种禁,外典仁、义、礼、智、信②,皆与之符。仁者,不杀之禁也;义者,不盗之禁也;礼者,不邪之禁也;智者,不酒之禁也;信者,不妄之禁也③。至如畋狩军旅④,燕享刑罚⑤,因民之性,不可

────────────

①渐积:逐渐积累,积久。
②仁、义、礼、智、信:西汉儒家的大学者董仲舒就这么讲过,他称之为"五常"。
③不妄:不乱说假话。
④畋(tián 田):打猎。狩(shòu 兽):也是打猎。军旅:本是军队,引申为作战打仗。
⑤燕享:同"宴飨",古代帝王宴饮群臣。

卒除①,就为之节,使不淫滥尔。归周、孔而背释宗②,何其迷也!

……

开辟已来③,不善人多而善人少,何由悉责其精洁乎④? 见有名僧高行,弃而不说;若睹凡僧流俗,便生非毁。且学者之不勤,岂教者之为过? 俗僧之学经、律⑤,何异世人之学《诗》、《礼》,以《诗》、《礼》之教,格朝廷之人⑥,略无全行者;以经、律之禁,格出家之辈,而独责无犯哉? 且阙行之臣,犹求禄位;毁禁之侣,何惭供养乎⑦? 其于戒行,自当有犯,一披法服⑧,已堕僧数,岁中所计,斋讲诵持⑨,比诸白衣⑩,犹不啻山海也⑪!

……

形体虽死,精神犹存。人生在世,望于后身⑫,似不相属;及

---

① 卒(cù):同"猝"。

② 释宗:佛教,因为佛教创始者汉译为释迦牟尼,因此也以"释"指佛教,称释教、释宗。

③ 开辟已来:我国古代有盘古开天辟地的神话。开辟就是指有宇宙以来。

④ 精:纯净无杂质。

⑤ 经、律:佛教徒把记述佛的言论的书叫做经,记述戒律的书叫做律。

⑥ 格:度量。

⑦ 供养:佛教徒不从事生产,靠人家提供食物,叫供养。

⑧ 法服:佛教徒在举行仪式时穿的法衣。

⑨ 斋:汉族佛教徒的持斋,即素食不吃肉。讲:讲经,解说佛经。诵:诵经,读佛经。持:持名,念佛号。

⑩ 白衣:南北朝时中国佛教徒穿缁(zī 资)衣即黑衣,教外在家的世俗人穿白衣。因此常以"白衣"称世俗人。

⑪ 山海:山高,海深,用来说佛教徒的德行总比白衣高深。

⑫ 后身:佛教认为人死要转生,所以有前身、后身的说法,这当然是迷信。

其殁后，则与前身似犹老少朝夕耳。世有魂神①，示现梦想②，或降童妾，或感妻孥，求索饮食，征须福祐③，亦为不少矣。今人贫贱疾苦，莫不怨尤前世不修功业④。以此而论，安可不为之作地乎⑤？夫有子孙，自是天地间一苍生耳⑥，何预身事，而乃爱护，遗其基址⑦。况于己之神爽⑧，顿欲弃之哉？凡夫蒙蔽，不见未来，故言彼生与今非一体耳。

……

【翻译】

……内外两教，本来是一样东西，积久才变得不一样，有深与浅的不同。内典初入门，提出了五禁，外典的仁、义、礼、智、信，都和这五种禁相符合。仁，是不杀生之禁；义，是不偷盗之禁；礼，是不邪恶之禁；智，是不饮酒之禁；信，是不妄言之禁。至于像打猎作战，宴飨刑罚，则是顺随人的本性，不能急忙废除，只好就此加以节制，使不过于沉溺。归心周公、孔子而背离释宗，是何其糊涂啊！

……

---

①魂神：灵魂，这里指死者的灵魂，这当然是一种迷信说法。事实上人的精神随着肉体死亡而消灭，哪有什么脱离肉体的灵魂存在。

②示现梦想：说灵魂出现于生存者的梦中，即迷信者之所谓鬼来托梦。

③征须：征求需索。福祐：这里指向生存者求作佛事以福祐鬼魂。

④功业：指佛教的所谓功德。

⑤作地：留地步。

⑥苍生：百姓。

⑦基址：基业，产业。

⑧神爽：精神，灵魂。

　　天地开辟以来，不善的人多而善的人少，怎么能都要求纯净清洁呢？而世人看到了著名僧人的高尚行为，都放开不说，看到了凡庸僧人之同于流俗，就非议谤毁。况且学习者不认真，难道是教授者的过错？凡庸僧人的学习经、律，和世俗学习《诗》、《礼》有什么不同，用《诗》、《礼》之教，去度量朝廷的官员，大体上找不出一个各项行为都够格的；用经、律之禁，去度量出家的僧徒，而独独要求他们一点不违犯吗？况且行为有缺点的官员，还照样求得俸禄职位；犯了禁的僧徒，受供养又有什么羞惭呢？他们在戒行上，自然有所违犯，而披上了法衣，已经算入僧人之数，一年里作个统计，所斋讲诵持，比那些白衣，还不止像山那样高像海那样深啊！

　　……

　　形体虽然死去，精神依然存在。人生在世之时，看着后身，好似不相连接；到了死后，则和前身相比好似老少朝夕了。世上有死者的灵魂，会在活人梦中出现，有的托梦给童妾，有的托梦给妻儿，讨求饮食，需索福祐，也很不少了。而今人贫贱困苦，也没有不抱怨前身不修功德的。由此可见，怎可不预先留地步呢？人有子孙，是天地之间的一名百姓而已，和自身有什么关系？而要加以爱护，留给产业。何况对自己的精神，难道能一旦抛弃吗？世俗人蒙昧蔽塞，见不到未来，所以说来生和今生不是一体。

　　……

书证第十七

　　这篇《书证》，其实就是颜之推对经、史文章等所作的零星考证，一共有四十七条，汇集起来成为了《家训》中文字最长的一篇。其中多数是讲对了的，表明颜之推在文献、训诂等学问上确有较高的水平，对今天研究这些学问的专家仍有参考价值。只是这些学问太专业，一般读者即使作了注译也不容易看懂，这里只好择其较易懂的选上几条，让读者知道这是一种什么学问就够了。

……

　　太公《六韬》①，有天陈、地陈、人陈、云鸟之陈。《论语》曰②："卫灵公问陈于孔子③。"《左传》④："为鱼丽之陈。"俗本多作"阜"旁车乘之"车"⑤。案诸陈队，并作陈、郑之"陈"⑥。夫行陈之义，

---

①太公《六韬（tāo滔）》：我国古代兵书，相传是西周初年吕望即姜太公所作，其实应是战国时作品。

②《论语》曰：见于《论语·卫灵公》。

③卫灵公：春秋后期卫国的国君，他曾向孔子请教战陈之事。

④《左传》：见于《左传》桓公五年。鱼丽是当时战陈的名称。

⑤"阜"旁：也就是左边是个"阝"。

⑥陈、郑：春秋时期诸侯国名，陈的都城宛丘即今河南淮阳，郑的都城新郑即今河南新郑。

取于陈列耳,此"六书"为假借也①。《苍》、《雅》及近世字书②,皆无别字,唯王羲之《小学章》独"阜"旁作"车"。纵复俗行,不宜追改《六韬》、《论语》、《左传》也。

……

"也"是语已及助句之辞③,文籍备有之矣。河北经、传④,悉略此字。其间字有不可得无者。至如"伯也执殳"⑤,"于旅也语"⑥,"回也屡空"⑦,"风,风也,教也"⑧,及《诗传》⑨云"不戢,戢也;不傩,傩也"⑩,"不多,多也"⑪,如斯之类,傥削此文,颇成废阙。《诗》言"青青子衿"⑫,《传》曰"青衿,青领也,学子之服"。按

---

①"六书":把汉字的结构分析为象形、指事、会意、形声、转注、假借六种类型,叫"六书",是西汉后期才出现的说法,今天看来已不很科学。

②《苍》、《雅》:《苍颉篇》和《尔雅》,西汉后期出现的字书和训诂书,前者久已失传。

③语已:一句话说完。助句:语助词。

④河北:黄河下游的河北广大地区,也就是南北朝时北方的统治中心地区,当地通行的经、传和江南通行的在文字上有些出入。

⑤"伯也执殳(shū 书)":见《诗·卫风·伯兮》,说伯拿着殳,殳是古人撞击用的长柄兵器。

⑥"于旅也语":见《仪礼·乡射礼》,说乡射礼毕后才可以言语。

⑦"回也屡空":见《论语·先进》。空:匮乏,穷。

⑧"风,风也,教也":见《毛诗》大序。风是《诗经》风、雅、颂三种体制中的"风"。"风也"的"风"则是刮风下雨的风,意思是风诗等于风的鼓动万物,进行教化。

⑨《诗传》:《诗》的毛氏传。

⑩"不戢(jí 集)……傩(nuó 挪)也":见《诗·小雅·桑扈》的毛传,戢是聚集,意思是不聚集实际是聚集;傩今本作"难",意思是不畏难实际是畏难。

⑪"不多,多也":意思是说不多实际上是多。

⑫"青青子衿(jīn 今)":见《诗·郑风·子衿》。

古者斜领下连于衿,故谓领为衿。孙炎、郭璞注《尔雅》①,曹大家注《列女传》②,并云:"衿,交领也。"邺下《诗》本既无"也"字③,群儒因谬说云"青衿、青领,是衣两处之名,皆以青为饰",用释"青青"二字④,其失大矣。又有俗学,闻经、传中时须"也"字,辄以意加之,每不得所,益成可笑。

……

《后汉书》⑤:"酷吏樊晔为天水太守⑥,凉州为之歌曰⑦:'宁见乳虎穴,不入冀府寺⑧。'"而江南书本"穴"皆误作"六",学士因循,迷而不寤。夫虎豹穴居,事之较者⑨,所以班超云⑩:"不探虎穴,安得虎子?"宁当论其六七耶?

……

---

①孙炎:三国曹魏人,曾注《尔雅》,久已失传。郭璞:西晋人,今通行的《尔雅》就是他的注本。
②曹大家(gū):东汉时史学家班固之妹班昭,有才学,曾续成班固未写完的《汉书》,并为汉和帝的皇后的老师,因为她的丈夫姓曹,人们叫她曹大家。这"家"字通"姑",也就是曹大姑。《列女传》:西汉刘向编集的古代妇女事迹,多数在当时是认为好的,也有少数算是坏的,后人还有所增补,书今存,但班昭的注久已失传。
③邺下《诗》本:也就是前面所说的河北本。
④"青青":指"青青子衿"的"青青",认为一个"青"指"青衿",一个"青"指"青领"。
⑤《后汉书》:见于《后汉书·樊晔(yè)传》。
⑥天水:汉代的郡,治所冀县在今甘肃天水西北。
⑦凉州:东汉时的州,天水郡在其境内,治所陇县即今甘肃张家川回族自治县。
⑧冀府寺:在天水郡治所冀县的太府官署。府寺就是官署。
⑨较:彰明较著,很明显。
⑩班超云:见于《后汉书·班超传》。

【翻译】

······

太公《六韬》上说到天陈、地陈、人陈、云鸟之陈。《论语》上说："卫灵公问陈于孔子。"《左传》上说："为鱼丽之陈。"这些在流俗的本子上多写成"阜"字旁再加个车乘的"车"字。案陈列队伍的"陈"，都写作陈、郑的"陈"。所以叫行陈，是取义于陈列，这在"六书"中就是假借。《苍颉篇》、《尔雅》和近代的字书，都没有写成别的字，只有王羲之的《小学章》是"阜"旁写作"车"。这种写法纵使流俗通行，也不该用来追改《六韬》、《论语》、《左传》。

······

"也"字用在已说完处和作语助词使用，书籍上都可见到。河北的经、传，则这"也"字都被省略掉。但其中也有这"也"字不能没有的。至于像"伯也执殳"，"于旅也语"，"回也屡空"，"风，风也，教也"，以及《诗》毛传所说的"不戢，戢也；不儺，儺也"，"不多，多也"，像这一类的，如果削除这"也"字，就颇为残缺不成文句了。《诗》说"青青子衿"，毛传说："青衿，青领也，学子之服。"按古时衣服斜领下边连到衿，所以把领叫做衿。孙炎、郭璞注《尔雅》，曹大家注《列女传》都说："衿，交领也。"邺下的《诗》本既没有"也"字，一般儒者就胡乱讲说什么"青衿、青领，是衣服两处的名称，都用青色装饰"，用来解释"青青"二字，这个失误就大了。还有些流俗学者，听说经、传里常须有"也"字，就凭自己猜想加上去，每每加得不是地方，更为可笑。

······

《后汉书》上说："酷吏樊晔做天水太守，凉州人给他编了首歌说：'宁见乳虎穴，不入冀府寺。'"而江南的本子"穴"字都错成"六"字，学者们沿袭着读下去，而不觉察。其实虎豹的穴居，是彰明皎著的事情,所以班超说:"不探虎穴,安得虎子?"怎能论乳虎的是六是七呢?

　　……

音辞第十八

我国地域广阔,历史悠久,因而古今的语音有变化,南北的语音有异同。这篇《音辞》,就是讨论经、史中某些文字的读音问题。它本来可以放在上一篇《书证》里来讲,可能因为《书证》内容太多了,才把这些有关读音的独立成一篇。这里选译其中较为好懂的几条,太专业的因实在不好懂,只得割爱不译了。

……南方水土和柔,其音清举而切诣①,失在浮浅,其辞多鄙俗;北方山水深厚,其音沉浊而𪓔钝②,得其质直③,其辞多古语。然冠冕君子,南方为优;闾里小人④,北方为愈。易服而与之谈,南方士庶,数言可辩⑤;隔垣而听其语,北方朝野,终日难分。而

———————

①切诣(yì意):诣是至,切诣就是切至、真切。
②𪓔(é俄):圆。
③质直:质朴率直。
④闾(lú卢)里:闾是先秦时乡以下的居民组织,闾里就是乡里。
⑤辩:通"辨"。

南染吴越①,北杂夷虏②,皆有深弊,不可具论。

……

"甫"者,男子之美称。古书多假借为"父"字,北人遂无一人呼为"甫"者,亦所未喻。唯管仲、范增之号,须依字读耳③!

……

"邪"者,未定之词。《左传》曰④:"不知天之弃鲁邪?抑鲁君有罪于鬼神邪?"《庄子》云⑤:"天邪?地邪?"《汉书》云⑥:"是邪?非邪?"之类是也。而北人即呼为"也",亦为误矣。难者曰:"《系辞》云⑦:'乾坤,《易》之门户邪?'此又为未定辞乎?"答曰:"何为不尔!上先标问,下方列德以折之耳⑧。"

……

---

①吴越:本是先秦时的诸侯国,吴的都城在今江苏苏州,越的都城会稽在今浙江绍兴,都处在长江下游三角洲,这里是所谓吴语地区,和北方的正统汉语在语音上至今仍有很大出入,这里所谓"吴越"就指吴语而言。

②夷虏:南北朝时黄河流域有大量匈奴、鲜卑等少数民族入居,也学汉语,他们这种汉语自难免夹杂进他们本民族的语言。

③管仲……读耳:管仲是春秋时政治家,传见《史记》,他辅佐齐桓公成其霸业,齐桓公尊称他为仲父。范增是秦末政治家,辅佐项羽,项羽尊称他为亚父,这两个"父"字都得仍读为"父"而不能读为"甫"。

④《左传》曰:见于《左传》昭公二十六年。

⑤《庄子》云:这应见于《庄子·大宗师》,但今本都作"父邪?母邪?"可能是颜之推记忆错误。

⑥《汉书》云:见于《汉书·李延年传》。

⑦《系辞》云:见于《易·系辞下》。

⑧上先……折之:上面先提出"乾坤,《易》之门户邪"这个问题,下面讲"乾,阳物也;坤,阴物也。阴阳合德,而刚柔有体……"来回答这个问题。折,判断。

　　古人云①："膏粱难整②。"以其为骄奢自足,不能克励也。吾见王侯外戚③,语多不正,亦由内染贱保傅④,外无良师友故耳。
　　……

【翻译】

　　……南方水土柔和,发音清扬而真切,缺点是轻浮浅薄,用辞多鄙俗;北方山水深厚,发音沉浊而圆钝,长处是质朴直率,用辞多古语。但冠冕君子的发音,要以南方为好;乡里小人的发音,要以北方为胜。和换了衣服的交谈,在南方是士大夫还是寒庶人,几句就可辨别;隔了墙听人家说话,在北方是朝廷官员还是民间百姓,整天也难区分。而南方沾染上吴越音调,北方夹杂进夷虏语言,都很有弊病,这里不能一一讨论。

　　……

　　"甫",是男子的美称。古书上多假借写成"父"字,北方人就没有人再把它读成"甫"的,这也叫人无法理解。只有管仲、范增的号,才必须照着字读啊!

　　……

　　"邪"是未定之词。《左传》上说:"不知天之弃鲁君邪? 抑鲁君有罪于鬼神邪?"《庄子》上说:"天邪? 地邪?"《汉书》上说:"是邪? 非邪?"这一类都是如此。而北方人就读成"也",这也是错了。有人反驳道:"《系辞》上说:'乾坤,《易》之门户邪?'这又是未

---

①古人云:见于《国语·晋语》。
②膏粱:膏粱本是有油脂的上等粮食,引申为吃膏粱的富贵人。整:正。
③外戚:皇帝的母族和妻族都叫外戚。
④染:受影响。保傅:这里指富贵人家里专门伺候管教孩子的人。

定词吗?"答复道:"怎么不是啊! 上面先提出问题,下面才列举乾坤之德来下判断。"

......

古人说:"膏粱难整。"是因为这些人骄傲奢侈自满自足,而不能对自己克制磨练。我见到的王侯外戚,语音多不纯正,这也是由于在内受低贱保傅的影响,在外又没有良好师友的缘故。

......

杂艺第十九

杂艺，在这里是指士大夫们除了经、史、文章以外的其他技艺。这《杂艺》篇里讲到的有书法、绘画、射箭、算术、医学、弹琴，在今天看来仍是健康的、有益的，所以都选译了。还有卜筮是迷信活动，六博、投壶在唐宋以后就再没有人会玩①，讲围棋的文字又太少，就都舍弃不入选了。

真草书迹②，微须留意。江南谚云："尺牍书疏③，千里面目也④。"承晋宋余俗，相与事之，故无顿狼狈者⑤。吾幼承门业⑥，

---

① 投壶：我国古代贵族间的一种游戏，用箭投入壶中，中者胜，不中者负，先秦时最流行，唐宋以后就无人玩了。

② 真草：我国字体先有甲骨文、金文，以后有小篆、隶书，隶书经南北朝到隋唐形成今天的所谓楷书，也称正书、真书。颜之推在这里说的"真"，是刚形成还多少留有隶书痕迹的真书。另外在东汉后期又从隶书演化出草书，开始还带有隶书的笔法，叫草隶或章草，到南北朝后期又出现完全脱离隶书的今草。这里所说的"草"，应兼指章草、今草。

③ 尺牍：书信，在使用纸前我国用木简即牍写信，通常一尺长，所以叫"尺牍"。书疏：也是书信，疏是分条陈达的意思。

④ 千里面目：千里之外可以看到人的面目。

⑤ 顿：顿时，急促中。狼狈：困顿窘迫的样子。

⑥ 门业：家门素业。指士族世代相承的那套事业。

加性爱重,所见法书亦多①,而玩习功夫颇至,遂不能佳者,良由无分故也②。然而此艺不须过精。夫巧者劳而智者忧,常为人所役使,更觉为累。韦仲将遗戒③,深有以也。

　　王逸少风流才士④,萧散名人⑤,举世唯知其书,翻以能自蔽也。萧子云每叹曰:"吾著《齐书》⑥,勒成一典⑦,文章弘义,自谓可观,唯以笔迹得名,亦异事也。"王褒地胄清华⑧,才学优敏,后虽入关⑨,亦被礼遇,犹以书工崎岖碑碣之间⑩,辛苦笔砚之

---

①法书:可以作为法则以供学习的字,引申为高水平的字。

②良:真,确实。

③韦仲将遗戒:三国曹魏时书法家韦诞,字仲将,魏明帝盖了宫殿,叫他用梯子爬上去在殿榜上题字,据说他吓得头发都白了,于是告诫儿孙不要再成为书法家,见《世说新语·巧艺》及注。

④王逸少:东晋王羲之,字逸少,大书法家,传见《晋书》。因为他做过右军将军,人们又称他王右军。风流:这里指英俊、杰出。

⑤萧散:洒脱,不受拘束。

⑥《齐书》:南朝萧梁的萧子显撰写过南齐的《齐书》,而萧子云撰写的是《晋书》,见《梁书·萧恪传》,颜之推应是记错了。这《齐书》、《晋书》都已失传,不是如今"二十四史"里的《晋书》和《南齐书》。

⑦勒:本是约束、统率的意思,这里引申为编写。典:典要,纪传体断代史书是一个朝代的典要。

⑧地胄:地是地位,胄是后裔帝王,专指帝王显贵的后裔。地胄即地位门第。

⑨入关:这里指江陵被北周攻占后南朝的文士迁入关中,颜之推也是这次进入关中的。

⑩崎岖(qí qū):本指地面高低不平,这里引申为处境困难、困顿。碑碣(jié jié):我国古代石刻文字最早在春秋战国以至秦代都是圆柱方柱形式,叫碣;汉以来多为长方形直立的大石板,叫碑;还有埋在墓里的方形小石板,叫墓志。这里的碑碣是碑和墓志等石刻文字的通称,因为碣的形式早在汉代就淘汰了。

役①,尝悔恨曰:"假使吾不知书,可不至今日邪?"以此观之,慎勿以书自命②。虽然,厮猥之人③,以能书拔擢者多矣。故"道不同不相为谋"也④。

梁氏秘阁散逸以来⑤,吾见二王真草多矣⑥,家中尝得十卷⑦,方知陶隐居、阮交州、萧祭酒诸书⑧,莫不得羲之之体,故是书之渊源⑨。萧晚节所变⑩,乃右军年少时法也。

晋宋以来,多能书者,故其时俗,递相染尚⑪,所有部帙,楷正

①役:事情。

②慎勿:切莫。自命:自以为了不起。

③厮猥之人:厮是服贱役,猥是卑贱。厮猥之人就是剥削阶级心目中下贱的人。

④"道不同不相为谋":见于《论语·卫灵公》,意思是路子不一样就说不到一起。

⑤秘阁:皇帝收藏书画图籍的地方常称为秘阁。意思是秘密收藏在阁里不让外边人窥看。

⑥二王:王羲之及子王献之,王献之也是东晋时的一位大书法家,传见《晋书》。

⑦卷:当时的书籍都是卷轴形式,"二王真草"本都是他父子写的书信,但当法书收藏时也装裱成卷轴形式。

⑧陶隐居:南朝萧梁的道教思想家陶弘景,擅长书法,自号华阳隐居,传见《梁书》。阮交州:萧梁阮研,官至交州刺史,擅书法,见唐张怀瓘《书断》。萧祭酒:萧子云,他曾任梁国子祭酒,即国子监的长官。

⑨书之渊源:渊源本指水源,引申为根源,这里指王羲之的书法是其他各家书法的根源。

⑩晚节:这里指晚年。

⑪染尚:影响崇尚。

可观①，不无俗字，非为大损。至梁天监之间②，斯风未变。大同之末③，讹替滋生④，萧子云改易字体，邵陵王颇行伪字⑤，朝野翕然⑥，以为楷式，画虎不成⑦，多所伤败，至为一字，唯见数点，或妄斟酌⑧，逐便转移，尔后坟籍⑨，略不可看。北朝丧乱之余，书迹鄙陋，加以专辄造字⑩，猥拙甚于江南，乃以"百""念"为"忧"⑪，"言""反"为"变"⑫，"不""用"为"罢"⑬，"追""来"为"归"⑭，"更""生"为"苏"⑮，"先""人"为"老"⑯，如此非一，遍满经、传。唯有姚元标

———————————

① 楷（kǎi 凯）正：楷是楷式，可作为法式。正则和草书的"草"相对而言，正而不草率。

② 梁天监：梁武帝年号，先后有十八年（502—519）。

③ 大同：梁武帝年号，有十二年（535—546）。

④ 讹替：讹是错误，替是衰败。讹替在这里是指点划差错、结构恶劣的字。滋：繁殖。

⑤ 邵陵王：梁武帝子萧纶，封邵陵王，传见《梁书》。伪字：写法不正规的字。

⑥ 翕（xī）然：翕是合，翕然就是一致。

⑦ 画虎不成：古人有"画虎不成反类狗"的谚语，见《后汉书·马援传》，意思是学人家没有学好，反而学坏了。

⑧ 斟酌：这里是损益的意思，即增减字的笔画。

⑨ 坟籍：即坟典，指古书。

⑩ 专辄：专擅，专断。

⑪ "百""念"为"忧"：这里举的例都是繁体字而不是今天的简化字。这个例是说"百"下加个"念"便成为繁体"忧"字。

⑫ "言""反"为"变"："言"下加个"反"成为繁体"变"字。

⑬ "不""用"为"罢"："不"下加个"用"成为繁体的"罢"。

⑭ "追""来"为"归"："追"的右旁加个"来"成为繁体的"归"。

⑮ "更""生"为"苏"："更"的右旁加个"生"成为繁体的"苏"。

⑯ "先""人"为"老"："先"的末笔一勾之内加个"人"成为"老"。

工于楷隶①,留心小学②,后生师之者众,洎于齐末③,秘书缮写④,贤于往日多矣。

江南闾里间有《画书赋》,乃陶隐居弟子杜道士所为。其人未甚识字,轻为轨则⑤,托名贵师⑥,世俗传信,后生颇为所误也。

画绘之工,亦为妙矣,自古名士,多或能之。吾家尝有梁元帝手画蝉雀白团扇及马图⑦,亦难及也。武烈太子偏能写真⑧,坐上宾客,随宜点染⑨,即成数人,以问童孺,皆知姓名矣。萧贲、刘孝先、刘灵⑩,并文学已外,复佳此法。玩阅古今,特可宝爱。若官

①姚元标:北魏书法家,见《北史·崔浩传》。楷隶:工整可为楷式的隶书,但这种隶书已是向正书过渡的隶书,后人都已称之为正书。

②小学:儿童入学先学文字,所以汉代把字书归入小学类,以后把讲文字字形字义的书也归入小学类,文字训诂的学问也跟着被称为小学。

③洎(jì记):及,到。

④缮(shàn):抄写。

⑤轻:轻易,随便。轨则:规范法则。

⑥托名贵师:指假托杜道士之师陶弘景所撰写。

⑦团扇:圆形有短柄的扇子,上面可题字绘画,我国古代的扇一向流行这种形式,至于折扇是明清时才流行的。

⑧武烈太子:梁元帝的长子名方等,战死后谥忠庄太子,元帝即位改谥武烈太子,传见《梁书》,唐张彦远《历代名画记》说他能写真。古代称画人像为"写真"。

⑨点染:画家点笔染色。

⑩萧贲:南齐竟陵王萧子良之孙,传附见《南史·萧子良传》,又见《历代名画记》。刘孝先:传附见《梁书·刘潜传》。刘灵:事迹不详。西晋竹林七贤中的刘伶也写作刘灵,但据《晋书·刘伶传》并未说他善画,而且颜之推这里所举都是和他同时代人,不致夹进个西晋的刘伶。

未通显，每被公私使令，亦为猥役。吴县顾士端出身湘东王国侍郎①，后为镇南府刑狱参军②，有子曰庭，西朝中书舍人③，父子并有琴、书之艺，尤妙丹青④，常被元帝所使，每怀羞恨。彭城刘岳，橐之子也，仕为骠骑府管记、平氏县令⑤，才学快士，而画绝伦⑥，后随武陵王入蜀⑦，下牢之败⑧，遂为陆护军画支江寺壁⑨，与诸工巧杂处。向使三贤都不晓画，直运素业，岂见此耻乎？

　　弧矢之利，以威天下⑩，先王所以观德择贤⑪，亦济身之急务

---

① 吴县：吴郡的治所，即今江苏苏州。湘东王：梁元帝萧绎曾封湘东郡王。侍郎：梁时王国设置的官职。

② 镇南府：萧绎在大同六年（540）出任使持节都督江州诸军事、镇南将军、江州刺史，镇南府就指这镇南将军府。刑狱参军：镇南将军府里执掌刑狱的官员。

③ 西朝中书舍人：西朝指梁元帝萧绎在江陵称帝后的朝廷，萧梁在中书省下设有中书舍人的官职。

④ 丹青：本是我国古代绘画常用的两种颜色，引申为绘画。

⑤ 骠骑府：当是骠骑将军府，但《隋书·百官志》记萧梁职官无此名号。管记：当是掌管文书的官职。平氏县：在今河南唐河东南。

⑥ 绝伦：超越同辈，特别杰出。

⑦ 武陵王入蜀：梁武帝子萧纪，传见《梁书》。入蜀，指他任益州刺史。

⑧ 下牢之败：下牢关，在今湖北宜昌西北，长江出峡处。梁元帝承圣二年（553）武陵王萧纪称帝，与在江陵的元帝作战，战败被杀。下牢之败当是其中的一个战役。

⑨ 陆护军：梁元帝的将领护军将军陆法和，传见《北齐书》。支江：即枝江，县名，在今湖北枝江，长江经下牢关东南流不远的地方。

⑩ 弧矢……天下：见于《易·系辞下》。弧矢，弓和箭。

⑪ 先王：通常用来指儒家信仰中的尧、舜、禹、商汤、周文王、武王等先王。观德择贤：《礼记·射义》中说"射以观德"，又说只有贤者才能射而中鹄（gǔ 谷），即箭靶中心。意思是通过射箭可以看出人的德行，并由此选择出贤者。

也。江南谓世之常射，以为"兵射"，冠冕儒生，多不习此。别有"博射"，弱弓长箭，施于准的①，揖让升降②，以行礼焉，防御寇难，了无所益，乱离之后，此术遂亡。河北文士，率晓"兵射"，非直葛洪一箭③，已解追兵③，三九宴集，常縻荣赐④。虽然，要轻禽，截狡兽⑤，不愿汝辈为之。

……

算术亦是六艺要事⑥。自古儒士论天道、定律历者⑦，皆学通之。然可以兼明，不可以专业。江南此学殊少，唯范阳祖暅精之⑧，位至南康太守⑨。河北多晓此术。

医方之事，取妙极难，不劝汝曹以自命也。微解药性，小小和

---

① 准的：射箭的标的。

② 揖让升降：揖是拱手为礼，让是相让，升是上去，降是下来。这都是用来形容"博射"的礼节。

③ 葛洪……追兵：葛洪，东晋时道教大师，著有《抱朴子》，内篇讲道家的炼丹画符之类，外篇是儒家的政论，在这书的自序中说当年在军队里曾"手射追骑"，"杀二贼一马，遂得免死"。

④ 三九……荣赐：这是指河北贵人宴会上比射箭，中了可得赏赐。縻（mí 迷）是牵系，这里引申为弄来。

⑤ 要（yāo）轻禽，截狡兽：见于《三国志·魏书·文帝纪》注引曹丕《典论自序》，都是讲打猎。要，通"邀"，拦截的意思。轻禽，轻飞的禽鸟。

⑥ 六艺：这里是指《周礼·地官·保氏》里讲的六艺，即礼、乐、射、御、书、数。

⑦ 论天道、定律历：就是天文历法，是我国先秦时就取得成就的一门自然科学，它又和数学分不开，所以我国古代也常说"天文算术之学"，这种学问后来多是儒生兼通的。

⑧ 范阳：郡名，曹魏时设置，隋初废，治所涿县即今河北涿州。祖暅（xuǎn选）：即祖暅之，南齐大科学家祖冲之之子，在数学上也有很大的贡献，出仕萧梁，传附见《南史·祖冲之传》。

⑨ 南康：郡名，治所赣县即今江西赣州。

合,居家得以救急,亦为胜事,皇甫谧、殷仲堪则其人也①。

《礼》曰②:"君子无故不彻琴瑟③。"古来名士,多所爱好。洎于梁初,衣冠子孙,不知琴者,号有所阙④。大同以末,斯风顿尽。然而此乐愔愔雅致⑤,有深味哉!今世曲解⑥,虽变于古,犹足以畅神情也。唯不可令有称誉,见役勋贵,处之下坐⑦,以取残杯冷炙之辱⑧。戴安道犹遭之⑨,况尔曹乎!

　　……

【翻译】

真草字迹,得稍为用心。江南有句俗谚说:"尺牍书疏,千里面目也。"承受东晋刘宋留下的习俗,都在这上面用功,因而从没有在匆忙中弄得狼狈不堪的。我自小继承家门素业,加以个人爱好,所见到的法书又很多,赏玩学习的功夫也很深,可终于写不

---

①皇甫谧:著有《论寒食散方》等医药书,见《隋书·经籍志》、《新唐书·艺文志》,都已失传。殷仲堪:东晋末年大臣,在内战中被杀,他精通医药,传见《晋书》。

②《礼》曰:见于《礼记·乐记》。

③彻:通"撤"。琴:指中国传统的七弦琴,周代已有了。瑟(sè):弦拨的乐器,通常有二十五弦,春秋时已流行。

④阙:通"缺"。

⑤愔(yīn音):安静和悦。雅致:优美而不庸俗。

⑥曲解:曲是乐曲,解是乐曲的章节。

⑦下坐:坐通"座",下面的座位,即不当作客人而当作乐工看待。

⑧炙(zhì):本义是烤,引申为烤肉。

⑨戴安道犹遭之:戴逵字安道,东晋文学家兼艺术家,传见《晋书》。武陵王司马晞(xī希)召他弹琴,他很生气地把琴打破,说"戴安道不为王门伶人"。

好,确实是缺少天分的缘故。然而这种艺术不需要过于精能。工巧的辛苦而多智的操忧,常被人家所役使,更感到劳累。韦仲将留下训诫,确实是有道理的。

王逸少是位风流才士,萧散名人,可世上都只知道他的字,反而被这个技能把他别的方面埋没了。萧子云每每叹气说:"我撰著《齐书》,编定一朝的典要,文章大义,自认为很可一看,但只以书法得名,也是怪事。"王褒门第清高华贵,才学优长敏捷,后来虽然入关,也被以礼相待,但还因为字写得好而困顿于碑碣之间,辛苦于笔砚之役,曾悔恨道:"假如我不懂得书法,可能不至于像今天这样吧?"由此看来,切莫以书法自命。虽然如此,那些厮役卑贱的人,因为能写好字被提拔的很多。所以说"道不同不相为谋"。

梁朝秘阁的收藏散失以来,我见到二王的真草书很多了,家里也曾获得十卷,看了才知道陶隐居、阮交州、萧祭酒等人的字,无不得到王羲之的格局,可见王羲之的字应是书法的渊源。萧晚年的字有所改变,改变的是右军年少时候的书法。

东晋刘宋以来,多有擅长书法的,所以当时习俗,也人人崇尚,所有的书籍部帙,字迹都楷正好看,并非不用俗字,没有什么大毛病。到梁天监年间,这种风气没有改变。大同末年,讹替增多,萧子云改变字体,邵陵王多写伪字,朝廷民间翕然一致,都把这些作为楷模法式,画虎不成,反多损伤败坏,甚至写一个字,只见到几点,有的胡乱增减,为了方便转移笔画,以后的书籍,就大体看不得了。北朝战乱之后,字迹鄙陋,加以擅自造字,卑猥拙劣更甚于江南,竟以"百""念"为"忧","言""反"为"变","不""用"为"罢","追""来"为"归","更""生"为"苏","先""人"为"老",像这样何止一二,已遍满了经、传。只有姚元标善于楷隶,又留心小学,后生学习他的很多。到北齐末年,秘阁书籍的缮写,要比以往好多了。

　　江南乡里间流传有《画书赋》,是陶隐居的弟子杜道士所撰写。这个人不很认识字,轻易地弄出什么规范法则来,托名于贵师,世俗传说相信,后生颇被他贻误。

　　绘画画得好的,也够神妙了。从古以来的名士,很多人有这本领。我家曾有梁元帝亲手画的蝉雀白团扇和马图,也是旁人很难企及的。武烈太子专能写真,对照座上的宾客,随便点染,就画出几位,拿了去问儿童,都知道是谁。还有萧贲、刘孝先、刘灵,都在文学以外,还擅长绘画。玩赏这些古今名画,特可宝爱。但如果官没有做得显贵,则能绘画就会常被公家或私人使唤,也成为了下贱的差使。吴县有位顾士端最初做湘东王国的侍郎,以后做镇南府刑狱参军,有个儿子名庭,做西朝的中书舍人,父子俩都通晓琴、书的艺术,尤其神妙于绘画,每被梁元帝使唤,常感到羞惭悔恨。彭城有位刘岳,是刘橐的儿子,做骠骑府管记、平氏县令,是个有才学的佳士,绘画更为绝伦,后来跟随武陵王入蜀,下牢战败,就被陆护军弄到支江的寺院里去画壁画,和那些工匠杂处一起。如果这三位当初都不懂得绘画,一直从事儒素之业,怎么遇上这些耻辱呢?

　　弓箭之利,用来威慑天下,先王所以要用它来观德择贤,同时也是保全性命的紧要事情。江南把世上一般的箭射,说成"兵射",冠冕儒生们,对它多不熟悉。另外有一种"博射",用弱的弓和长的箭,射向准的,揖让升降,用来行礼,对防御寇难,一点没有益处,乱离以后,这种"博射"就没人玩了。河北的文士,大多数会"兵射",不止像葛洪一箭,已经驱退追兵,而且三九宴集,还常获得赏赐。尽管这样,用来邀轻禽,截狡兽,则仍不愿你们去做。

......

算术也是六艺中的紧要事情。从古以来儒生中论天道、定律历的,都对算术学习通晓。不过只可以同时兼通,不可以成为专业。江南懂这种学问的比较少,只有范阳祖暅精于此术,祖暅官至南康太守。河北则对此术多能通晓。

医疗处方这件事,要精妙很难,我不劝你们以此自命。稍微懂得点药物性能,小小调和掺和,家庭里可以用来救急,则也算好事,皇甫谧、殷仲堪就是这类人物。

《礼》上说:"君子无故不彻琴瑟。"古来的名士,多对此爱好。到了梁初,衣冠子孙,不懂得琴的,称为一大缺点。大同以来,这风气一时衰歇。但这种音乐安和雅致,很有深味啊! 今世所奏的曲解,虽然较古代已有变化,但还足以使神情畅适。只是不可使有声誉,这样会被勋臣贵人们役使,叫坐在下边,取得残杯冷炙的羞辱。这种事情戴安道都遇到过,何况你们!

......

终制第二十

　　终，是终结，这里指生命的终结即死亡。终制，即对死后的安排，是颜之推预先叮嘱儿辈安排好自己死后的丧葬等事。当时我国黄河流域、长江流域都通行棺敛土葬，颜之推自未能免俗。但他仍能对当时贵族官僚喜欢厚葬的恶习予以抵制，提出了许多比较简省的办法。只是今天我们已进一步推行火化遗体，这些办法又已全无用处，所以不再一一译出，只译几段颜之推在丧葬上的一般言论，作为本书的结束。

　　死者人之常分，不可免也。吾年十九，值梁家丧乱①，其间与白刃为伍者②，亦常数辈③，幸承余福，得至于今。古人云："五十不为夭④。"吾已六十余，故心坦然，不以残年为念⑤。先有风气之

①梁家：指梁朝。
②与白刃为伍：白刃指刀剑等有刃口的武器。与白刃为伍，等于说在刀剑丛中混日子。
③数辈：好几次。
④夭：夭折，短命。
⑤残年：古人平均年龄远不如今天长，人活到六十余，剩下的时间就不多了，所以叫"残年"。念：这里是顾虑的意思。

疾，常疑奄然①，聊书素怀②，以为汝诫。

　　先君先夫人皆未还建邺旧山③，旅葬江陵东郭④。承圣末，已启求扬都⑤，欲营迁厝⑥，蒙诏赐银百两，已于扬州小郊北地烧砖⑦。便值本朝沦没⑧，流离如此⑨，数十年间，绝于还望。今虽混一⑩，家道罄穷⑪，何由办此奉营资费⑫？且扬都污毁⑬，无复孑遗⑭，还

①奄然：奄忽，死亡。
②聊：姑且。素怀：平素想的，一向想的。
③先君先夫人：指颜之推已死去的父母。建邺旧山：颜之推的九世祖颜含跟随晋元帝南渡，所以把东晋和南朝的都城建邺即建康，即今江苏南京作为他的故乡，称当地的山丘为"旧山"。
④旅葬：旅是在外作客，旅葬就是葬在外地而不曾归葬故乡，后人常说"客葬"。
⑤承圣……扬都：承圣是梁元帝萧绎的年号，共四年（552—555），当时叛将侯景已被歼灭，扬都即建康已在梁元帝统治之下。
⑥厝（cuò错）：浅埋以待改葬叫厝。
⑦扬州：指扬州的治所建康。
⑧本朝沦没：我国封建社会称自己所在的朝代为"本朝"，颜之推以梁人自居，所以称梁为本朝。本朝沦没，指梁元帝的江陵政权被西魏灭掉。
⑨流离如此：指颜之推随江陵政权沦亡进入西魏都城长安，又乘船逃奔北齐。西魏转为北周政权，北周灭北齐，颜之推又入长安，继而又入隋朝。
⑩混一：统一中国。
⑪家道：指家里产业财富的多少。罄（qìng庆）：空，尽。
⑫办：筹办，筹集。奉：捧，这里指恭敬地把先君先夫人的遗体运到建康。营：这里指营葬。
⑬污毁：我国古代有把犯重罪者的住宅毁掉并挖成水池的办法，叫污宫。当时扬都的宫室民居已多平毁，所以这里说"污毁"。
⑭无复孑遗：《诗·大雅·云汉》说："周余黎民，靡有孑遗。"意思是西周经过大旱灾，剩下的居民几乎一个也没有了。这当然是文学作品夸大的说法，这里说"无复孑遗"即一个也没有了，当然同样是夸大的说法，实际是说战乱后人烟稀少。

被下湿①，未为得计②。自咎自责，贯心刻髓③。

······

孔子之葬亲也，云："古者墓而不坟，丘东西南北之人也，不可以弗识也。"于是封之崇四尺④。然则君子应世行道，亦有不守坟墓之时，况为事际所逼也⑤。吾今羁旅⑥，身若浮云⑦，竟未知何乡是吾葬地，唯当气绝便埋之耳。汝曹宜以传业扬名为务，不可顾恋朽壤⑧，以取埋没也⑨。

【翻译】

死是人的正常分内之事，无可避免。我十九岁时，逢上梁家丧乱，其中和白刃为伍，也常有好几次，多幸承受先人余福，才能活到今天。古人说："五十不为夭。"我已经六十多岁，所以心地平静，不因为残年无多有什么顾虑。我先前患有风气的毛病，常疑心死期临近，姑且把平素想的写出来，作为对你们的训诫。

先君先夫人都没有返回建邺旧山，而客葬在江陵城的东郭。

---

①被：覆盖。下湿：古人多说江南下湿、卑湿，即低下潮湿，和西北的高亢相对而言。

②得计：合算，合乎愿望。

③贯心刻髓(suǐ)：穿过心，刻进骨髓，形容"自咎自责"的深切。

④孔子······四尺：见于《礼记·檀弓上》。坟，堆高起来。东西南北之人，指到处奔走而不老是守着家乡的人。识(zhì)，通"志"，做标志。封，堆土。崇，高。

⑤事际：事势，指战乱的事势。

⑥羁(jī基)旅：羁是系住，羁旅是作客他乡。

⑦身若浮云：指不在家乡，好似浮云一样没有个根。

⑧朽壤：腐朽的土壤，指土壤里埋了朽骨的坟墓。

⑨埋没：湮没无闻，声名埋没不为人们所知道。

承圣末年,已陈请想迁厝到扬都,承蒙元帝下诏赐银百两,已在扬州近郊北边烧制墓砖。不久本朝沦没,如此流离,几十年间,已断了迁回扬都的念头。今天虽已告混一,而家道罄穷,何从筹办这奉还营葬的费用?况且扬都污毁,居民几乎无复孑遗,回去葬入低湿的土地,也不算得计。我为此自怨自责,贯心刻髓。

    ……

    孔子葬他的先人,说:"古时筑墓而不坟起,丘是东西南北的人,不可以没有标志。"于是把土堆高到四尺。这样看来君子处世行道,也有不能守着坟墓的时候,何况被事势所逼。我如今是羁旅之人,一身好比浮云,竟不知哪里是我葬身之地,只有当我气绝后就埋掉。你们应该以传业扬名为职责,不可以顾恋这块朽壤,以致埋没无闻。

韩愈诗文选译

前　言

　　韩愈这位唐代的大文学家兼政治思想家,在身后多年交好运,到近半个世纪之前才开始倒起霉来。交好运主要是靠他在古文上的成就,宋以来要学做古文的人谁不用他的谥号尊称他一声"韩文公"?起码也得用他的郡望称他一声"韩昌黎"。一部《昌黎先生文集》几乎成为有学问人的必读书,历朝刻印过不知多少次。尤其是明代后期茅坤选编的《唐宋八大家文钞》流行以后,以韩愈为首的唐宋八大古文家的姓名在知识界真可说是家喻户晓。记得当年考初中时的投考指南就有唐宋八大家是哪八位的考题,害得我死记硬背了大半天。其实,当时这八大家的地位已经在低落了,因为在此以前已发生了"五四"新文化运动,要提倡白话文,打倒文言文,给迷恋文言文者扣上"选学妖孽,桐城谬种"的帽子,"选学"是指骈体文的权威读本《昭明文选》,和韩愈没有干系,"桐城"则是清代做古文的一个派别叫桐城派,而这个桐城派恰恰把唐宋八家当作自己的祖师爷,"桐城"既成谬种,居祖师爷首位的韩愈岂得继续风光下去?这是韩愈第一次倒霉。第二次,是近三四十年的事情,霉倒得更大了。起因是要宣传马克思主义,宣传唯物主义,这本是完全正确的,完全应该的,我直到现在还是这么看,而且还继续去宣传,即使被诟为"顽固保守"也不悔。但当时有些过左的同志却并不这样看,他们硬要以今天的标准来要求古人,这就不好办了,韩愈的言行哪能符合马克思主义呢? 连所谓朴素的唯物主义都没有。正好名列八大家第二位,也是韩愈的好朋友柳宗元的文章里被他们发现了真有点朴素唯物主义的东西,加之柳宗元曾经参加过王叔文等人的政治活动,而韩愈偏偏不愿参加,还对王叔文等人颇为不满,于是一种"扬柳抑韩"的论调就应运而生。万不得已要讲到韩愈的古文时,也得先批判然后略作肯定,大有"一批二用"、"批字当头"的意味。到"四人帮"闹什么"评法批儒"时,柳宗元就更红火地被列入"法家"光荣榜,而韩愈成为了臭不可闻的"儒家"卫道士。

　　我现在选译这本韩愈诗文,当然不会同意上面这些极左的论调,而是想真正运用点马克思主义的基本原理,本着"实事求是"的态度,在这篇前言里把韩愈这个文学家兼政治思想家的真面目告诉给读者。

　　韩愈不参加甚至反对王叔文等人的政治活动不是一项特大罪名吗? 所以这里先从王叔文这次政治活动说起。

　　这次政治活动有些教科书称之为"永贞革新",但这个名称实在不太通①,所以这里仍称之为王叔文等人或王叔文集团的政治活动。据说,王叔文集团是代表庶族地主的新兴力量,他们的政治活动就是和代表士族地主的旧势力作斗争。但就我所知,士族地主到唐代已不成其为特殊的政治势力,因为他们已不像南北朝

────────────

① 王叔文集团是顺宗在位时掌权的,顺宗在贞元二十一年(805)正月即位,到八月四日就被迫禅位于皇太子宪宗,自己退为太上皇,五日才以太上皇名义改元为永贞,接着王叔文集团就彻底垮台,就算是"革新"吧,也只能说是"贞元二十一年革新"或"顺宗革新"、"王叔文革新",不能说是"永贞革新"。

的士族那样有庇荫宗族佃客的特权,即使是南北朝士族的后裔,要做官也只能和普通人一样,得通过科举考试。我又查过王叔文集团和他们对立面的家世,对立面中出身庶族的反略多于士族,而王叔文集团里出身士族的竟在三分之二以上,庶族则连王叔文本人在内还不到三分之一,像柳宗元本人就出身于北朝以来的老士族。这实际上不是什么庶族和士族之争,而只是统治阶级上层各个集团之间的权力之争。这种权力之争在唐代经常表现为在皇帝周围是一个既得利益的集团,另外想夺取这利益的集团则拥戴皇太子或其他皇子、皇孙,一旦时机成熟就连皇帝也取而代之,使本集团来掌权。王叔文集团的兴衰史就完全遵循了这个规律,他们早在德宗后期就依附于皇太子顺宗形成政治集团,德宗死去顺宗即位后,这个集团就和顺宗的亲信大宦官李忠言内外勾结而掌大权,但德宗时期的当权派不甘心丢权,勾结了另一个大宦官俱文珍拥戴顺宗的皇太子来夺权。夺权成功,宪宗即位,王叔文集团包括宦官李忠言和主子顺宗自然都得被收拾。这种权力之争具有较大的冒险性和强烈的排他性,绝大多数不想冒险或不愿意在排他上过于勾心斗角的官僚士大夫对此是不感兴趣的。韩愈不过是这绝大多数中的一员,他对王叔文集团一不参加,二还加以指责,但在他们失败后并没有落井下石,对其中柳宗元等人的文章、政治还给予充分的肯定和表彰。这么做不能说有什么过错,难道必须参加王叔文集团与之同归于尽才算合格吗?

至于王叔文等人上台后的政治措施,除掉为争夺权力的一些行动外,韩愈并没有作过批评指责,因为在这方面他们之间包括和其他政治人物之间并没有多少不同的看法,而且在行动上韩愈做得并不比他们逊色。不信,可以把韩愈的全部历史摆上来让大家审查。

　　韩愈在有的史书上说是昌黎人,其实这只是韩氏的郡望。韩愈这一支在好几代前就住在河阳,而且除祖父韩睿素在唐代做边远地区从五品上阶的州长史外,曾祖韩仁泰、父亲韩仲卿都只是下级官员,即使本来是士族也早已没落。加之韩愈三岁就失去父母,跟随谪居韶州的大哥韩会和大嫂生活,德宗贞元八年(792)二十五岁时凭自己的本领举进士科及第。这和柳宗元年轻时走的道路并没有区别。

　　以后韩愈三次考博学宏词科都没中选,在贞元十二年(796)二十九岁时应宣武军节度使董晋的邀请以秘书省正九品上阶的校书郎名义去任观察推官,十五年(799)董晋去世,他又应徐泗濠节度使张建封的邀请以太常寺正八品上阶的协律郎名义任节度推官。这种去地方长官幕府任职是当时文人未显达前常有的事情。而且他在徐州时对张建封的沉溺于打球、荒于政事能上书劝谏,并非一味阿顺长官混日子。

　　贞元十六年(800),韩愈因和张建封意见不合辞职回到京师,十七年(801)他三十四岁时被任命为国子监从七品上阶的四门博士。十九年(803)三十六岁时改任御史台正八品上阶的监察御史,品阶虽比四门博士低,倒开始有了点实权。但因为天旱上状请求停征京兆府管内百姓的两税钱,得罪了府尹李实,再加上其他原因,如上书议论“宫市”的流弊之类,当年冬天就被贬去连州阳山任县令。这罢宫市和减免赋税都是王叔文等人在顺宗朝所干的有益于百姓之事,可韩愈早在德宗时就要求这么干了,而且自己还因此栽了跟头,这种政治表现比王叔文等人包括柳宗元在内并不差什么。

　　贞元二十一年(805)顺宗即位,大赦,韩愈内移江陵府任正七品下阶的法曹参军事。宪宗元和元年(806)韩愈三十九岁时被召回京师任国子监正五品上阶的国子博士,这才算开始挤进高级官员的队伍。第二年又以国子博士分司东都去洛阳。元和四年(809)改任刑部从六品上阶的都官员外郎仍旧分司东都。元和五年(810)改任正五品上阶的河南县令,在任上为惩治不法军人敢上启和东都留守郑余庆争辩讲道理。元和六年(811)调回京师任兵部从六品上阶的职方员外郎。元和七年(812)因帮一个县令讲话出了问题又调任国子博士。元和八年(813)改以刑部从五品上阶的比部郎中名义任史馆修撰,专职纂修国史,九年(814)改以吏部从五品上阶的考功郎中名义任史馆修撰,又改任知制诰即为皇帝草拟诏令。在这时期韩愈纂修成《顺宗实录》,王叔文等人勾结宦官李忠言专擅朝政固然被写了进去,但对他们所干有益百姓的好事也都一一如实直书而未抹杀。

元和十一年(816)韩愈四十九岁时凭资历升任中书省正五品上阶的中书舍人。但又因主张讨伐割据淮西地区对抗中央的吴元济而和宰相发生矛盾,被改任为皇太子东宫里毫无实权的正四品下阶的右庶子。幸好宪宗也下决心要讨伐吴元济,在元和十二年(817)任命另一位同样主张讨伐的宰相裴度为淮西地区的彰义军节度使兼淮西宣慰处置使,充任讨伐淮西的统帅,裴度奏请韩愈做他的行军司马。八月出师,十月就生俘吴元济平定淮西。年底回朝,韩愈因功被升任正四品下阶的刑部侍郎。请注意,王叔文等人主张制裁藩镇曾被教科书说成是"永贞革新"的主要措施,可韩愈不仅同样主张而且见之于行动。

元和十四年(819)韩愈五十二岁时又干了一件十分出色的事情,这年正月宪宗把所谓佛骨迎进京城并请入皇宫,这本和身为刑部侍郎的韩愈毫不相干,可韩愈偏偏上了个著名的《论佛骨表》,要求立即停止这种劳民伤财的愚昧举动。这下子弄火了宪宗,把韩愈贬到岭南的潮州去做刺史,冬天才内移到袁州做刺史。在袁州刺史任上他设法解放奴隶,和柳宗元在柳州刺史任上的做法也完全相同。

元和十五年(820)初宪宗去世,穆宗即位。到秋天韩愈被任命为国子监的长官从三品的国子祭酒。第二年长庆元年(821)春天回京师任职,到七月又被任为有实权的正四品下阶兵部侍郎。这时河北地区的成德军发生兵变,王廷凑杀节度使自立,长庆二年(822)朝廷妥协,派韩愈去宣慰,韩愈不怕危险完成了任务。回京后迁任吏部侍郎,虽仍是正四品下阶,可已位居尚书省六部长官的前列。长庆三年(823)改任从三品的京兆尹兼正三品的御史台御史大夫,因和实际主持御史台工作的御史中丞发生矛盾,又改任兵部侍郎,再重任吏部侍郎。长庆四年(824)敬宗即位,同年十二月韩愈在京师因病去世,按旧的算法享年五十七岁。

多年来我们不是说“不光要听其言,还要观其行”吗?从韩愈这一生的行为来说,除早年为谋求出路作自我奋斗外,在掌握权力哪怕是很小的权力时也能体现出他的正直和敢作敢为,能够尽可能地为国家、为百姓办好事而不计较个人安危得失,这对封建社会的士大夫来说确实是很不容易的。更难能可贵的,韩愈这么做还不是单凭一点正义感或所谓“良心”,而是有他创立的政治理论作为基础,由理论而见诸行动的。因此我一开头就说韩愈是一位政治思想家,而不是一般的政治活动人物。从这方面的建树来说,即使有点朴素唯物主义的柳宗元也是瞠乎其后、望尘莫及的。

“存在决定意识”,“经济基础决定上层建筑”。要讲韩愈的政治思想还得从中国社会性质的演变说起。我认为,中国在西周春秋是封建领主制社会,春秋战国间公认的社会大变动,是从封建领主制转到封建地主制的变动。但领主制的残余还不可能立即消除,到东汉以后来了个回光返照,出现了带有领主意味的士族地主,形成了魏晋南北朝时期的门阀制度。本来,在领主制为地主制取代之时,新思想、新的政治理论已应运而生,出现了战国时期百家争鸣的局面,经过竞争淘汰并取长补短,又出现了比较适用于地主阶级统治需要的儒家之学或简称之为"儒学"。但经过"门阀"制度的冲击,这形成不久的儒学也被打乱并歪曲。早在东汉时对儒学经典已偏重于名物的解释,南北朝更由此发展成所谓"义疏"之学,即对经和注再作繁琐的解说而彻底丢掉了儒学初期的政治思想。例如当时最流行的所谓"三礼"之学,就是对《礼记》和《周礼》、《仪礼》三部经典作"义疏",大讲其贵族们的饮食起居特别是婚丧礼俗等制度,因为这些适合光知道摆空架子的士族地主们的需要,需要"古为今用"地搞这一套来维持他们在社会上与众不同的特殊地位。而在政治上则是一切从士族甚至某个家族的私利出发,形成了整天闹内部矛盾、争权夺利的局面,百姓处在水深火热之中也不闻不问,社会风气也随之极度恶化。到唐代初年,这些士族中的腐朽分子已不能不自行退出政治舞台,剩下的也不得不改变原来的面目和庶族地主混同到一起来重新打开新局面,这样才形成比较完全的封建地主制社会,一直到明代后期出现资本主义萌芽才再起新的变化。而出现新的社会就要有新的思想理论,韩愈的政治思想理论,就是"门阀"制度崩溃后适应封建地主制的新产物。

这种政治思想和理论,简要地说就是要重新恢复战国时期儒学的传统,并加以整理改造使之适合新时期需要。对此在韩愈所写的《原道》里阐发得最清楚。所谓"原道"的"道",就是儒家之道,是尧、舜以来一脉相传的东西,当年"尧以是传之舜,舜以是传之禹,禹以是传之汤,汤以是传之文、武、周公,文、武、周公传之孔子,孔子传之孟轲"。这是从《孟子》的最后一章搬用过来的。尧、舜、禹是神话中人物,商汤和周文王、武王、周公也是经孔子、孟子改造美化才成为圣君、圣人的,实际上就是以孔子,尤其是孟子为核心的儒家之道。韩愈的任务就是要远绍孟子发扬此道,也就是把地主制刚出现时的孔孟之道改造成为当前完全的地主所有制需要的政治理论。它的总体结构是:"君者,出令者也;臣者,行君之令而致之民者也;民者,出粟米麻丝、作器皿、通货财以事其上者也。君不出令,则失其所以为君;臣不行君之令而致之民,则失其所以为臣;民不出粟米麻丝、作器皿、通货财以事其上,则诛。"绘出了一张封建地主制统治秩序的理想蓝图。如何按此蓝图来建设呢?他知道不能靠"君",当然也不可能去靠"民",而是靠他自己这样的好"臣",即自认为社会中坚的士大夫阶层。于是他又借用了《礼记·大学》里的话,即所谓"古之欲明明德于天下者,先治其国;欲治其国者,先齐其家;欲齐其家者,先修其身;欲修其身者,先正其心;欲正其心者,先诚其意",并且说:"所谓诚心而正意者,将以有为也。"就是首先自己建立起坚定的政治信念,然后要见诸行动。要知道,一个新理论的创立,作为创立者一般都是能够把理论见诸行动而不光闭门空谈的。韩愈没有例外,他的历史、他的一生在重大问题上的所作所为,说明他确实是为实现所创立的政治理论而奋斗。尽管封建地主制的根本矛盾不是这套理论所能解决的,因而他的理想也经常在现实面前碰壁,但毕竟使士大夫们能从勾心斗角的权力之争中跳出来为国家、为百姓考虑点事情,使唐以后一千多年的封建地主制社会除少数民族入侵外能基本上保持相对稳定的局面,能出现光辉灿烂远胜于西欧中世纪的中国封建文化。韩愈这套政治理论的作用是不应被忽视的。

　　说到这里,读者们一定要问:我们承认韩愈是封建士大夫中的好人,不是什么反动的卫道士而是有作为的政治思想家,但你这本书是《韩愈诗文选译》啊,你讲理论,讲政治思想,和介绍韩愈的诗文有什么关系呢? 我说,关系大得很。只有弄懂了前面这些事情,才能把他为什么要提倡做古文,以及他在古文上的成就给读者说清楚。

　　前面说过,在魏晋南北朝时儒学已被什么"义疏"引进了只会摆空架子的死胡同。文章呢? 也已同样走进了个死胡同——"骈文"的死胡同。什么叫"骈文"? 骈就是对偶,一句话本来可以简单明了地写出来,可骈文却硬要把它变成对偶句,找些有关的典故把它写成一副副对子,还要讲究音节平仄。这在西汉以至先秦的文章里本来也不是绝对没有,但只是偶尔来几句,用来加重点文章的分量,而绝没有通篇都是对偶句的事情。可魏晋南北朝时的士族们除摆空架子外,思想内容实在很空虚,勾心斗角争权夺利的东西又没脸见诸文字,于是只好在形式上大玩其对偶音节的花样,大写其外表花花绿绿、内容空虚贫乏的骈文,使本来用来传达思想的文字变成了没有多少思想内容的文字游戏。到唐代士族们的声势风光已经消失,有头脑的士大夫文人就想在文章写法上也来点改革。如比韩愈稍前的萧颖士、李华、独孤及、梁肃等人都想摈弃传统的骈文来试写不讲对偶音节的文字,但一则他们的学识不够,思想内容仍不够充实,再则才华也差一些,写出来的文章有时读起来反而生涩不通顺,过去有人给这种文章送了一个名称叫"涩体"。

　　韩愈所提倡的古文正好解决了这两个问题。首先,他主张写文章首先要有内容,内容就是要宣传他的儒家之道,要"行之乎仁义之途,游之乎《诗》、《书》之原",后人替他总结叫"文以载道"。

他的《原道》、《原毁》、《论佛骨表》等就是这种"文以载道"的典范。当然这不等于说篇篇文章都写成儒家之道的宣传品，而是主要的文章要这么写，并且要从各种角度来表达自己的政治主张。例如他写《圬者王承福传》批评"贪邪无道"的官僚，写《赠崔复州序》鼓励人家做贤刺史，写《蓝田县丞厅壁记》指责县级机构设置和分工的失当，写《唐故监察御史卫府君墓志铭》批判炼丹修仙的虚妄，就都是从各个不同的角度来贯彻他的政治主张。当然他也并不排斥写一些抒情式，甚至近乎小说体制的文章像《祭十二郎文》、《毛颖传》之类，但不能把兴趣全放在这里而置写文章的主要目的而不顾。再一点，在重内容的同时，韩愈还极其讲究写作技巧。他主张要学习先秦西汉时人的好文章，但强调不能一味模仿抄袭。要"师其意而不师其辞"，也就是学习这些文章时要选取其中适用于当时的句法和词汇，再加上自己的创新，形成一种新颖的笔法和风格。所以这种文章虽然名为"古文"，表示他和当时的骈文决裂而要恢复古代的文章传统，其实并不是单纯的复古而是在复古的基础上创新。严格地讲这种古文只是韩愈所提倡的新体古文，并不包括骈文流行以前的所有不属骈文的古代文章，更不是只要古人写的文章就都可以通称为"古文"。

　　由于这种古文是新生事物，自然会得到有识之士的欣赏和支持，加之韩愈也乐于宣传他的古文理论，不怕人家讥笑他"好为人师"，于是很快地在他朋友中出现了一批推行古文的同道，还有更多的向他学习古文的后辈学生，其中最有成就的就是前面所说八大家中仅次于韩愈的柳宗元，以下还有李翱、皇甫湜、欧阳詹、樊宗师等人，形成了后来文学史上所说的"古文运动"。同时，新生事物的出现也总会遇到保守势力的阻挠，因此在唐代以至五代、北宋初年，总的说来还是骈文占优势，要到北宋中期经欧阳修、王安石、苏轼等人的努力,古文才终于取代骈文成为主要的文体。他们在写作技巧上也许比韩愈还要成熟,例如韩愈的古文有时还夹杂一些生造的不甚好懂的词句,欧阳修他们就没有这种毛病。但在文章的内容即所载的道这点来说,却慢慢地不如韩愈当初那么注意,尤其到了清代的桐城派,更多半只在古文的形式上下功夫,几乎重蹈当年骈文忽视内容的覆辙。到近代西方的新思想、新学问传进中国,要用这种古文来表达就更见困难,“五四”新文化运动提倡白话文把古文取代,这正是事物发展的正常规律,只有思想落后于时代、还抱着封建主义不放手的人才会对它惋惜。

既然如此,今天把这种过时的古文还端出来干什么呢? 为什么还要把它选译了给大家欣赏阅读,不把它丢到垃圾堆里去呢? 如果真这么丢,那就又走向另一个极端了,当年“五四”新文化运动就已出现过这种看问题走极端的毛病,认为既要白话文,就不必更不该再读古文。不知道古文虽不必写,但还是可以读,应该读,因为好的古文像这本《韩愈诗文选译》里的古文还是有许多地方可供今天学习借鉴的。这里同样用得着韩愈说过的“师其意而不师其辞”,把这笔古人留下的丰硕的遗产作为营养,起码会使今天的白话文写得更有内容,更为漂亮。

讲了古文,附带还得讲韩愈的诗,因为这是本《韩愈诗文选译》,里面也选了若干首韩愈的诗。韩愈在诗歌创作上的成就自然比不上古文。这倒不是“江郎才尽”,把精力用在古文上顾不上写好诗,而是因为诗的革新走得早了一步,在韩愈以前的“诗圣”杜甫已经在诗歌的形式和内容上打出了一个新局面,南北朝时像骈文一样光讲用字造句而缺乏思想内容的五言古诗已被崭新的七言古诗和五七言律诗、绝句取而代之,就是五言古诗也充实了内容,不再是过去那种索然无味的老样子。韩愈的诗也是做得很不错的,尤其是七言古诗和绝句,在某些方面比杜甫还向前推进了一点,但总的说来仍没有跳出杜甫所开创的领域。因此前人说他在诗上只是"名家"而不算"大家",是有一定道理的。

最后,得给读者讲讲这本《韩愈诗文选译》是怎样选,怎样注和译的。

选比较简单,以文为主,因为古文是韩愈在文学上最主要而且最伟大的成就,可以多选些著名的为人们所传诵的代表作,另外还选了一些过去一般选本所未注意未收入而确实有内容有文采的佳作。诗则比文选得少,主要选他最擅长的七言古诗和绝句,当然其他体裁也得兼顾。编排次序则一般按写作时间的先后,即所谓编年,而不考虑体裁或其他。

比较麻烦的是注释和今译。韩愈是唐代人,文章里都是讲唐代的事情,用唐代的官制和地名。地名还好办,注出个即今某省某县市就可以,官制则有许多特殊性,如唐代重京官而轻外官,由京官贬外官有时看起来品阶反倒升了,旧注一般含糊过去,这里就得作说明。当然,前人旧注也有许多有用的东西,尤其在诗文的编年上颇有值得参考的见解。今人的著作则较多地参考了童第德先生的《韩愈文选》,因为这位童第德先生至少是自己真读懂了再作注的,当然也难免有些欠当之处,对此用我自己的看法就是了,没有对别人的欠当或错误之处一一提出来纠正。分段、标点也是如此,我认为该怎么分、点就怎么分、点,因为这毕竟是个读物而不是学术专著。

麻烦的是今译。前人提出要"信"、"达"、"雅"。"信"是必须做到的,因此我力求把原文的每个字都译出来,一般不搞什么"意译",这样便于译文和原文对照读,更有利于读懂原文,因为今译的目的毕竟还在于帮助读者读原文。"达"是要译文通顺,有时为了通顺就只好不完全遵循原来的结构,在极个别地方还得来一点"意译"。至于"雅",就难了,因为任何译文都不可能完全表达出原文的风格和精神,无法取代原文,因此只好能"雅"几分就算几分。最不好办的是译诗,旧诗尤其是律诗讲平仄讲押韵,古诗也要讲押韵,今译时就只能照顾到押韵,其他一律不管而译成通行的新诗模样,但又要讲"信"而不能用原意另写一首新诗,所以译成后也自知不够漂亮,但总比漂亮而失去原诗的面目强。

黄永年(陕西师范大学古籍所)

韩愈文选译

原　道

　　"原"是推原。除了这篇《原道》外韩愈还写有《原性》、《原毁》、《原人》、《原鬼》,大概都是同一时期的作品,不过确切年代已无从考查了,这里姑且按照《昌黎先生文集》原本的编排,把它放在第一篇。因为从内容来看它公开表达了韩愈的学术思想和政治态度,尤其是提出了所谓尧、舜、禹、汤、文、武、周公、孔子、孟子的儒家传统之道,用来反对佛教、道教,实际上成为宋代理学的先驱,可说是我国古代思想史上的一篇大文字,完全称得上压卷之作。从文字角度来讲,它说理清楚,气势旺盛,也是用古文来写论说文章的代表佳作。当然文章里所讲的儒家之道,只是维护地主阶级统治秩序之道,因而也不可能像我们今天这样用唯物主义来从根本上批判唯心主义的宗教。这是时代和阶级立场的不同,不必以今天的标准来苛责古人。

博爱之谓仁,行而宜之之谓义,由是而之焉之谓道①,足乎己无待于外之谓德。仁与义为定名,道与德为虚位。故道有君子小

――――――――――

①之焉:这个"之"字是前往的意思。

人,而德有凶有吉。老子之小仁义①,非毁之也,其见者小也。坐井而观天,曰天小者,非天小也。彼以煦煦为仁②,孑孑为义③,其小之也则宜。其所谓道,道其所道,非吾所谓道也。其所谓德,德其所德,非吾所谓德也。凡吾所谓道德云者,合仁与义言之也,天下之公言也。老子之所谓道德云者,去仁与义言之也,一人之私言也。周道衰,孔子没,火于秦④,黄老于汉⑤,佛于晋、魏、梁、隋之间⑥。其言道德仁义者,不入于杨⑦,则入于墨⑧,不入于老,则入于佛。入于彼,必出于此。入者主之,出者奴之,入者附之,出者

①老子:先秦时思想家,相传《道德经》就是他写的,因此《道德经》也称《老子》,但他究竟是什么时候人已弄不清楚,《道德经》则应是战国时代的作品。先秦以后把他和庄子等都统称为道家。东汉末年张鲁等创设道教后又把他拉来作为道教的始祖。这篇文章里批判老子实际上是反对道教,尽管所批判的东西是《道德经》里所说过的。这里所说“老子之小仁义”,就是指《道德经》里所说的“大道废,有仁义”等而言。

②煦(xǔ许)煦:和蔼,施点小恩小惠。

③孑(jié洁)孑:谨小慎微的样子。

④火于秦:指秦始皇焚书坑儒,把儒家的经典《诗》、《书》等烧掉。

⑤黄老于汉:黄是黄帝,本是神话传说中的人物,到战国后期已有许多伪托黄帝撰述的著作,西汉初年统治者用道家清静无为的主张来安定社会,把黄帝也拉来作为道家的远祖,和老子合称黄老。

⑥佛于晋、魏、梁、隋之间:佛教本是印度的宗教,创始人释迦牟尼和我国的孔子是同时代人,以后到西汉末年佛教才传入我国,到西晋、东晋时才广为流行。这里的魏指南北朝时北朝北魏和东、西魏,梁指南朝的梁,都对佛教极为崇信。隋朝的皇室也全是虔诚的佛教徒。

⑦杨:杨朱,战国前期思想家,主张“为我”的学说。

⑧墨:墨子,名翟,春秋末年宋国的大夫,思想家兼政治活动家,墨家学派的创始人。墨和杨这两个学派在战国时颇有势力,引起儒家大师孟子的坚决反对。至于下文所说“不入于老,则入于佛”,则是汉以后的情况。

污之。噫①！后之人其欲闻仁义道德之说，孰从而听之？老者曰："孔子，吾师之弟子也②。"佛者曰："孔子，吾师之弟子也③。"为孔子者习闻其说，乐其诞而自小也④，亦曰："吾师亦尝师之云尔。"不惟举之于其口，而又笔之于其书。噫！后之人虽欲闻仁义道德之说，其孰从而求之？甚矣！人之好怪也，不求其端，不讯其末，惟怪之欲闻。古之为民者四，今之为民者六⑤；古之教者处其一，今之教者处其三⑥。农之家一，而食粟之家六⑦；工之家一，而用器之家六；贾之家一，而资焉之家六；奈之何民不穷且盗也⑧？

　　古之时，人之害多矣。有圣人者立，然后教之以相生养之道，为之君，为之师。驱其虫蛇禽兽，而处之中土⑨；寒，然后为之衣；饥，然后为之食；木处而颠、土处而病也，然后为之宫室；为之工，以赡其器用⑩；

---

①噫（yī 衣）：感叹词，等于口语里的"唉"。

②老者曰"……弟子也"：《庄子》里多次说过孔子向老子请教。南朝梁时的道教大师陶弘景说孔子是太极公，位在老子之下。

③佛者曰"……弟子也"：唐初佛教徒法琳说，孔子是释迦牟尼门下的儒童菩萨。

④诞（dàn 旦）：本是大的意思，引申为荒诞、虚妄。

⑤古之为民者四，今之为民者六：古时候以士、农、工、贾（gǔ 古，即商人）为四民，这时加上老者、佛者成为六民。

⑥古之教者处其一，今之教者处其三：古代只有先王之教即儒家之教，这时增加了老、佛两家之教。

⑦粟：谷子，这里用来通称粮食。农之家一，而食粟之家六：六民中只有农一家生产粮食，而粮食六民都要吃。下面说工、说贾也是同样的意思。

⑧以上是第一段，一上来就讲清楚在仁义道德这些根本问题上儒家的观点，指出道家的错误。紧接着讲道教、佛教的发展已有压倒儒家的趋势，并指出这种情况对社会的危害。然后在下文对道教、佛教的论点分别驳斥。

⑨中土：中国，当时主要是指汉族生活的地区。

⑩赡（shàn 善）：供给。

为之贾，以通其有无；为之医药，以济其夭死①；为之葬埋祭祀，以长其恩爱；为之礼，以次其先后；为之乐②，以宣其湮郁③；为之政，以率其怠倦④；为之刑，以锄其强梗；相欺也，为之符玺斗斛权衡以信之⑤；相夺也，为之城郭甲兵以守之⑥：害至而为之备，患生而为之防。今其言曰："圣人不死，大盗不止；剖斗折衡，而民不争⑦。"呜呼！其亦不思而已矣。如古之无圣人，人之类灭久矣。何也？无羽毛鳞介以居寒热也⑧，无爪牙以争食也⑨。

是故君者，出令者也；臣者，行君之令而致之民者也；民者，出粟米麻丝、作器皿、通货财以事其上者也⑩。君不出令，则失其所以

---

① 济：这里是停止、免除的意思。夭(yāo 腰)：夭折，没有终其天年而死去。

② 乐(yuè 越)：音乐。

③ 湮(yān 烟)：阻塞。

④ 率(lǜ 律)：约束。

⑤ 符：古人用来传达君命或调遣军队的凭证，一半在君主手里，另一半在地方官或将领手里，君主派人向他们传达命令，要带上半个符和他们手里的另半个符拼对，对上后才说明命令是真的，否则应拒不执行。玺：就是印，先秦时通称玺，到秦代以后只有皇帝用的印才可称玺。斗斛(hú 胡)：都是量器，同时也是容量单位，十升为一斗，十斗为一斛，南宋末年改成五斗为一斛。权：秤锤。衡：秤杆。

⑥ 郭：外城。甲：铠甲。兵：兵器。

⑦ 圣人不死……而民不争：这句话见于《庄子·胠箧(qū qiè 区怯)》，《庄子》相传是战国时庄周所作，此人本是和老子不同派别思想家，后人把他归入道家，道教又把他拉进来作为次于老子的重要人物。

⑧ 介：甲壳。

⑨ 以上是第二段，驳斥道家"圣人不死，大盗不止"的论点。

⑩ 麻丝：我国到元代以后长江流域、黄河流域才种植棉花，纺棉纱织棉，以前除冬天寒冷外，一般都用麻的纤维织成的麻布做衣服，富贵人则一直用丝织品如绢帛等做衣服。皿(mǐn 敏)：碗、碟、杯、盘等用器的总称。通货(转下页)

为君;臣不行君之令而致之民,则失其所以为臣;民不出粟米麻丝、作器皿、通货财以事其上,则诛①。今其法曰:"必弃而君臣②,去而父子,禁而相生养之道。"以求其所谓清静寂灭者③。呜呼! 其亦幸而出于三代之后④,不见黜于禹、汤、文、武、周公、孔子也⑤;其亦不幸而不出于三代之前,不见正于禹、汤、文、武、周公、孔子也⑥。

　　帝之与王⑦,其号名殊,其所以为圣一也。夏葛而冬裘⑧,渴

(接上页)财:流通货物钱财,指从事商业做买卖。

①诛:这里是诛讨,即追究责任、责以应得之罪的意思,并非一概都诛杀,诛字在这里不能解释为杀。

②而:用在这里和"尔"字一样,也就是"你"。

③清静寂灭:佛教的清静是指脱离一切恶行烦恼。寂灭是梵文 Nirvāna 的意译,音译则是涅槃(niè pán 聂盘),即寂灭一切烦恼和圆满一切清静功德,是佛教徒追求的最高境界。

④三代:夏、商、周三朝古人通称三代。

⑤禹、汤、文、武、周公、孔子:禹,传说中的夏朝第一个王。汤,殷商的王,灭掉夏朝最后一个王桀。文、武,周文王和他的儿子周武王,周武王灭掉殷商最后一个王纣。以上古人合称之为"三王"(文、武合为一王),都是所谓圣人、圣君。周公:周武王的弟弟周公旦,辅佐武王的儿子成王,消灭殷商的残余势力,相传周代的礼乐都由他制定,后来儒家曾一度称他为先圣,位在先师孔子之上。早在战国时儒家大师孟子就曾历数从禹到周公、孔子的功绩,把自己作为他们的继承者,韩愈在这篇文章里又隐以孟子以后的继承者自居。到宋代的理学家称这个传统为"道统",不过不承认韩愈能继承,而认为他们自己才有资格继承。

⑥以上是第三段,驳斥佛教"弃而君臣,去而父子,禁而相生养之道"的论点。

⑦帝:战国以前本指天上的上帝,到战国以后又在"三王"之前编造了一套所谓"五帝"的历史系统,以黄帝、颛顼(zhuān xū 专需)、帝喾(kù 酷)、尧、舜为"五帝",他们也都被认为是圣人、圣君。

⑧葛:一种藤本植物,茎皮纤维可织成葛布,做夏天穿的衣服。裘:长(转下页)

饮而饥食，其事殊，其所以为智一也。今其言曰："曷不为太古之
无事①?"是亦责冬之裘者曰："曷不为葛之之易也?"责饥之食者
曰："曷不为饮之之易也②?"

　　传曰："古之欲明明德于天下者，先治其国；欲治其国者，先齐
其家；欲齐其家者，先修其身；欲修其身者，先正其心；欲正其心
者，先诚其意。"③然则古之所谓正心而诚意者，将以有为也。今
也欲治其心，而外天下国家，灭其天常④，子焉而不父其父，臣焉
而不君其君，民焉而不事其事。孔子之作《春秋》也⑤，诸侯用夷

————————————

（接上页）毛动物如狐、羊等毛皮做的衣服。

①太古：远古、上古，这里指所谓"五帝"时代。

②以上是第四段，驳斥道家"曷不为太古之无事"的论点。

③古之欲……先诚其意：这段话见于《大学》，它应是秦汉之际儒家的作品，
汉代儒家把它编进《礼记》里，宋代理学家朱熹(xī 希)又把它和另一篇《中
庸》从《礼记》中抽出来，加上《论语》、《孟子》作了注，成为《四书章句集
注》，也简称为《四书》，从元代开始成为考科举的人的必读书。这诚意、正
心、修身、齐家、治国、平天下的理论，成为理学家讲伦理、政治的基本纲
领。这里不说"《大学》曰"而说"传曰"，是因为汉人除《诗》、《书》、《礼》
(《仪礼》)、《易》、《春秋》等《五经》可称"经"外，其余的古书都可称"传"(解
释"经"的也可称"传")，古时还可称"记"，《礼记》在唐代虽已升格为"经"，
取代《仪礼》成为《五经》之一，但汉人认它为"传"，所以这里可以仍称它
为"传"。

④天常：天理伦常，即本文下一段所讲到的君臣、父子、师友、宾主、昆弟(兄
弟)、夫妇等在封建社会里的"正常"关系。

⑤《春秋》：本是春秋时鲁国史官所记载下来的一种编年史，后来流传的本
子，据《孟子》里说是孔子加以删削过的，这话不一定靠得住，但经战国时
儒家删削过作为学习的经典，则应是没有问题的。到西汉时这删削过的
《春秋》成为《五经》之一，并给它作了传——也就是解释发挥其中的政治
理论，最有影响的一种传叫《春秋公羊传》，这里所说"用夷礼则夷（转下页）

礼则夷之①，进于中国则中国之②。经曰："夷狄之有君③，不如诸夏之亡④。"《诗》曰："戎狄是膺⑤，荆舒是惩⑥。"今也举夷狄之法，而加之先王之教之上，几何其不胥而为夷也⑦。

　　夫所谓先王之教者何也⑧？博爱之谓仁，行而宜之之谓义，由是而之焉之谓道，足乎己无待于外之谓德。其文，《诗》、《书》、《易》、《春秋》⑨；其法，礼、乐、刑、政；其民，士、农、工、贾；其位，君

（接上页）之……"，实际上是《公羊传》所讲的理论。南北朝、隋、唐时又流行《春秋左传》，这是战国前期的作品，讲理论少而记载历史事实多。在韩愈的时代又有人舍弃旧的传直接研究《春秋》，宋代理学家讲《春秋》也多数用这种方法。

①夷：我国先秦时的少数民族。

②中国：指汉族生活的地区，不包括少数民族生活的地区，和今天所说中国的概念不一样。当时汉族称"诸夏"，生活在黄河中下游。

③夷狄：狄也是先秦时的少数民族，夷狄连称成为当时对少数民族的通称，以后又把外国人也称为夷狄。

④夷狄之有君，不如诸夏之亡：这句话见于《论语·八佾(yì 意)》。《论语》在唐代已升格为"经"，所以这里可以说"经曰"。

⑤戎狄：戎也是先秦时的少数民族，戎狄连称也成为当时对少数民族的通称，以后也把外国人称为戎狄。膺(yīng 英)：本指胸，这里是抗御的意思。

⑥荆舒：荆指在今河南南部、湖北北部一带的楚国，舒是在今安徽舒城的小国，当时都是由少数民族所建立的。戎狄是膺，荆舒是惩：这两句见于《诗·鲁颂·閟(bì 必)宫》，是宣扬春秋前期鲁国抗御戎狄、讨伐荆舒的声威。

⑦胥：相引，相与，一起。以上是第五段，驳斥佛教"欲治其心，而外天下国家"的论点，因为佛教是从外国传进来的，所以称之为"夷狄之法"。

⑧夫：彼。把"夫"字放在一句的开头，用来拓开口气，虚无所指，是唐以后做古文者的用法，以前放在一句开头的"夫"字都是"彼"的意思。

⑨《诗》、《书》、《易》、《春秋》：这实际是指《五经》，没有提到《礼》，是因为下文讲到"礼、乐"，这里不便重复。

臣、父子、师友、宾主、昆弟、夫妇；其服，麻丝；其居，宫室；其食，粟米果蔬鱼肉；其为道易明，而其为教易行也。是故以之为己，则顺而祥；以之为人，则爱而公；以之为心，则和而平；以之为天下国家，无所处而不当。是故生则得其情，死则尽其常，郊焉而天神假①，庙焉而人鬼飨②。曰："斯道也，何道也？"曰："斯吾所谓道也，非向所谓老与佛之道也。"尧以是传之舜，舜以是传之禹，禹以是传之汤，汤以是传之文、武、周公，文、武、周公传之孔子，孔子传之孟轲③。轲之死，不得其传焉。荀与扬也④，择焉而不精，语焉而不详。由周公而上，上而为君，故其事行。由周公而下，下而为臣，故其说长⑤。

　　然则如之何而可也？曰："不塞不流，不止不行⑥。人其人⑦，

---

①郊：郊祀，古代祭天的典礼，因为要到郊外举行，所以叫"郊"。假（gé 格）：本应写成"徦（gé 格）"，是至、到的意思，但古书多混写成"假"，弄得和读 jiǎ 或 jià 的"假"字不好区别。

②庙：本指宗庙，古代祭祀祖先的地方，这里的庙指庙祭，即在宗庙里举行祭祀祖先的典礼。人鬼：古人认为人死了要成鬼，人鬼就是死者，这里指死去的祖先。飨（xiǎng 想）：这里的飨和"享"是一个意思。

③轲（kē 苛）：孟子名轲。

④荀：荀子，名况，战国后期儒家的大师，开创孟子以外的另一个儒家派别，传世的《荀子》中有一部分是他所写的，但在后世没有多大影响。扬：扬雄，西汉末年的儒家，同时又是著名的文学家，著有模仿《论语》的《法言》和模仿《易》的《太玄经》。

⑤以上是第六段，正面讲述先王之教，先王之道，也就是儒家之道。

⑥不塞不流，不止不行：不堵塞佛老之道，先王之道就不能流通；不制止佛老之道，先王之道就不能推行。

⑦人其人：这第一个"人"字本当作"民"，因为唐太宗名叫世民，后来的唐朝人为了要避所谓御讳，就常把"世"字改写成"代"，"民"字改写成"人"字，本文前面出现的许多"民"字是宋朝人把原来的"人"字回改过来（转下页）

火其书,庐其居,明先王之道以道之①。鳏寡孤独废疾者有养也②,其亦庶乎其可也③。"

【翻译】

博爱就叫仁,实行仁而且做得合适就叫义,由此出发向前做下去就叫道,做得心安理得不需要外界给予什么就叫德。仁和义有明确的概念,道和德没有一定的内容。因此道有君子之道有小人之道,德有凶德有吉德。老子之所以看轻仁义,不是存心否认仁义,而是由于见到的仁义太狭小。好比坐在井底看天,说天小,并不是真的天小。他把施点小恩小惠当作仁,谨小慎微当作义,这样他看轻仁义就是很自然的事情。他所说的道,是把他所认为的道当作道,不是我们所说的道。他所说的德,是把他所认为的德当作德,不是我们所说的德。凡是我们所说的道德,是结合仁和义来说的,是天下的公言。老子所说的道德,是撇开仁和义来说的,是他个人的私言。到周朝政教败坏,孔子逝世,《诗》《书》焚烧于秦朝,黄老流行于汉朝,佛教流行于晋、魏、梁、隋几朝。其间讲道德仁义的,不投归于杨,就投归于墨,不投归于老,就投归于佛。投归那一家,就必然背离这一家。对投归的那家尊崇,对背离的这家轻蔑,对投归的那家亲附,对背离的这家诋毁。唉!后来的人想知道仁义道德的说法,究竟该到哪里去听取呢?信奉

(接上页)的,这里的这个"人"字忘掉了回改。"民其人",就是把佛教徒、道教徒恢复成为普通百姓,这后面的"人"字就是指佛教徒、道教徒。
①以道之:这个"道"是动词,后人一般写成"导",引导的意思。
②鳏(guān 关):老而无妻叫鳏。寡:老而无夫叫寡。孤:幼而无父叫孤。独:老而无子叫独。废疾:残废者和患某种痼疾不能工作的人。
③庶:庶几,差不多。以上最后一段,指出当前应该怎么办。

老子的人说:"孔子,是我们祖师的学生。"信奉佛教的人说:"孔子,是我们祖师的学生。"信奉孔子的人听惯了这些说法,对它的荒诞离奇感到好玩而自甘菲薄,也说:"我们的先师也曾经向他们请教过。"不仅说在嘴上,而且还写在书上。唉!后来的人虽想知道仁义道德的说法,究竟该到哪里去探求呢?真够厉害了!人们的喜好怪诞,不去探求出发点,不去询问后果结局,只要怪诞的就想听。古时候民有四家,如今增加到六家;古时候施行教化的只有一家,如今增加到三家。从事农业的只有一家,而吃粮食的有六家;从事手工业的只有一家,而用器皿的有六家;从事商贾的只有一家,而靠他贩卖流通的有六家:怎能使民不贫穷并流于盗贼呢?

古时候,人们的灾害多得很。有圣人出世,才把怎样谋生养育的办法教给人们,做人们的君主,做人们的老师。把虫蛇禽兽驱除掉,让人们安居在中土;冷了,就教人们做衣服;饿了,就教人们弄食物;住在树上会掉下来,住在洞穴里会得病,就教人们建造房屋;教人们做工,来供给使用的器皿;教人们做商贾,来流通有无;教人们行医服药,以避免夭折;教人们埋葬祭祀,以增进恩爱;给人们创制礼仪,使懂得先后尊卑;给人们创制音乐,使疏通抑郁;给人们创制政令,来约束怠惰的人;给人们创制刑狱,来铲除强横的人;人们会互相欺诈,就创设玺斗斛权衡来作为凭信;人们会互相争夺,就创设城郭甲兵来从事守卫:灾害来事先做好准备,患难来事先做好防御。如今他们说:"圣人如不死去,大盗就不会消灭;劈掉斗,折断衡,民就不会争夺。"唉!这也太不思索了。如果古代没有圣人,人类早就灭绝了。为什么呢?因为人类没有羽毛鳞介来对付严寒酷暑,没有利爪长牙来争夺食物。

因此,君,是发布政令的;臣,是执行君的政令而施之于民的;

民,是生产粟米麻丝、制作器皿、流通货财来侍奉上边的。君不发布政令,就不成其为君;臣不执行君的政令而施之于民,就不成其为臣;民不生产粟米麻丝、制作器皿、流通货财来侍奉上边,就得追究处理。如今他们的规定是:"必须舍弃你的君臣关系,丢开你的父子关系,禁绝你谋生养育的办法。"从而来求得所谓清静寂灭。唉!这一套也幸而出现于三代以后,才可以不被禹、汤、文、武、周公、孔子所否定;也不幸而不出现三代之前,不能由禹、汤、文、武、周公、孔子来纠正。

帝和王,名称不同,可同样都是圣人。夏天穿葛冬天穿裘,渴了喝饿了吃,办法不同,可同样都够明智。如今他们说:"为什么不像太古那样无为而治?"这等于责备冬天穿裘的说:"为什么不简单地穿件葛衣?"责备饿了要吃的说:"为什么不简单地喝点水?"

古书上说:"在古代要把他的明德显明于天下的,先得治他的国;要治他的国的,先得齐他的家;要齐他的家的,先得修他的身;要修他的身的,先得正他的心;要正他的心的,先得诚他的意。"这样看来古代的所谓正心诚意,是要用来有所作为的。如今要治他的心,去撇开天下国家,灭绝天理伦常,做了儿子而不把父亲当作父亲,做了臣而不把君当作君,做了民而不做他该做的事情。孔子作《春秋》,对诸侯用夷礼的就把他当作夷,能进而向中国看齐的就把他当作中国。经书上说:"夷狄就算有君,也不如诸夏无君。"《诗经》里说:"抗御戎狄,讨伐荆舒。"如今把夷狄之法,加到先王之教之上,怎能不一起都变成为夷呢?

这个所谓先王之教是什么?博爱就叫仁,实行仁而且做得合适就叫义,由此出发向前做下去就叫道,做得心安理得不需要外界给予什么就叫德。他的文献,是《诗》、《书》、《易》、《春秋》;它的法度，是礼、乐、刑、政；它的民，是士、农、工、贾；它的位分，是君臣、父子、师友、宾主、昆弟、夫妇；它安排穿的，是麻丝；它安排住的，是房屋；它安排吃的，是粟米果蔬鱼肉：它这种道明白好懂，而它这种教化也易于推行。因此把它用在自身，就既顺且祥；用在他人，就既爱且公；用在内心，就既和且平；用在天下国家，就没有任何地方会不适当。这样就使人们得到合理的生活，正常的死亡，郊祀则天神会降临，庙祭则祖先来享用。如果问："这种道，是什么道？"回答说："这就是我们所说的道，不是前面所说老和佛的道。"尧把它传给舜，舜把它传给禹，禹把它传给汤，汤把它传给文王、武王、周公，文王、武王、周公传给孔子，孔子传给孟轲。孟轲去世，没有人能传下去。荀况和扬雄，抉择得欠精当，阐说得欠详尽。从周公以上，都在上为君，所以他们的道通过政事来推行。从周公以下，都在下为臣，所以他们的道通过论说来见长。

这样该怎么办才可以？回答说："不堵塞就不能流通，不制止就不能推行。把信奉佛、老的都还俗为民，把他们的书都烧掉，把他们的寺观都改为民房，阐扬先王之道来引导他们。从而做到鳏寡孤独和残废痼疾的都能生活下去，这样也就差不多可以了。"

原　毁

　　这里的毁是谤毁,原毁,就是推原统治阶级成员为什么老是喜欢谤毁别人。文章先把"古之君子"和"今之君子"作对比,指出古今统治阶级成员在对待自己和对待别人上有截然不同的态度,"古之君子"对己严对人宽,"今之君子"对己宽对人严。然后指出"今之君子"之所以对人严,根源在于"怠"和"忌"。既注意逻辑,又讲究修辞,层次分明,而生动可读,是古文中论说体的佳作。文章最后希望执政者采纳他的看法,以纠正这种喜欢谤毁的坏现象,但这在封建社会里是很难办到的,因为拉帮结派、勾心斗角正是封建统治阶级惯用的手法。只有在今天的新社会里,才有可能把这类封建遗毒逐一清除。

古之君子①,其责己也重以周②,其待人也轻以约③。重以周,故不怠;轻以约,故人乐为善。闻古之人有舜者,其为人也,仁

---

①君子:这个词最初出现时本指统治阶级成员,和被统治的"小人"对称,后来演变成有德者称"君子",无德者称"小人"。这里的"君子"仍是古老的用法,指统治阶级成员。
②责:这里作要求讲。重:这里作严格讲。周:周到,全面。
③轻:这里作"宽"讲。约:简易,不苛求。

义人也。求其所以为舜者，责于己曰："彼人也，予人也。彼能是，而我乃不能是?"早夜以思，去其不如舜者，就其如舜者。闻古之人有周公者，其为人也，多才与艺人也。求其所以为周公者，责于己曰："彼人也，予人也，彼能是，而我乃不能是?"早夜以思，去其不如周公者，就其如周公者。舜，大圣人也，后世无及焉;周公，大圣人也，后世无及焉。是人也，乃曰："不如舜，不如周公，吾之病也。"是不亦贵于身者重以周乎? 其于人也，曰："彼人也，能有是，是足为良人矣。""能善是，是足为艺人矣。"取其一不责其二，即其新不究其旧，恐恐然惟惧其人之不得为善之利①。一善易修也，一艺易能也。其于人也，乃曰："能有是，是亦足矣。"曰："能善是，是亦足矣。"不亦待于人者轻以约乎②?

　　今之君子则不然，其责人也详③，其待己也廉④。详，故人难于为善;廉，故自取也少。己有未善，曰："我善是，是亦足矣。"己有未能，曰："我能是，是亦足矣。"外以欺于人，内以欺于心，未少有得而止矣，不亦待其身者已廉乎⑤? 其于人也，曰："彼虽能是，其人不足称也。""彼虽善是，其用不足称也。"举其一不计其十，究其旧不图其新，恐恐然惟惧其人之有闻也⑥。是不亦责于人者已详乎? 夫是之谓不以圣人待其身⑦，而以圣人望于人。吾未见其尊己也⑧。

①恐恐然:谨慎小心的样子。
②以上是第一段，讲"古之君子"如何对己严对人宽。
③详:这里作苛细讲。
④廉:少。这里可作放松讲。
⑤已:太。
⑥闻:名声。
⑦圣人:原误作"众人"，今径改正。
⑧以上是第二段，讲"今之君子"如何对己宽对人严。

　　虽然,为是者有本有原,怠与忌之谓也。怠者不能修①,而忌者畏人修。吾常试之矣。尝试语于众曰:"某良士,某良士。"其应者,必其人之与也②;不然,则其所疏远不与同其利者也;不然,则其畏也。不若是,强者必怒于言,懦者必怒于色矣。又尝语于众曰:"某非良士,某非良士。"其不应者,必其人之与也;不然,则其所疏远不与同其利者也;不然,则其畏也。不若是,强者必说于言③,懦者必说于色矣。是故事修而谤兴,德高而毁来。呜呼,士之处此世,而望名誉之光,道德之行,难已④!

　　将有作于上者⑤,得吾说而存之,其国家可几而理欤⑥!

【翻译】

　　古时候的君子,要求自己既严格且全面,对待别人既宽厚且不苛求。既严格且全面,就不会懈怠;既宽厚且不苛求,就使别人乐于干好事。听到古人中有位叫舜的,他这个人,是有仁义的人。于是寻求他所以能成为舜的地方,用来要求自己说:"他是个人,我也是个人。他能这样,我就不能这样?"早晚思索,把不如舜的地方去掉,向舜努力接近。听到古人中有位叫周公的,他这个人,是多才多艺的人。于是寻求他所以能成为周公的地方,用来要求

---

①修:这里作上进、提高讲。

②与:党与,关系好的人。

③说(yuè 越):通"悦"。下面"说于色"的"说"也是同样的音义。

④以上是第三段,指出"今之君子"对人严的根源。

⑤将有作于上者:"上"是指上边,"将有作"是说准备有所作为,这是指当时身居朝廷之上的执政者即宰相而言。

⑥几:近乎,差不多。理:治,唐人因为要避高宗李治的御讳,通常用"理"字来代替"治"字。以上最后一段,希望本人所说的为执政者采纳。

自己说:"他是个人,我也是个人。他能这样,我就不能这样?"早晚思索,把不如周公的地方去掉,向周公努力接近。舜,是大圣人,后世是无人能赶得上的;周公,是大圣人,后世是无人能赶得上的。而这位君子,却说:"不如舜,不如周公,是我的缺憾。"这岂非要求自己既严格又全面吗? 他对待别人,说:"这个人啊,能有这样,就够得上是好人了。""能擅长这个,就够得上是有技艺的人了。"肯定别人的一点而不要求第二点,考虑别人当前的表现而不追究既往,谨慎小心地只怕这个人做了好事得不到好处。一件好事是容易做的,一项技艺是容易会的。这位君子对待别人,却说:"能有这样,就够了。"说:"能擅长这个,就够了。"这岂非对待别人既宽厚且不苛求吗?

现在的君子却不这样,他要求别人很苛细,他对待自己很放松。对人苛细,就使别人难于做好事;对己放松,就使自己很少得益。自己有所不擅长,说:"我擅长这个,这就够了。"自己有所不能够,说:"我能有这样,这就够了。"对外用来欺骗别人,对内用来欺骗自己,没有一点得益就自满自足,岂非对待自己太放松吗?他对待别人,说:"此人尽管能这样,为人可不足称道。""此人尽管擅长这个,作用可不足称道。"抓住别人的一分而不管十分,追究别人的既往而不看当前的表现,惶惶不安地只怕这个人有了好名声,岂非要求别人太苛细吗? 这样做就叫不用圣人标准来要求自己,而用圣人的标准来要求别人。我看不出这是真正尊重自己。

虽然如此,现在的君子这么做还是有其根源的,这就是懈怠和妒忌。懈怠的人不能上进,而妒忌的人怕别人上进。这我经常做试验的。我曾试着对大家说:"某人是好人,某人是好人。"其中应声附和的,一定是这个人的党与;要不,就是这个人所疏远而无利害关系的;要不,这个人是他们所畏惧的。不是这几种人,那厉害的一定会说出愤怒的话,懦弱的一定会显示出愤怒的脸色。我又曾试对大家说:"某人不是好人,某人不是好人。"其中不应声附和的,一定是这个人的党与;要不,就是这个人所疏远而无利害关系的;要不,这个人是他们所畏惧的。不是这几种人,那厉害的一定会说出高兴的话,懦弱的一定会显示出高兴的脸色。因此事情做好诽谤就随之而生,德行高超诋毁也随之而来。唉,士人处在这样的环境里,要指望名誉显扬,道德施行,可难极了!

　　身居朝廷之上准备有所作为的人,听了我所讲的而有所采纳,那国家就差不多可以治理好了吧!

杂说四

　　韩愈的集子里有四篇《杂说》，最有名、最为后世所传诵的就是这讲伯乐和千里马的第四篇。有人推测，德宗贞元十一年(795)韩愈二十八岁时三次上书宰相，希望得到提拔进用，结果得不到答复，失望地回老家河阳，同时写了这篇文章以表示感慨。这很有可能。文章借伯乐来譬喻能识拔人材的宰相，借千里马来譬喻人材，用简洁的文字，把应该识拔和使用人材的道理讲得很清楚，这不仅在封建社会里是难能可贵的言论，即使到今天在用人问题上也大可借鉴。

　　世有伯乐①，然后有千里马。千里马常有，而伯乐不常有。故虽有名马，祇辱于奴隶人之手②，骈死于槽枥之间③，不以千里称也④。

①伯乐：战国时人们心目中最擅长相马、养马的人，传说他是春秋时秦国人，姓孙名阳，字伯乐。
②祇(zhī 支)：适足以。奴隶人：指从事饲养和驾驭马匹的人，当时认为这类工作是下贱的，所以把干的人贬称为"奴隶人"，这"奴隶"并非奴隶阶级的奴隶。
③骈(pián)：比，排着，接连。槽：盛饲料的东西。枥(lì 历)：马厩(jiù 救)，马的食宿处。
④以上是第一段，讲千里马虽常有，不被伯乐发觉便会困辱老死。

马之千里者，一食或尽粟一石①。食马者不知其能千里而食也②，是马也，虽有千里之能，食不饱，力不足，才美不外见，且欲与常马等不可得，安求其能千里也③？

策之不以其道④，食之不能尽其材，鸣之而不能通其意，执策而临之曰："天下无马！"呜呼！其真无马邪⑤？其真不知马也⑥？

【翻译】

世上有了伯乐，然后才会出现千里马。千里马是常有的，只是伯乐不常有。因此虽然有了出色的马，却只能困辱在奴隶人的手里，一个接一个地死在食槽边马厩里，得不到千里马的称号。

马中能够日行千里的，一顿可能要吃掉一石粮食。饲养马的不知道它能日行千里而把它喂够，这样的马，纵使有日行千里的本领，由于吃不饱，气力不足，才能特长显露不出来，要求和寻常的马一样都办不到，怎能叫它日行千里呢？

驾驭它不用正当的方法，饲养它不能满足它的需要，它在嘶叫又不能领会它的意思，却拿着马鞭对着它说："天下没有千里马！"唉！是真没有马吗？还是真的不识马啊？

---

① 石：容量单位，十斗为一石。
② 食（sì 四）马：这个"食"通"饲"。"食马"就是饲马，下文的"食之"也就是饲之。
③ 以上是第二段，讲千里马饲养不好也不能发挥作用。
④ 策：马鞭。这里是动词，作鞭策、驾驭讲。
⑤ 邪（yé 爷）：通"耶"。
⑥ 也：通"邪"、"耶"。以上最后一段，对埋没千里马也就是埋没人材者作进一层批判。

画 记

　　这是德宗贞元十一年(795)韩愈二十八岁时从京城长安回到老家河阳后所作。在上一年他得到了一卷人物小画的摹本,这时遇到姓赵的原临摹者,就把画卷割爱送还给人家,自己写了这篇《画记》以自慰。画卷原本是把若干小幅画联缀起来的,这篇《画记》综合记述其中描绘的人、马匹和其他动物、车辆、兵器、用器、游戏器具,除逐一统计数字外,对构成故事主体的人物、马匹,还分别讲说其各种不同的姿态。文句简洁而形象生动,使人们读起来不致产生流水账的感觉。这就是韩文高超胜人之处。

　　杂古今人物小画共一卷①。

　　骑而立者五人,骑而被甲载兵立者十人②,一人骑执大旗前立,骑而被甲载兵行且下牵者十人,骑且负者二人,骑执器者二人,骑拥

---

①杂古今人物小画共一卷:古人物和今人物是不能画在一幅画里的,说明这是根据若干独立的小画合摹成卷的,所以前面用了个"杂"字。这一句开门见山地说明画卷的性质,下面再分别记述其内容,所以虽仅一句,也已构成一个段落。

②被(pī批):披。甲:铠甲。载:负荷。兵:兵器。

田犬者一人①,骑而牵者二人,骑而驱者三人②,执羁靮立者二人③,骑而下倚马臂隼而立者一人④,骑而驱涉者二人⑤,徒而驱牧者二人⑥,坐而指使者一人,甲胄手弓矢、铁钺植者七人⑦,甲胄执帜植者十人⑧,负者七人,偃寝休者二人⑨,甲胄坐睡者一人,方涉者一人,坐而脱足者一人⑩,寒附火者一人⑪,杂执器物役者八人,奉壶矢者一人⑫,舍而具食者十有一人⑬,挹且注者四人⑭,牛牵者二人⑮,驴驱者四人,一人仗而负者,妇人以孺子载而可见者六人,载而上下者三人,孺子戏者九人。凡人之事三十有二⑯,为人大

---

① 田犬:"田"同"畋"(tián 甜),打猎。田犬就是猎犬。

② 驱:鞭牲畜前进。

③ 羁(jī 基):马络头。靮(dí 敌):马缰绳。

④ 隼(sǔn 笋):也叫鹘(hú 胡),性凶猛,喜捕捉鸟类和其他动物,古人养了用来打猎。臂隼:手臂上架着隼,出猎时的姿态。

⑤ 涉:渡水。

⑥ 徒:步行。驱牧:赶着牲畜吃水草。

⑦ 胄(zhòu 宙):头盔。甲胄:这里都是动词,指披戴甲胄。铁(fǔ 甫):通"斧"。钺(yuè 阅):大斧。植:树立,这里指握着铁钺等兵器的长柄直立在地上。

⑧ 帜(zhì 至):旗帜。

⑨ 偃(yǎn 眼):本是仰卧,也通用为卧、躺倒。

⑩ 脱足:脱去鞋袜。

⑪ 附:靠近。附火:向火,烤火。

⑫ 奉:同"捧"。壶、矢:古代有一种游戏叫"投壶",用矢即箭投入盛酒的壶,以投中多少决胜负,负者罚饮酒。这里的壶矢都是"投壶"所用。

⑬ 舍:停下来休息。具食:准备食物,做饭。

⑭ 挹(yì 邑):舀、酌,盛取。注:灌入。

⑮ 牛牵:倒装语法,就是牵着牛的意思,下面的"驴驱"也是同样的倒装语法。

⑯ 人之事:人的各种姿态。

小百二十有三,而莫有同者焉①。

　　马大者九匹。于马之中,又有上者,下者,行者,牵者,涉者,陆者②,翘者③,顾者④,鸣者,寝者,讹者⑤,立者,人立者,龁者⑥,饮者,溲者⑦,陟者⑧,降者⑨,痒磨树者,嘘者⑩,嗅者,喜相戏者,怒相踶齧者⑪,秣者⑫,骑者,骤者⑬,走者,载服物者⑭,载狐、兔者。凡马之事二十有七,为马大小八十有三,而莫有同者焉⑮。

　　牛大小十一头。橐驼三头⑯。驴如橐驼之数而加其一焉。隼一。犬、羊、狐、兔、麋、鹿共三十⑰。旃车三两⑱。杂兵器、弓

---

①以上是第二段,记述画卷上的人。

②陆:通"踛"(lù 陆),跳跃。

③翘:抬起脚。

④顾:看,回头看。

⑤讹(é 俄):通"吪",动。

⑥龁(hé 核):咬,吃草。

⑦溲(sōu 搜):便溺。

⑧陟(zhì 至):向高处升登。

⑨降(jiàng 匠):从高处下来。

⑩嘘(xū 需):吐气。

⑪踶(dì 帝):用蹄踢。齧(niè 聂):咬。

⑫秣(mò 末):饲料,这里是动词,吃饲料。

⑬骤(zhòu 宙):马奔驰。

⑭服物:用的东西,包括衣服之类在内。

⑮以上是第三段,记述画卷上的马。

⑯橐(tuó 驼)驼:骆驼。

⑰麋(mí 迷):也称麋鹿,四不象,鹿科的一种。

⑱旃(zhān 毡)车:旃是纯赤色的曲柄旗,旃车是插有这种曲柄旗的车子。

　　两:通"辆",一车有两轮,所以一车叫一两。

矢、旌旗、刀剑、矛楯、弓服、矢房、甲胄之属①，瓶盂、籑笠、筐筥、锜釜饮食服用之器②，壶矢、博弈之具③，二百五十有一。皆曲极其妙④。

贞元甲戌年⑤，余在京师⑥，甚无事。同居有独孤生申叔者⑦，始得此画，而与余弹棋⑧，余幸胜而获焉⑨。意甚惜之，以为非一工人之所能运思，盖蒙集众工人之所长耳⑩，虽百金不愿易也⑪。明年出京师，至河阳，与二三客论画品格，因出而观之。座

---

① 杂兵器：下面弓矢、刀剑、矛楯以外的兵器，前面说过的铁钺之类。楯：同"盾"，防刀、箭用的盾。弓服：装弓的套子。矢房：装箭的筒子。

② 盂(yú 余)：盛食物或水浆的圆口器皿。籑(dēng 登)：古代大而有柄的防雨工具，即后世的雨伞。笠(lì 立)：戴在头上无柄的防雨工具。筐(kuāng 匡)：竹编的方形盛物器。筥(jǔ 举)：竹编的圆形盛物器。锜(qí 其)：三足的炊具。釜(fǔ 斧)：无足的炊具，有的有两耳。

③ 博：古代的博戏，也叫六博，共十二棋，六白六黑，博局分十二道，两头当中为"水"，放"鱼"两枚，博时先掷采，后行棋，棋行到处，则入"水"食"鱼"，食一"鱼"得两筹，得筹多者为胜。弈：下围棋。

④ 以上是第四段，记述画卷上其他动物、车辆、兵器、用器、游戏器具。

⑤ 贞元甲戌年：贞元十年(794)。

⑥ 京师：京城，这里是指唐的西京长安。

⑦ 独孤生申叔：独孤是姓，生是"先生"的省称，申叔是名，他贞元十八年(802)二十六岁时就去世，韩愈曾写过一篇《独孤申叔哀辞》。

⑧ 弹(tán 谈)棋：古代的一种游戏，久已失传，现只知在唐代弹棋是用二十四棋，棋局方二尺，中心高出像覆盂，其他已弄不清楚。

⑨ 胜而获焉：当时博戏、弈棋、弹棋等游戏都流行拿出东西赌胜负，胜者可以获得败者押赌的东西。

⑩ 蒙：同"丛"。蒙集：聚集。

⑪ 百金：古代曾称一斤黄金为"一金"，这里的"百金"只是重金的意思，并非真指一百斤黄金，因为在唐代黄金并非流通的货币。

有赵侍御者①，君子人也②，见之戚然若有感然③，少而进曰④："噫！余之手摸也⑤，亡之且二十年矣。余少时常有志乎兹事⑥，得国本⑦，绝人事而摸得之，游闽中而丧焉⑧。居闲处独，时往来余怀也，以其始为之劳而夙好之笃也⑨。今虽遇之，力不能为已，且命工人存其大都焉⑩！"余既甚爱之，又感赵君之事，因以赠之，而记其人物之形状与数，而时观之以自释焉⑪。

【翻译】

古今人物小画合成一卷。

画上骑马站定的五人，骑马披甲负荷兵器而站定的十人，骑马执大旗在前面站定的一人，骑马披甲负荷兵器前进并下来牵马的十人，骑马并背负东西的二人，骑马并拿着东西的二人，骑马带着猎犬的一人，骑马并牵着的二人，骑马并加鞭前进的三人，手拿

---

① 侍御：侍御史的简称。唐代御史台里有从六品上阶的侍御史四员，从七品下阶的殿中侍御史六员，正八品上阶的监察御史十员，都是台里的主要官员。

② 君子人："君子"在这里是有德者之称，"君子人"即正经人的意思。

③ 戚：忧伤。

④ 少：稍过一会。进：这里是向前的意思。

⑤ 摸(mó 魔)：同"摹"，照原样临摹。

⑥ 常：在这里通"尝"。

⑦ 国本：在国内技艺头等的叫"国工"，国工所绘的画本叫"国本"。

⑧ 闽中：秦在今福建包括浙江南部地区设置闽中郡，所以后来通称今福建为闽或闽中。

⑨ 夙(sù 速)好：一向所喜爱。

⑩ 大都：大概。

⑪ 释：放开，宽慰。以上最后一段，讲清楚画卷的来历和写这篇画记的目的。

马络头、马缰绳站立的二人，从马上下来靠着马、手臂上架着隼站立的一人，骑马加鞭渡水的二人，步行赶着牲畜吃水草的二人，坐着指挥使令的一人，披戴甲胄手持弓矢、树着铁钺的七人，披戴甲胄手竖旗帜的十人，背负东西的七人，躺倒休息的二人，披戴甲胄坐着睡觉的一人，正在步行渡水的一人，坐着脱去鞋袜的一人，寒冷向火的一人，拿着各种东西在服役的八人，捧着壶矢的一人，停下来做饭的十一人，舀取并灌注的四人，牵牛的二人，鞭驴前进的四人，撑着杖背着东西的一人，妇女负荷着小孩可以看得出的六人，负荷着小孩登上走下的三人，小孩在玩耍的九人。总起来人的姿态有三十二种，大人、小孩有一百二十三人，而没有相同的。

马大的九匹。马的中间，又有上去的，下来的，走的，牵的，渡水的，跳跃的，抬起脚的，回头看的，叫的，睡的，动的，立的，像人那样站立起来的，吃草的，饮水的，便溺的，向高处升登的，从高处下来的，发痒在树上磨擦的，吐气的，闻东西的，高兴而互相戏弄的，发怒而互相踢咬的，吃饲料的，被骑着的，奔驰的，慢走的，负荷着衣服、物品的，负荷着狐、兔的。总起来马的姿态有二十七种，大马小马有八十三匹，而没有相同的。

牛大小十一头。橐驼三头。驴比橐驼还多一头。隼一只。犬、羊、狐、兔、麋、鹿共三十头。旃车三辆。杂兵器、弓矢、旌旗、刀剑、矛楯、弓服、矢房、甲胄之类，以及瓶盂、簦笠、筐筥、锜釜等饮食服用的器具，和壶矢、博弈等器具，总共二百五十一种。都画得极其工妙。

贞元甲戌年，我在京城里，很没有事情可干。同住的有位独孤先生叫申叔的，当初得到这个画卷，用来和我弹棋赌胜，我侥幸胜利而得到了它。心里对它十分爱惜，认为这绝非一个画工所能构思，应是聚集了许多画工的专长，即使人家出百金高价也不愿意出让。第二年我离开京城,到了河阳,和几位客人谈论画的品格,便拿出这个画卷来观赏。在座有位赵侍御,是个正经人,看了很忧伤地像有所感触,稍过一会向前说道:"唉! 这是我亲手临摹的,失掉将近二十年了。我年轻时曾对此下过功夫,得到国工的画本,摈绝一切干扰才把它临摹下来,出游闽中时丢失了。一个人空闲时,常常想念到它,因为当初花过一番辛劳而且一向极为喜爱。如今虽重新见到,精力已不够再来临摹了,姑且叫画工画下个大概吧!"我对此既很喜爱,又为赵君的事情所感动,于是送还给他,同时记下画上的人物形状和数字,以便时常观看使自己得到宽慰。

圬者王承福传①

在封建社会里,传记通常是给统治阶级成员写的。韩愈能够打破成规,主动给一位从事体力劳动的工匠王承福写传记,这就很不容易。工匠不像统治阶级成员有所谓丰功伟绩可写,韩愈是写这位工匠的人生观。韩愈肯定这位工匠自食其力以服务于社会的观点,称他是"贤者",贤于不肯出力而贪图富贵以丧其身者,同时也指出他"为人也过少"的缺点。这些在今天看来仍大体是正确的。至于文章中流露点"用力者使于人,用心者使人"之类维护封建秩序的思想,对韩愈这种旧时代文人说来本是难于避免,倒不必多所责备。这篇文章据推测可能是德宗贞元十七年(801)韩愈离开汴州到京城长安后写的,这年韩愈三十四岁。

圬之为技,贱且劳者也。有业之,其色若自得者。听其言,约而尽②。

---

①圬(wū 乌):涂墙的工具,作动词用就是涂墙。圬者:泥水工匠。
②约:简单。以上是第一段,提出有这样一位乐于其业的圬者,而且有关于人生观的言论。

　　问之①,王其姓,承福其名。世为京兆长安农夫②。天宝之乱③,发人为兵④,持弓矢十三年。有官勋⑤,弃之来归,丧其土田,手镘衣食⑥,馀三十年。舍于市之主人⑦,而归其屋食之当焉⑧。视时屋食之贵贱,而上下其圬之佣以偿之⑨,有馀,则以与道路之废疾饿者焉⑩。

　　又曰:粟,稼而生者也⑪;若布与帛⑫,必蚕绩而后成者也⑬;

----

① 问之:韩愈问这位圬者,下面都是圬者的回答。
② 京兆长安农夫:唐代以西京为中心包括周围二十多个县设置京兆府,以京兆尹为长官,在京城以中轴线朱雀街为界,东部包括郊区是万年县,西部包括郊区是长安县,"京兆长安农夫"就是京兆府长安县郊区的农民。至于称西京京城为长安城,则是沿袭汉代长安城的习惯称呼。
③ 天宝之乱:天宝是唐玄宗的年号,天宝十四载(755)十一月范阳、平卢、河东三镇节度使安禄山叛乱,安禄山父子、史思明父子先后为叛军首脑,到代宗广德元年(763)才平定,通称"安史之乱"。
④ 人:本应作"民",唐人避太宗李世民的御讳改用"人"字。
⑤ 官勋:唐代有职事官、爵、散官、勋官四种,后三种都是优待性、荣誉性的而并无实职。这里的官指职事官或散官,勋指勋官,但安史乱起后军队里所授官勋已太多太滥,除掉掌握实权的职事官和临时任命的使职等外,单有空头官勋已不起作用,等于失业。
⑥ 镘(màn 慢):涂墙的工具,现在俗称为"瓦刀"。
⑦ 市:长安城里有东市、西市,是法定的商业区。主人:供应食宿以收费取利的人,这"主"是和"客"、"宾"相对称的"主",不是"主"、"奴"相对称的"主"。
⑧ 屋食之当:"当"是相当,"屋食之当"就是相当的房饭钱。
⑨ 上下:抬高或抑低,增加或减少。佣:本意是受人雇用,这里指雇用的工钱。
⑩ 以上是第二段,记圬者王承福自述经历和现状。
⑪ 稼:播种谷物。
⑫ 帛(bó 驳):丝织物的总称,在唐代一般指绢,绢帛当时不仅是衣料,同时还可以代替货币使用。
⑬ 蚕:这里是动词,养蚕,缲了蚕丝可以织帛。绩:缉麻线,用来织布,当时的布一般都是麻布。

其他所以养生之具,皆待人力而后完也①;吾皆赖之。然人不可遍为,宜乎各致其能以相生也。故君者,理我所以生者也②;而百官者,承君之化者也。任有小大,惟其所能,若器皿焉。食焉而怠其事,必有天殃③,故吾不敢一日舍镘以嬉。夫镘易能,可力焉,又诚有功,取其直,虽劳无愧,吾心安焉。夫力易强而有功也,心难强而有智也,用力者使于人,用心者使人④,亦其宜也。吾特择其易为而无愧者取焉。嘻⑤! 吾操镘以入富贵之家有年矣⑥。有一至者焉,又往过之,则为墟矣⑦。有再至三至者焉,而往过之,则为墟矣。问之其邻,或曰:"噫! 刑戮也⑧。"或曰:"身既死,而其子孙不能有也。"或曰:"死而归之官也。"吾以是观之,非所谓食焉怠其事,而得天殃者邪? 非强心以智而不足,不择其才之称否而冒之者邪⑨? 非多行可愧,知其不可而强为之者邪? 将贵富难守,薄功而厚飨之者邪? 抑丰悴有时⑩,一去一来,而不可常者邪? 吾之心悯焉,是故择其力之可能者行焉。乐富贵而悲贫贱,我岂异于人哉⑪?

———————————

①完:做成。

②理:本应作"治",唐人避高宗李治御讳改用"理"字。

③天殃:这"天"是天理,"天殃"是理当受灾殃,并非说天老爷降下灾殃。

④用力者使于人,用心者使人:这话是从《孟子·滕文公上》所说"劳心者治人,劳力者治于人"套来的,二者是一个意思。

⑤嘻(xī 西):感叹词。

⑥富贵:"富"是财多,"贵"是地位显赫,官大。

⑦墟(xū 需):废墟。

⑧戮(lù 路):杀死。

⑨冒:冒进,硬要去干。

⑩丰:丰满,这里作昌盛讲。悴(cuì 萃):憔悴,这里作衰落讲。

⑪以上是第三段,记王承福自述他为什么甘愿做个圬者。

又曰：功大者，其所以自奉也博①。妻与子皆养于我者也，吾能薄而功小，不有之可也。又吾所谓劳力者，若立吾家而力不足，则心又劳也②，一身而二任焉③，虽圣者不可能也④。

愈始闻而惑之⑤，又从而思之，盖贤者也⑥？盖所谓“独善其身”者也⑦？然吾有讥焉⑧，谓其自为也过多，其为人也过少，其学杨朱之道者邪？杨之道，不肯拔我一毛而利天下。而夫人以有家为劳心，不肯一动其心以畜其妻子，其肯劳其心以为人乎哉？虽然，其贤于世之患不得之而患失之者，以济其生之欲、贪邪而亡道以丧其身者⑨，其亦远矣！又其言有可以警余者，故余为之传，而自鉴焉⑩。

【翻译】

圬作为一种技艺，是卑贱且辛劳的。可有以此为业，却流露出满足的神色的人。叫他讲其中的道理，则既简单又透彻。

我问他，他说自己姓王，名承福。世代是京兆府长安县的农

---

①奉：供养，供给。博：众多。

②心又劳：这里指操心，不是和“劳力”相对的那种“劳心”。

③二任：指既劳力又操心。

④圣者：指神通广大的人，不是一般所说的“圣人”。以上是第四段，记王承福自述他为什么不娶妻生子。

⑤惑：困惑，难于理解。

⑥盖：大概。

⑦独善其身：这句话见于《孟子·尽心》，所以前面加上“所谓”。

⑧讥：这里作批评讲。

⑨亡(wú 吴)：通“无”。

⑩鉴：本是古代的一种青铜器，盛了水可以当镜子照脸，因而借他人的事情来使自己受教益，也就叫“鉴”或“借鉴”。

民。天宝之乱,政府征发百姓当兵,拿了十三年弓箭。已获得官勋,抛弃掉回归家乡,失去了土地,就拿起镘来谋衣食,这样又过了三十年。平时住在市里供应食宿的人家,而付给相当的房饭钱。房饭钱有时贵有时便宜,也就抬高或减少自己的工钱用来偿付,有剩余,就送给路上的残废人、病人和没有饭吃的。

他又说:粟,要播种才能生长;布和帛,必须养蚕、绩麻才能织成;其他维持生活的东西,都得靠人力才能做出来:这些都是我所赖以养命的。但作为个人不能什么都去干,应该各尽其能以互相帮助来图生存。所以做君主的,是治理我使我得以生存的;而百官,是奉行君主的教化的。所承担的工作有大有小,看你的能力来决定,就像各式器皿各有它的用途一样。如果吃了饭而不做好承担的工作,必然会有天殃,这就是我之所以一天也不敢放下镘来游散的缘故。用镘是容易学会的,是可以凭气力做到的,而又真有功用,这样来换取工钱,虽然辛劳点也无所惭愧,能让自己心安。力易于强求出、并使它见功效,心就难于强求用、以使它出智慧,因此用力的被人驱使,用心的驱使别人,这也是应该的。我只是选择那容易做而又无所惭愧的职业来取得工钱。嘻!我拿了镘进入富贵人家已有多年了。有的到过一次,再经过,已成为废墟了。有的到过二次三次,再经过,已成为废墟了。问邻居,有的说:“唉!遭刑狱被处死了。”有的说:“本人已死,他的子孙没有能力保有了。”有的说:“死后被官府没收了。”我从这些结局来看,岂非前面所说的吃了饭不做好承担的工作,而招致天殃吗?岂非强求用心使出智慧而智慧又不足,不考虑和自己才能是否相称而硬要去干的吗?岂非多干有愧的事情,明知不对还硬要去做吗?这是富贵难于保持,功劳少而享用得太多呢,还是盛衰都有一定的时机,一去一来,而无法长期不变呢?对此我心里很伤感,因此自己选择力所能及的事情来做。其实就懂得富贵可乐、贫贱可悲这点来说，我难道和别人家有什么不同吗？

他又说：功劳大的，用来供养自己的东西才能多。妻和子都得靠我养活，我能力薄功劳小，没有妻、子也就算了。再加上我是所说的劳力者，如果要成家而力量不足，就又得操心，一个人同时承担两项任务，即使神通再广大也办不到。

我听了他的话起初还不很理解，再进而想一想，这大概是位贤者吧？大概是所谓"独善其身"的人吧？但我仍对他有点批评，认为他为自己太多，为别人太少，这难道是学了杨朱的学说吗？杨朱的学说，是连拔去自己的一根毫毛来使天下得利都不愿意。而这一位把有家当作操心事，不能操点心来养活妻、子，难道愿意操了心来为别人吗？但尽管如此，他比世上那种唯恐得不到又唯恐丢失掉的人，比那种为了满足生活上的欲望以致贪邪无道而遭杀身之祸的人，又好到不知哪里去了！加之他所说的颇有可以警醒我的地方，所以我给他写了这个传，用来作为自己的鉴戒。

送李愿归盘谷序^①

　　魏晋南北朝人在名胜地方宴会时往往做诗,把大家做的诗抄在一起,前面要写篇序。到了唐代,送别朋友举行宴会时更喜欢做诗写序。再发展下去,又有并不做诗、先写篇序来送朋友的,就成为古文中的一种特殊体制,叫作"赠序"。韩愈这篇《送李愿归盘谷序》,已经是赠序的体制,不过序后仍有诗歌,可说是诗序到赠序的过渡形式。据《韩集》旧注,是德宗贞元十七年(801)韩愈三十四岁时在京城长安所作。序里用主要篇幅借李愿之口描绘了封建统治阶级成员的三种生活方式,一种是已成为当权派的骄奢淫佚,一种是想成为当权派的趋奉奔走,用来衬托出再一种甘于隐居者的清高自守。当然,今天看来,清高自守如李愿者仍是过的地主剥削生活,但和前两种人的贪鄙恶浊毕竟有所区别。在文字上,李愿的话里夹杂进若干骈句,但仍不失古文气息,是韩文中的变格。

---

①李愿:这"愿"字是谨慎老实的意思,并非"願"字所简化。这李愿是韩愈的朋友,生平事迹已不详。同时另有个叫李愿的是西平王李晟(shèng盛)的儿子,但此时正在京城里充当军官,不可能远出隐居,而且无论在身份和思想上与文章里所说的也全不相合。盘谷:山谷的名称,在今河南济源。

太行之阳有盘谷①。盘谷之间,泉甘而土肥,草木丛茂,居民
鲜少。或曰:"谓其环两山之间,故曰'盘'。"或曰:"是谷也,宅幽
而势阻②,隐者之所盘旋③。"友人李愿居之④。

愿之言曰:"人之称大丈夫者,我知之矣,利泽施于人⑤,名声
昭于时。坐于庙朝⑥,进退百官,而佐天子出令。其在外,则树旗
旄⑦,罗弓矢,武夫前呵⑧,从者塞途,供给之人,各执其物,夹道而
疾驰。喜有赏,怒有刑,才畯满前⑨,道古今而誉盛德,入耳而不烦。
曲眉丰颊⑩,清声而便体⑪,秀外而惠中,飘轻裾⑫,翳长袖⑬,粉白

①太行(háng杭):山名,在山西高原和河北平原之间。阳:古人以山南为阳,
　山北为阴,水南为阴,水北为阳。
②宅:居处,位置。阻:险阻。
③盘旋:盘桓,留连不去。
④以上是第一段,用简洁的文字描写李愿所归隐的盘谷。
⑤利泽:利益恩泽。
⑥坐于庙朝:庙指帝王的宗庙,同时又是古代帝王发号施令的场所。朝是朝
　廷,帝王朝见群臣商议政事的场所。坐于庙朝,是指在朝廷上执政掌权,
　也就是指宰相。
⑦旄(máo毛):本是古代旗杆头上用旄牛尾所作的装饰,后来把有这种装饰的旗
　也称之为"旄"。
⑧前呵(hē喝):呵是大声呵叱。古代显贵官员出行时,有人在前"喝道",把路
　上的行人赶开,"前呵"就是在前喝道。
⑨畯(jùn俊):用在这里通"俊"。
⑩丰颊(jiá夹):颊是面颊,脸的两侧。唐代妇女以容颜丰满为美,所以这里称
　"丰颊"。
⑪便:敏捷,灵活。
⑫轻:这里指衣服质地轻软。裾(jū居):衣服的前后襟。
⑬翳(yì缢):遮蔽。

黛绿者①，列屋而闲居②，妒宠而负恃③，争妍而取怜④。大丈夫之
遇知于天子⑤，用力于当世之所为也。吾非恶此而逃之⑥，是有命
焉，不可幸而致也⑦。

　　"穷居而野处⑧，升高而望远，坐茂树以终日，濯清泉以自
洁⑨，采于山⑩，美可茹⑪，钓于水⑫，鲜可食，起居无时⑬，惟适之
安。与其有誉于前，孰若无毁于其后；与其有乐于身，孰若无忧于其
心。车服不维⑭，刀锯不加⑮，理乱不知⑯，黜陟不闻⑰。大丈夫不

---

①粉白黛绿：黛是妇女用来画眉的青黑色颜料，绿是青中带黄的颜色，因而可
　称"黛绿"。粉白黛绿就是指擦了粉、画了眉的美女。

②列屋：房子一间间排列着。

③负恃：负气不服。

④妍（yán言）：美。怜：爱。

⑤遇知：得到识拔。

⑥恶（wù误）：厌恶、憎恨。

⑦以上是第二段，通过李愿之口，描绘已成当权派的骄奢淫佚。

⑧穷：用在这里是"穷达"之"穷"，"达"是做上了官，"穷"是不做官。野处：指
　隐居。

⑨濯（zhuó浊）：洗涤。

⑩采于山：指采摘山里的植物蔬果。

⑪茹：吃。

⑫钓于水：指钓水里的鱼。

⑬起居：起在这里是起床，居是住下，"起居"就是作息。

⑭车服不维：古代按官的品级可以乘坐特用的车子，穿特制的朝服。"车服不
　维"就是不为高官厚禄所羁绊，"维"就是维系、羁绊的意思。

⑮刀锯不加：这里的"刀"和"锯"都指刑人的器械，刀用来斩首，锯用来断足。
　"刀锯不加"指不被刑戮。

⑯理：本应作"治"，唐人避高宗李治御讳而改用"理"字。

⑰黜（chù触）：贬官，免官。陟：升官。

遇于时者之所为也,我则行之①。

"伺候于公卿之门②,奔走于形势之途③,足将进而趑趄④,口将言而嗫嚅⑤,处秽污而不羞,触刑辟而诛戮⑥,侥幸于万一,老死而后止者,其于为人贤不肖何如也⑦"?

昌黎韩愈闻其言而壮之,与之酒而为之歌曰:"盘之中,维子之宫⑧。盘之土,可以稼。盘之泉,可濯可沿⑨。盘之阻,谁争子所? 窈而深⑩,廓其有容⑪。缭而曲⑫,如往而复⑬。嗟盘之乐兮⑭,乐且无殃。虎豹远迹兮,蛟龙遁藏⑮。鬼神守护兮⑯,呵禁不

---

① 以上是第三段,通过李愿之口,美化隐居者清高自守的可贵。

② 公卿:在汉代中央的大官有所谓"三公九卿",后来就用"公卿"来通称宰相等显贵官员。

③ 形势:这里指地位权势。

④ 趑趄(zī jū 资居):也作"赼(zī 资)趄",且前且退,犹豫不进的样子。

⑤ 嗫嚅(niè rú 聂如):将要说又顿住的样子。

⑥ 辟(bì 必):在这里作刑法讲。

⑦ 以上是第四段,它和第三段紧接,在第三段讲了隐居可贵之后,紧接着和这种欲求富贵而趋奉奔走者相比较,以见前者贤而后者不肖。

⑧ 子:古代对男子的美称。宫:在古代本是房屋的通称,到秦汉以来才作为帝王住所的专名,这里仍是通称作房屋讲。

⑨ 沿:顺着水道叫"沿",这里指在泉水边散步。

⑩ 窈(yǎo 咬):幽远。

⑪ 廓:空旷。其:这里作"而"字讲。

⑫ 缭(liáo 辽):回旋。

⑬ 复:回复,回来。

⑭ 嗟:用在这里作为叹美。乐(lè):乐趣。

⑮ 蛟龙:龙本是古人想象中的神化动物。蛟是龙的一种,但有些地方也指鳄或鼍(tuó 驼)而言,鼍即扬子鳄。

⑯ 鬼神守护:古人迷信,认为吉祥的地方有鬼神在守护着。

祥①。饮则食兮寿而康,无不足兮奚所望! 膏吾车兮秣吾马②,从子于盘兮,终吾生以徜徉③。"

【翻译】

太行山的南边有个盘谷。盘谷之中,山泉甘美而土壤肥沃,草木茂盛,居民稀少。有人说:"因为这个谷处在两山环绕之中,所以取名叫'盘'。"有人说:"这个谷,位置幽深而地势险阻,是隐居者所盘旋之处。"我的朋友李愿就在这里隐居。

李愿有这样的议论:"人们称之为大丈夫的,我已了解得很清楚。这就是要给人们利益恩泽,使自己的名誉声望显赫当世。这些人在朝廷上执政掌权,任免百官,以辅佐天子发布诏令。在外边,就得树起旗旄,摆开弓箭,士兵前驱呼喝,随从堵塞道路,供应伺候的人,各自拿着物品,在道路两侧奔驰。这些人高兴时会给人们奖赏,发怒时就给人们处罚,有才学有本事的人簇拥在身边,谈古说今来歌颂他的丰功伟绩,使他听得进去而不会厌烦。还有眉毛弯弯脸颊丰艳的美女,有着清脆的声音和灵巧的体态,外貌既秀丽内心又聪慧,飘动轻软的衣襟,遮起长长的衣袖,擦上香粉画上黛绿,闲养在一间间后房里,见到别人得宠妒忌不服,竞相用美色来获取怜爱。这些就是大丈夫受到天子识拔,在当世施展才能者的所作所为。我倒并非厌恶这些而想逃避,只是各人自有其

---

① 不祥:指不吉利的东西,如魑魅(chī mèi 痴妹)、魍魉(wǎng liǎng 网两)之类,当然这都是古人想象中的精怪,并非实有其物。

② 膏:油,这里是动词,指给车轴加油使之润滑。

③ 徜徉(cháng yáng 常羊):徘徊,盘旋。以上最后一段,是韩愈赠送李愿的诗歌,是用古体诗的形式,这样才和上文相称。

命运,想侥幸猎取也不可能。

　　"如果不做官而隐居,可以登高望远,坐到茂盛的树林里逍遥一整天,在清澈的泉水里可以把自己洗得很清洁,山上采到的,精美可餐,水里钓来的,新鲜可食,作息不必定时,但求舒适就很满足。与其当面得到赞誉,怎如背后无人诋毁;与其肉体得到安乐,怎如内心无所忧虑。不受高官厚禄的羁绊,没有刀锯刑戮的危险,天下治乱可以不知,贬降升迁可以不闻。这是大丈夫没有被当局识拔进用者所能做的,我就这么办。

　　"这比那种在宰相显贵的门前伺候,在地位权势的路上奔走,脚准备迈开又犹豫退缩,话准备讲出又嗫嚅不说,陷于污浊而不知羞耻,触犯刑律还要受到诛戮,这样来图侥幸于万一,直到老死才罢手的,在做人上哪个贤哪个不肖呢?"

　　昌黎韩愈听了这些话感到好豪壮,敬上酒并给他唱了首诗歌:"盘谷之中,是先生你的宫室。盘谷的土地,可以种植。盘谷的泉水,可以洗濯可以游息。盘谷是这么险阻,有谁来和先生争夺?既幽且深,又空旷可以容纳。既弯且曲,走进去好似在退出。真可欣羡啊盘谷的乐趣,既快乐又没有灾殃。虎豹跑得远远的,蛟龙也都逃避躲藏。鬼神防卫保护着,给驱逐魑魅魍魉。喝好吃好既长寿又健康,再没有什么不满足的更没有什么冀望!给我的车子加上油给我的马喂饱,好让我跟随先生去盘谷,一辈子就在这里盘旋徜徉。"

送孟东野序①

　　和上一篇《送李愿归盘谷序》不同,这已是和诗篇无关的赠序。孟郊比韩愈年长十七岁,是韩愈志同道合的好朋友。他在德宗贞元十二年(796)四十六岁时才中进士,贞元十八年(802)五十二岁时从长安到溧阳县去做县尉②。心里不痛快,于是韩愈写了这篇赠序来劝慰他,这年韩愈三十五岁。文章从"物不得其平则鸣"入手,从自然界说到历史上著名人物的善鸣,来肯定以诗鸣的孟郊的地位,最后归结到能否显达则系于天命,劝孟郊不必因为只做上县尉这样的小官就感到悲哀。这种讲法在当时还是有积极意义的,不必给扣上什么天命论的帽子。至于文章的气势则通篇旺盛,即使今天读起来也使人有所振奋,这是韩文的特长,非其他古文作家所易企及。

---

①孟东野(751—814):姓孟名郊,东野是他的字,武康(今浙江德清)人,擅长五言古诗,句法瘦硬,意境寒苦,有《孟东野诗集》传世。

②溧(lì 栗)阳县:今江苏溧阳。县尉:唐代县的长官叫令,县令的副职叫丞,以下有主簿和尉,都是辅佐的小官,唐代的县分等级,令、丞等官品也随之而有高下,溧阳是紧县,等级在畿县、上县之间,畿县尉二人,正九品下,上县尉二人,从九品上,溧阳县尉当也是从九品上,比最低的从九品下稍微高一点。

　　大凡物不得其平则鸣①。草木之无声,风挠之鸣。水之无声,风荡之鸣,其跃也或激之,其趋也或梗之②,其沸也或炙之③。金石之无声④,或击之鸣。人之于言也亦然,有不得已者而后言,其歌也有思,其哭也有怀,凡出乎口而为声者,其皆有弗平者乎⑤!

　　乐也者⑥,郁于中而泄于外者也⑦,择其善鸣者而假之鸣⑧。金、石、丝、竹、匏、土、革、木八者⑨,物之善鸣者也。维天之于时也亦然,择其善鸣者而假之鸣。是故以鸟鸣春,以雷鸣夏,以虫鸣秋,以风鸣冬,四时之相推夺⑩,其必有不得其平者乎⑪!

　　其于人也亦然,人声之精者为言,文辞之于言,又其精也,尤

――――――――――

① 物:万物,包括人和其他生物以及无生命的东西都可叫物。

② 梗(gěng耿):阻塞。

③ 炙(zhì制):烤。这里是烧的意思。

④ 金:金属,这里指金属铸成的乐器钟、镈(bó驳)。石:这里指用石制成的乐器磬。

⑤ 以上是第一段,提出“物不得其平则鸣”。

⑥ 乐(yuè越):音乐。

⑦ 郁于中:中指内心,郁于中是指情感郁结于内心。泄(xiè谢):发泄。

⑧ 假:假借,凭借。

⑨ 丝:这里指有丝弦的乐器琴、瑟。竹:指用竹制成的乐器箫、管。匏(páo袍):本是葫芦科植物,这里指用匏作为斗子的管簧乐器笙(shēng生)、竽(yú于)。土:指用陶土制成的乐器埙(xūn勋)。革:指用皮革制成的乐器鼓、鼗(táo桃)。木:指用木制成的乐器柷(zhù祝)、敔(yǔ语)。金、石、丝、竹、匏、土、革、木这八类主要古乐器所奏出的音乐叫“八音”。

⑩ 推夺:推移。

⑪ 以上是第二段,提出“善鸣”。

择其善鸣者而假之鸣。其在唐虞①，咎陶、禹其善鸣者也②，而假以鸣。夔弗能以文辞鸣③，又自假于韶以鸣④。夏之时，五子以其歌鸣⑤。伊尹鸣殷⑥。周公鸣周。凡载于《诗》、《书》六艺⑦，皆鸣之善者也。周之衰，孔子之徒鸣之，其声大而远，传曰："天将以夫子为木铎⑧。"其弗信矣乎？其末也，庄周以其荒唐之辞鸣⑨。

---

① 唐虞：唐是传说中尧的国号，所以尧也叫唐尧。虞是传说中舜的国号，所以舜也叫虞舜。古人常把唐虞连称。

② 咎陶（gāo yáo 高摇）：也写作皋陶（gāo yáo 高摇），传说中唐虞时的法官，《尚书》里有《皋陶谟》篇记载他的言论。禹：《尚书》里有《禹贡》篇记载他治水的事情，《伪古文尚书》里又有伪造的《大禹谟》篇记载他的言论，不过这《伪古文尚书》从东晋、南北朝以来都误认为是真的。

③ 夔（kuí 葵）：传说中唐虞时的乐官。

④ 韶（sháo 苕）：传说中虞舜的音乐，是夔所作。

⑤ 五子以其歌鸣：《伪古文尚书》里有《五子之歌》篇，说是夏启的儿子太康因贪游乐而失国，太康的五个弟弟作了鉴戒性的五首歌，这当然有后人伪造的，连究竟有没有这五子还是问题。

⑥ 伊尹：是商的贤相，辅佐汤灭掉夏桀，又辅佐过汤的孙子太甲，《伪古文尚书》里有《伊训》、《太甲》、《咸有一德》三篇，伪托伊尹所作。

⑦ 《诗》、《书》六艺：六艺，有两种说法，一种是礼、乐、射、御、书、数，再一种是《诗》、《书》、《礼》（《仪礼》）、《乐》、《易》、《春秋》，这里是指后者，《诗》、《书》六艺，就是《诗》、《书》等六艺的意思。

⑧ 天将以夫子为木铎：这句话见于《论语·八佾》，夫子指孔子，是人们称赞孔子的话。木铎：古代发布政令时要摇木铎来招引群众，这种木铎和今天的铃相似，用金属制成铃壳，里面的舌则用木制，所以叫木铎。这句话的意思是说孔子著书立说，起着像君主发布政令那样的巨大作用。

⑨ 庄周：就是庄子，战国时思想家，后人把他算作道家的一派，到魏晋时又把他和老子并称，称为老庄之学。现存的经西晋人郭象选注的《庄子》一书中，有若干篇确系庄子的著作。荒唐之辞：是《庄子·天下》里的话，荒唐是广大无边际的意思。

楚,大国也,其亡也,以屈原鸣①。臧孙辰、孟轲、荀卿②,以道鸣者也③。杨朱、墨翟、管夷吾、晏婴、老聃、申不害、韩非、慎到、田骈、邹衍、尸佼、孙武、张仪、苏秦之属④,皆以其术鸣。秦之兴,李斯鸣之⑤。汉之时,司马迁、相如、扬雄⑥,最其善鸣者也。其下魏、

---

①屈原:战国时楚国的大文学家,他的作品《离骚》、《九歌》等,都收入《楚辞》一书里。

②臧孙辰:即臧文仲,春秋时鲁国大夫,《左传》襄二十四年说他死后"其言立",他的言论见于《国语·鲁语》和《左传》里。孟轲:孟子,他的言论见于他弟子编写的《孟子》一书里。荀卿:荀子,他的言论见于《荀子》一书里,但有若干篇并非真是他写的。

③道:在这里就是《原道》中所说的道,即儒家之道。

④杨朱:东晋初张湛伪造的《列子》一书中有《杨朱》篇,但后人不知道是伪书。墨翟:他的言论保存在《墨子》一书里,但并非他亲自所写作。管夷吾:春秋前期齐国的大臣管仲,他的言行见于《左传》、《国语·齐语》和《管子》等书里,但《管子》本身只是战国时在齐国的各派学者的论著汇编,并非管仲自己所作。晏婴:春秋后期齐国的大臣,有《晏子春秋》一书记述他的言行,但也不是他自己所作。老聃(dān 耽):老子,相传老子字聃,《道德经》一书相传是他所作。申不害:战国时法家,有《申子》一书相传是他所作,早已失传。韩非:战国末法家,《韩非子》一书里有若干篇是他所作。慎到:战国时思想家,有《慎子》一书是他所作,已失传。田骈:战国时思想家,有《田子》一书相传是他所作,早已失传。邹衍:战国时阴阳家,其学说见于《史记·孟子荀卿列传》。尸佼(jiǎo 绞):战国时法家,有《尸子》一书相传是他所作,早已失传。孙武:相传是春秋时军事家,有《孙子》一书相传是他所作,其实应是战国时的军事家所作。张仪、苏秦:都是战国时纵横家,他俩的言论见于《战国策》和《史记》里,但颇多附会而并非真系他俩的言论。

⑤李斯:秦始皇和二世的丞相,他的言论文章保存在《史记》里。

⑥司马迁:西汉时大史学家,《史记》一书就是他和他的父亲司马谈所合作。相如:司马相如,西汉时文学家,他写的赋保存在《史记》、《汉书》和《文选》里。

晋氏，鸣者不及于古，然亦未尝绝也。就其善者，其声清以浮，其节数以急①，其辞淫以哀②，其志弛以肆③，其为言也，杂乱而无章④。将天丑其德莫之顾耶⑤？何为乎不鸣其善鸣者也⑥？

　　唐之有天下，陈子昂、苏源明、元结、李白、杜甫、李观⑦，皆以其所能鸣。其存而在下者⑧，孟郊东野，始以其诗鸣，其高出魏、晋，不懈而及于古⑨，其他浸淫乎汉氏矣⑩。从吾游者，李翱、张籍其尤也⑪。三子者之鸣信善矣⑫，抑不知天将和其声，而使鸣国家之盛耶？抑将穷饿其身，思愁其心肠，而使自鸣其不幸耶？三子者之命，则悬乎天矣⑬。其在上也奚以喜⑭？其在下也奚以悲⑮？

---

①节：节奏。数(shuò硕)：频繁，这里是短促的意思。

②淫：过度，靡丽。

③弛：松弛，松懈。肆：放肆，放纵。

④章：章法，条理。

⑤丑：这里是憎恶的意思。顾：眷顾，关怀。

⑥以上是第三段，总论历史上善鸣和不善鸣的人物。

⑦陈子昂：武则天时人，能扭转魏晋南北朝淫靡之风的诗人。苏源明：唐玄宗到代宗时期的诗人。元结：唐玄宗到代宗时期的诗人。李白：唐玄宗至肃宗时期人，著名的大诗人。杜甫：唐玄宗至代宗时期人，著名的大诗人。李观：唐德宗时的文人。

⑧在下：居下位，在下边做小官。

⑨不懈(xiè械)：不懈怠，不松弛，也就是继续努力的意思。

⑩浸淫：逐渐浸及，接近。

⑪李翱(áo熬)：韩愈的弟子，古文运动的积极参与者，同时也是著名的思想家。张籍：韩愈的好朋友，著名的诗人。

⑫三子：指孟郊和李翱、张籍。

⑬悬：悬挂，这是听命、听凭的意思。天：这里指天意，实际也就指命运。

⑭在上：指身居高位做大官。

⑮以上是第四段，从唐人的善鸣，讲到孟郊本身。

东野之役于江南也①,有若不释然者②,故吾道其命于天者以解之③。

【翻译】

大体说来万物不得其平就要鸣。草木是没有声音的,风挠动使它鸣。水是没有声音的,风吹荡使它鸣,它涌溅是有东西在拦遏它,它急流是有东西在阻塞它,它沸腾是有东西在炙烧它。金石是没有声音的,有人敲击使它鸣。人的有言论也是这样,到了不能不发言论的时候才会发言论,歌咏是有所挂念,哭泣是有所怀恋,凡是出于人口成为声音的,都是有所不平吧!

音乐,是把内心郁结的情绪发泄出来,选择善于鸣的凭借它来鸣。金、石、丝、竹、匏、土、革、木这八种,就是善于鸣的东西。天对四时也是这样,选择善于鸣的凭借它来鸣。所以使鸟在春天鸣,雷在夏天鸣,虫在秋天鸣,风在冬天鸣,四时就这样推移着,其中一定有不得其平的地方吧!

对人来讲也是这样,人讲话中精粹的叫言论,文辞对言论来说,又是言论中最精粹的,所以更要选择善于鸣的凭借他来鸣。这在唐虞时代,咎陶、禹是善于鸣的,所以凭借他俩来鸣。夔没有能力用文辞来鸣,就自己凭借韶乐来鸣。夏代,五子用他们的歌来鸣。伊尹在殷代鸣。周公在周代鸣。凡是记载在《诗》、《书》六

①役:服役,这里是任职做官的意思。江南:唐贞观时分中国为十道,江南道是十道之一;开元时又分为十五道,江南道分为江南东道和江南西道。孟郊这次前往属于江南东道的溧阳任县尉,所以可称为"役于江南"。
②不释然:释是放开,不释然就是心放不开、郁郁不乐的样子。
③以上最后一段,点出写这篇赠序的目的。

艺上的，都是鸣中之善于鸣的。周政衰败，孔子师徒鸣起来，他们的声音既高又远，古书上说："上天将把夫子作为木铎。"难道不是真实的吗？到了周末，庄周用他宏大无边的文辞来鸣。楚，是大国，到它衰亡时通过屈原来鸣。臧孙辰、孟轲、荀卿，用道来鸣。杨朱、墨翟、管夷吾、晏婴、老聃、申不害、韩非、慎到、田骈、邹衍、尸佼、孙武、张仪、苏秦之类，都用他们的术来鸣。秦的兴起，李斯来鸣。汉代，司马迁、司马相如、扬雄，是其中最善于鸣的。以下到魏晋时，鸣的赶不上古代，但也没有断绝。就其中鸣得比较善的来说，声音轻清而飘浮，节奏频繁而急促，辞藻靡丽而哀伤，意志松弛而放纵，发出来的言论，杂乱而无章法。难道是上天憎恶其德而不去予以关怀？为什么不去鸣他们中善于鸣的呢？

唐得了天下以后，陈子昂、苏源明、元结、李白、杜甫、李观，都用他们所擅长的来鸣。健在而居下位的，有孟郊东野，开始用他的诗来鸣，他的诗已高出魏、晋，继续努力不懈可以企及古人，其他的诗也接近汉代了。和我交往的，有李翱、张籍是最杰出的。这三位的鸣是真的很不错了，但不知道上天将会和谐他们的声音，让他们来鸣国家的昌盛呢，还是准备穷饿他们的身子，愁苦他们的心肠，让他们鸣自己的不幸？这三位的命运，就只好听凭上天来决定了。如果能身居高位有什么值得高兴？屈居下位又有什么值得悲哀？

东野这次去江南任职，好像有点心放不开的样子，因此我讲听命于天的话宽解他。

师 说

　　这是一篇著名的论说文。所谓"师"，就是以人家为师、向人家学习的意思。《师说》就是讲为什么要以人家为师、向人家学习的论说文。文章从正面提出了师有传道、授业、解惑的作用，从几个层次，针对当时士大夫中存在的不愿以人家为师的错误思想，作了有力的批判。文章名义上是为跟他学习的青年人李蟠所写的，实际表达了韩愈自己的教育思想，对后世有极大的影响，今天看起来仍有很多可取的地方。文章写作的年份，据李蟠在德宗贞元十九年(803)已中进士科这点来推测，最迟也应写在贞元十九年之前，如果算是贞元十八年(802)，那这年韩愈是三十五岁，正在国子监任四门博士。

　　古之学者必有师。师者，所以传道、授业、解惑也①。人非生而知之者，孰能无惑？惑而不从师，其为惑也终不解矣。生乎吾前，其闻道也固先乎吾，吾从而师之。生乎吾后，其闻道也亦先乎

---

①传道：韩愈所说的道，是治国、平天下之道，也就是儒家之道，这里所说的"传道"就是传儒家之道。授业：传授学业，当时就是传授六艺经传等学业。解惑：惑是疑难，解惑就是解答传道、授业中的疑难。

吾,吾从而师之。吾师道也,夫庸知其年之先后生于吾乎①!是故无贵无贱,无长无少②,道之所存,师之所存也③。

嗟乎!师道之不传也久矣④,欲人之无惑也难矣。古之圣人,其出人也远矣,犹且从师而问焉。今之众人,其下圣人也亦远矣,而耻学于师。是故圣益圣,愚益愚。圣人之所以为圣,愚人之所以为愚,其皆出于此乎⑤?

爱其子,择师而教之;于其身也,则耻师焉:惑矣!彼童子之师,授之书而习其句读者⑥,非吾所谓传其道、解其惑者也。句读之不知,惑之不解,或师焉,或不焉⑦,小学而大遗,吾未见其明也⑧。

巫、医、乐师、百工之人⑨,不耻相师。士大夫之族⑩,曰师、曰弟子云者⑪,则群聚而笑之。问之,则曰:"彼与彼年相若也⑫,道相似

①庸:岂,何必。
②长(zhǎng 涨):年长。
③以上是第一段,正面提出师的作用。
④师道:就是指第一段所说的那些道理。
⑤以上是第二段,讲师道不传造成的恶果。
⑥句读(dòu 逗):句和读本是一个意思,即给古书加以断句,古代小孩子开始跟老师学习就得学习如何在书上加句读。宋以后则把断句称"句",一句中有诵读时应停顿处称为"读",在韩愈的时代则尚无这种分别。
⑦不(fǒu 缶):同"否"。
⑧以上是第三段,从童子习句读都要师,来论证那些人不要师的错误。
⑨巫:自言能和鬼神往来而从事迷信活动的人。乐师:专业演奏音乐的人,乐官。百工:这里是手工业工人的总称。
⑩士大夫之族:先秦时诸侯以下有大夫,大夫以下有士,这时"士大夫"已成为一个专用名词,指有身份、地位的官僚而言。族:族类。
⑪云:语气词。
⑫若:似,差不多。

也①。"位卑则足羞,官盛则近谀②。呜呼!师道之不复可知矣。巫、医、乐师、百工之人,君子不齿③,今其智乃反不能及,其可怪也欤④!

圣人无常师。孔子师郯子、苌弘、师襄、老聃⑤。郯子之徒,其贤不及孔子。孔子曰三人行则必有我师⑥。是故弟子不必不如师,师不必贤于弟子,闻道有先后,术业有专攻⑦,如是而已⑧。

李氏子蟠,年十七,好古文,六艺经传⑨,皆通习之⑩,不拘于时,学于余。余嘉其能行古道⑪,作《师说》以贻之⑫。

_____

①道:在这里是学问的意思。

②盛:在这里是大的意思。谀(yú于):奉承,谄媚。

③君子:在这里指士大夫。不齿:不与同列,表示极端鄙视。

④欤(yú于):表示感叹语气。以上是第四段,从巫、医、乐师、百工都要师,来论证那些人不要师的错误。

⑤郯(tán谈)子:春秋时郯国国君,《左传》上说孔子曾向他请教古代少皞(hào号)氏用鸟名作为官职的事情。苌(cháng肠)弘:东周的大夫,后人伪造的《孔子家语》里说孔子曾向他请教古乐。师襄:鲁国的乐官,《史记·孔子世家》说孔子曾向他学琴。老聃:《庄子》和《史记·孔子世家》都说孔子曾向他问礼。但韩愈在《原道》里是不相信孔子曾向他问礼的,也许《原道》和《师说》不是同时期所写的缘故。

⑥三人行则必有我师:"三人行必有我师焉",是《论语·述而》里孔子说的话,"三"在这里是多数的意思,是说有几个人在一起,其中必定有可师的人。

⑦攻:加工,这里引申为下功夫。

⑧以上是第五段,讲"弟子不必不如师,师不必贤于弟子"。

⑨六艺经传:这里的"六艺"是指《诗》、《书》、《礼》(《仪礼》)、《乐》、《易》、《春秋》,战国秦汉时称之为"六经"(其中《乐》已没有书,实际上是"五经")。这里的传,就是解释经的书。

⑩通:读通,读懂。

⑪嘉:赞许,赞赏。

⑫贻(yí移):赠送。以上最后一段,说明这篇文章是写了送给谁的。

【翻译】

　　古代求学的人一定要有师。师,是传道、授业、解惑的。人不是生来就什么都懂的,谁能没有疑难? 有了疑难却不去向师请教,这种疑难就一直得不到解答了。生在我前边的,他懂得道自然比我早,我要以他为师。生在我后面的,如果他懂得道也比我早,我也要以他为师。我师的是道,何必管师的年龄比我大或小呢! 所以不论贵贱,不论长幼,道在那里,师就在那里。

　　唉! 师道的失传已经很长久了,要求人们没有疑难是不容易了。古代的圣人,比普通人高出好多,还得去向师请教。现在的普通人,比圣人差得好多,却以向师学习为耻。这样就使圣的更加圣,愚的更加愚。圣人之所以能圣,愚人之所以会愚,原因都在这里吧!

　　爱自己的孩子,选择师来教他;而对自身,却以求师为耻:这真是糊涂了。小孩子的师,只是教书而使学习句读的,不是我所说传道、解惑的。一种只是句读不懂,一种则是疑难不得解答,却有的要求师,有的不去求师,学了细小的而丢掉重大的,我看不出这有什么高明之处。

　　巫、医、乐师、百工,不以互相师传为耻。士大夫之类,听人称师、称弟子,就伙同一起加以嘲笑。问他们为什么,回答道:"那个人和那个人的年岁差不多,学问差不多。"他们认为以官位低的为师就会丢脸,以官大的为师就有谄媚的嫌疑。唉! 由此可知师道之难于重振了。巫、医、乐师、百工之类的人,为士大夫所不齿,如今士大夫反而不及他们明智,这不是很奇怪吗?

　　圣人没有固定的师。孔子曾以郯子、苌弘、师襄、老聃为师。郯子等人,贤能都比不上孔子。孔子认为几个人在一起其中必定有可以为师的。因此弟子不一定不如师,师不一定贤能胜过弟子,只是懂得道有所先后,技术学业各自下过专门的功夫,如此而已。

　　李家的子弟名叫蟠的,今年十七岁,喜爱古文,六艺经传,都学习通读,不受时俗的影响,到我这里来求学。我对他能遵行古代的师道很赞许,写了这篇《师说》送给他。

送董邵南序^①

这是一篇和诗篇无关的赠序,写来送给即将远去河北地区谋求官职的董邵南。河北地区在唐初已有少数民族契丹和奚入居,使汉族居民也受其影响,多擅长战斗,而文化水平显著低下。玄宗天宝末年,安禄山就利用这里的兵力发动叛乱。代宗时乱事虽告平定,叛军残余势力的头目在中央认可下仍分任幽州、成德、魏博三镇的节度使,可以自己设置官吏,编练军队,留用赋税,还可以父子兄弟相传,成为半独立状态的封建割据势力。对此,韩愈是反对的。但他又不可能劝阻董邵南不去河北,所以赠序中提出当地古来本多讲仁义的"感慨悲歌之士",希望董邵南去后和这些人结合,以转移风俗,为国家效力。话说得既很婉转,用意又极明确,可称写短文的典范。据前人推测,这是德宗贞元十八、十九年(802、803)写的,如果是十九年,那这年韩愈是三十六岁,由四门博士转任监察御史。

---

① 董邵南:安丰(在今安徽寿县西南)人,曾在家乡隐居,韩愈写过一首《嗟哉董生行》的古诗送他,以后到京城长安试进士科,多次不中而远去河北。

　　燕赵古称多感慨悲歌之士①。董生举进士②,连不得志于有司③,怀抱利器④,郁郁适兹土⑤,吾知其必有合也⑥。董生勉乎哉!⑦

　　夫以子之不遇时⑧,苟慕义强仁者⑨,皆爱惜焉,矧燕赵之士出乎其性者哉⑩!

————————

①燕(yān 烟)赵:战国时燕国在今河北北部和辽宁西端,赵国在今山西中部、陕西东北角和河北西南部,唐代河北三镇正是当年燕赵的一部分,因而唐人可称河北地区为燕赵。燕赵古称多感慨悲歌之士:感慨在这里是慷慨的意思,悲歌,指像战国末荆轲和狗屠、高渐离等在燕国市上纵酒高歌,歌罢哭泣,以发抒胸中的抑郁。这里的感慨悲歌之士,是专指像荆轲等敢于为仁义而献身的人,和《史记·货殖列传》、《汉书·地理志》里所说燕赵人的慷慨悲歌以致扰乱治安者有差别。

②生:古代本是"先生"的简称,后来也常用来指年轻人。举进士:唐代科举中最热门的是进士科,人选从京城里的国子监和地方上的州县学学生中推荐,不在国子监和州县学的可由本人请求,经州县考试合格后推荐,然后到礼部考试,叫"举进士",考中了的叫"进士及第",再经吏部考试,可授予官职。

③不得志:没有满足志愿,这里指不被录取。有司:主管部门,主管当局,这里指主持进士科考试的礼部和主考官礼部侍郎。

④利器:精良锋利的兵器或其他器械,这里引申为杰出的才能。

⑤郁郁:心情抑郁不舒畅的样子。

⑥合:遇合,遇到能赏识的人。

⑦以上是第一段,首先提出燕赵古称多感慨悲歌之士,由此说董邵南此去一定会有所遇合。

⑧子:用在这里是"你"的意思。

⑨慕义强(qiǎng 抢)仁:慕是仰慕,强是出力去做,"慕义强仁"是仰慕仁义并出力去做。

⑩矧(shěn 审):何况。以上是第二段,讲董邵南此行为什么一定会有所遇合。

　　然吾尝闻风俗与化移易,吾恶知其今不异于古所云耶①! 聊以吾子之行卜之也②。董生勉乎哉③!

　　吾因子有所感矣。为我吊望诸君之墓④,而观于其市⑤,复有昔时屠狗者乎⑥? 为我谢曰⑦:"明天子在上,可以出而仕矣⑧。"

【翻译】

　　燕赵地方古来号称多出感慨悲歌的人士。董生举进士科,接连不被主管当局所录取,身怀杰出的才能,心情抑郁地要到那里去,我知道一定会有所遇合。董生得勉励啊!

　　你这样的人没有碰上机会,只要仰慕仁义并出力去做的,都会对你爱惜,何况燕赵人士出乎他们的天性啊!

　　但我曾听说风俗会随着教化而改变,我怎知道如今的情况会

---

①恶(wū 乌)知:怎知道。
②吾子:你,含有亲昵的意味。卜:用在这里是证实的意思。
③以上是第三段,承认当时河北地区之半独立状态,而希望董邵南和当地讲仁义的感慨悲歌之士结合,以转移风俗。
④望诸君:乐(yuè 越)毅,战国时赵国人,燕昭王任用他攻占齐国七十余城,燕惠王即位后对他不信任,他不得已回到赵国,被封为望诸君,后来燕为齐所败,他写了一封信给燕惠王,表示他始终怀念燕昭王的恩德,决不会乘人之危对燕国攻击,因此旧社会公认他是个忠臣。他的坟墓相传在今河北邯郸西南。
⑤市:唐代大城市里都划出一块专做买卖的商业区,叫市。
⑥昔时屠狗者:指战国时和荆轲等一起纵酒悲歌的狗屠。古代除吃猪、牛、羊、鸡等肉外还常吃狗肉,所以有专以杀狗、卖狗肉为生的狗屠。
⑦谢:致敬,致意。
⑧以上是最后一段,希望董邵南到河北以后访求感慨悲歌之士,希望他们出来做官为国家效力。

和古时候所说的变得没有不同呢！姑且通过你这次行动来证实一下。董生得勉励啊！

　　我因为你的事情而很有感触。请替我去凭吊望诸君的坟墓，再到市上去看看，还有当年屠狗的吗？替我致意说："圣明天子在上，可以出来为国家效力了！"

赠崔复州序①

　　这也是一篇和诗篇无关的赠序,写来送给到复州去做刺史的崔某。唐初地方政权本只有州、县两级,州直属中央管辖,复州又是所谓上州,州的长官刺史是从三品的职事官,比正三品的侍中、中书令、六部尚书等仅差一级。但这时在全国各地已遍设节度使,成为州刺史上面的长官,而管辖复州刺史的山南东道节度使于顿②,又是个"公然聚敛,恣意虐杀,专以凌上威下"的人物。因此韩愈在这篇赠序中既说刺史之荣,又讲刺史之难为,希望于顿能信用崔某,让崔某得以施仁政于百姓。文章里把封建时代百姓的困苦揭示得十分痛切,说明韩愈所主张的儒家之道在当时确是有其进步性的。这篇赠序是德宗贞元十九年(803)写的,这年韩愈是三十六岁,由四门博士转任监察御史。

---

①崔复州:复州治所在今湖北天门,当时属山南东道节度使管辖。这位姓崔的名字已失传了,当时去做复州的长官刺史,韩愈用惯例称之为崔复州。

②于顿(dí 笛):历任县令、刺史、陕虢观察使、山南东道节度使等职,宪宗时内调任宰相,以横暴罢免。

有地数百里,趋走之吏①,自长史、司马已下数十人②。其禄足以仁其三族及其朋友故旧③。乐乎心,则一境之人喜④;不乐乎心,则一境之人惧。丈夫官至刺史亦荣矣⑤。

虽然,幽远之小民⑥,其足迹未尝至城邑⑦,苟不得其所⑧,能自直于乡里之吏者鲜矣⑨,况能自辩于县吏乎⑩?能自辩于县吏者鲜矣,况能自辩于刺史之庭乎?由是刺史有所不闻,小民有所不宣⑪。赋有常而民产无恒⑫,水旱疠疫之不期⑬,民之丰约悬于

①趋:快步走。吏:旧时大小官员的通称。
②长(zhǎng掌)史、司马:都是刺史的主要辅佐官,上州长史从五品上阶,上州司马从五品下阶。已:同"以"。
③仁:这里是施恩的意思。三族:有多种说法,这里当是指父族、母族、妻族而言。故旧:旧交、旧友。
④一境:境是疆界,一境是整个管辖地区。
⑤以上是第一段,讲刺史之荣。
⑥幽远:指荒僻边远地区,穷乡僻壤。小民:无财无势最下层的百姓。
⑦邑:用在这里是"县"的别称。
⑧不得其所:所是处的意思。不得其所,是说得不到合理的处境,也就是说生活不下去。
⑨直:伸,申诉。乡里之吏:当时百户为一里,里设里正;五里为一乡,乡设乡老。鲜(xiǎn险):少。
⑩县吏:指县里官吏,如县令、县丞、主簿、县尉之类,不是指县里的胥吏差役。
⑪宣:发泄,表达。
⑫赋有常而民产无恒:赋是国家征收的赋税,当时实行两税法,以州为单位规定每户缴纳户税钱若干,每亩耕地缴纳地税谷若干,但农户穷了可以卖掉自己的田产,这就叫"民产无恒","恒"就是常,就是不变的意思,民产变动了,但由于官吏的不负责任,原定要缴纳的钱谷却不随之而增减,这是当时的一种弊政。
⑬疠:这里指瘟疫。疫:也就是瘟疫。期:预约,预料。

州①。县令不以言,连帅不以信②,民就穷而敛愈急③。吾见刺史之难为也④。

崔君为复州,其连帅则于公⑤。崔君之仁,足以苏复人⑥;于公之贤,足以庸崔君⑦。有刺史之荣,而无其难为者,将在于此乎!⑧

愈尝辱于公之知⑨,而旧游于崔君⑩,庆复人之将蒙其休泽也⑪,于是乎言⑫。

【翻译】

有几百里方圆的地盘,伺候奔走的官吏,从长史、司马以下有好几十。俸禄足够用来施恩于三族以至朋友故旧。心上一高兴,整个辖境内的人就都喜欢;心上一不高兴,整个辖境内的人就都恐惧。大丈夫做官做到刺史也够荣耀了。

——————

①丰:衣食丰足。约:衣食不足。悬:本是挂的意思,这里引申为凭靠、操纵。
②连帅:古代有十国为连、连有帅的说法,唐人常用"连帅"一词来指节度使,因为节度使下辖几个州,等于古代连帅统率几个国。
③就:趋向,一天天接近。敛(liǎn脸):征收。
④以上是第二段,讲刺史之难为。
⑤于公:于頔。
⑥苏:苏醒、复活,引申为困顿后得到休养生息。
⑦庸:任用、信用。
⑧以上是第三段,希望于頔能信用崔某,使崔某能有刺史之荣而无刺史之难为。
⑨辱于公之知:承地位高的赏识叫"辱知",辱于公之知,就是承于公赏识的意思。
⑩旧游:有过往来的老朋友。
⑪蒙:受到。休:美好。泽:雨露,可引申为恩泽,休泽也就是恩泽。
⑫以上最后一段,说明写这篇赠序的目的,是希望复州百姓能蒙受刺史的恩泽。

　　然而,穷乡僻壤的小民,脚步从来没有踏进县城,如果生活不下去,能到乡里小吏面前为自己申诉的已很少了,何况能到县里的官吏面前为自己申诉呢? 能够到县里的官吏面前为自己申诉的已很少了,何况能到刺史的公堂上为自己申诉呢? 因此刺史对有些情况无法听取,小民的有些情况无法上达。赋税有定额而小民的田产会变动,还有无法预料的水旱灾和瘟疫病,小民丰足与否的命运就全操之于州里。但县令不向州里报告,节度使不对州里信任,小民一天天穷下去而赋税征收得越来越急。照我看起来刺史真难做啊!

　　崔君做复州刺史,他上面的节度使是于公。崔君的仁德,足以使复州百姓得到苏息;于公的贤能,足以使崔君得到任用。有刺史的荣耀,而没有难做的地方,将就体现在这里吧!

　　我曾承蒙于公的赏识,和崔君又是有过往来的老朋友,我欢庆复州百姓将蒙受刺史的恩泽,于是说了这么一些话。

祭十二郎文①

祭文是古文中常见的一种体裁,用来悼念逝世的亲属、朋友、同事、上级等人。一般多用四字句并押韵,也有仿照《楚辞》用更长一些的句子的,内容除歌颂逝者生前的功业道德文章之类外,也可讲到致祭者和逝者的关系,以增加哀痛的气氛。这位名老成的韩十二郎是韩愈的侄儿,韩愈幼小时曾和他生活在一起,对他特别有感情,加之他死得早,不曾来得及做官,没有什么事功可说,因此这篇祭文通篇都从韩愈和他的关系上来写,而且不押韵,不用四字句或《楚辞》体,说得好像在和逝者当面对话一样,处处流露出真挚的感情。这在今天擅长写白话文的作家都不容易做到,而韩愈用古文却能写得如此成功,说明这种古文在当时确有其生命力,和后来一味模仿前人、矫揉造作的所谓古文是不可同日而语的。这篇祭文是德宗贞元十九年(803)五月韩愈三十六岁时写的,当时可能已任监察御史。

① 十二郎:韩愈的侄儿,名老成,本是韩愈二哥韩介的儿子,因为大哥韩会没有儿子,过继成为韩会的儿子,唐人习惯讲排行(háng 杭),而且是按同族的兄弟辈分排下去,老成排行第十二,所以韩愈称他为十二郎,唐代对有钱、有地位人家的子弟习惯称为郎,等于旧社会称"少爷"一样。

　　年月日①,季父愈闻汝丧之七日②,乃能衔哀致诚③,使建中远具时羞之奠④告汝十二郎之灵⑤。

　　呜呼!吾少孤⑥,及长,不省所怙⑦,惟兄嫂是依⑧。中年⑨,兄殁南方⑩,吾与汝俱幼,从嫂归葬河阳⑪。既又与汝就食江南⑫,

----

①年月日:这里本应作"几年几月几日",被编集者所省略掉,《文苑英华》所收本文作"贞元十九年五月二十六日"。"十九年"是没有问题的,"五月"则和下文"汝殁于六月"有矛盾,可能仍有错误。

②季父:父亲的最小的弟弟,有人称之为季父,今天则通称父亲的弟弟为叔父,不再有季父这个称呼。

③衔:含。致:送,表达。

④建中:人名,不知姓什么,可能是韩愈家里的人。时羞:羞在这里是美好的食品,时羞就是应时新鲜的食品。奠:即祭,即向鬼神献上祭品,这里作名词用,即祭品。

⑤灵:魂灵,古人认为人虽死了,而灵魂并不消失,照样有感觉,要饮食。以上是第一段,讲明是谁在祭谁,是祭文开头常用的形式。

⑥吾少孤:本来幼而无父叫孤,但后来也通称幼而无父母叫孤或孤儿,韩愈在给他嫂子也就是老成的母亲郑夫人的祭文中说,自己"三岁而孤"后即受兄嫂抚养,说明当时韩愈的父母均已去世,所以这里"少孤"是指幼而无父母,不仅幼而无父。

⑦省(xǐng醒):弄清楚。所怙(hù户):怙是依靠,所怙指所依靠的父母。

⑧兄嫂:指韩愈的大哥韩会、大嫂郑夫人。

⑨中年:指大哥韩会的中年,韩会四十一岁去世,所以说中年。

⑩南方:韩会死在韶州刺史任上,韶州治所在今广东韶关西南,所以称之为南方。

⑪归葬河阳:河阳是韩愈老家所在,所以说归葬河阳。

⑫就食:"就"是"去"的意思,就食,就是去那里吃饭,即去那里过日子。江南:韩家有田宅在宣州(治所在今安徽宣城),属于江南西道,所以叫"江南"。

零丁孤苦①，未尝一日相离也。吾上有三兄②，皆不幸早世③，承先人后者，在孙惟汝④，在子惟吾，两世一身，形单影只⑤。嫂尝抚汝指吾而言曰："韩氏两世，惟此而已！"汝时尤小，当不复记忆。吾时虽能记忆，亦未知其言之悲也⑥。

　　吾年十九，始来京城，其后四年而归视汝⑦。又四年，吾往河阳省坟墓⑧，遇汝从嫂丧来葬。又二年，吾佐董丞相于汴州⑨，汝来省吾，止一岁，请归取其孥⑩。明年，丞相薨⑪，吾去汴州，汝不

----

①零丁：也写作"伶仃"，孤独无依的样子。
②吾上有三兄：韩愈大哥韩会，二哥韩介，还有个三哥名字已失传。
③早世：早去世，早死。
④在孙惟汝：韩愈的二哥韩介本有两个儿子，把次子老成过继给大哥韩会，此时长子百川也已死了，韩愈本人还幼小，未结婚生子，所以说这时"在孙惟汝"。
⑤形单影只：形指人的身体，影指人的影子，单是单独，只是仅有一个，"形单影只"是孤单的意思，已成为成语。
⑥以上是第二段，讲和老成幼小时的相处。
⑦归：指回到就食的江南宣州。
⑧省（xǐng醒）：这里是看望的意思。坟墓：古人讲究族葬，即亲族死后都得在老家选块地方埋葬到一起，这里的坟墓，指韩愈在河阳老家族葬的父母和哥哥们的坟墓。
⑨吾佐董丞相于汴州：汴州，治所在今河南开封，董丞相是董晋，当时董晋是检校尚书左仆射同中书门下平章事汴州刺史宣武军节度使，当时节度使不算正式的职事官，本身没有品阶，必须给一个名义上的有品阶的职事官来定他的品阶，董晋给的"同中书门下平章事"即宰相，所以可尊称他为董丞相，韩愈当时在他手下任观察推官。
⑩孥（nú奴）：儿女。
⑪薨（hōng轰）：唐代二品以上官员的死叫薨。

果来。是年,吾佐戎徐州①,使取汝者始行,吾又罢去,汝又不果来。吾念汝从于东,东亦客也,不可以久,图久远者,莫如西归②,将成家而致汝③。呜呼!孰谓汝遽去吾而殁乎④?吾与汝俱少年,以为虽暂相别,终当久与相处,故舍汝而旅食京师⑤,以求斗斛之禄⑥。诚知其如此,虽万乘之公相⑦,吾不以一日辍汝而就也⑧!

去年孟东野往⑨,吾书与汝曰:"吾年未四十,而视茫茫⑩,而发苍苍⑪,而齿牙动摇。念诸父与诸兄,皆康强而早世,如吾之衰者,其能久存乎?吾不可去,汝不肯来,恐旦暮死,而汝抱无涯之

---

①吾佐戎徐州:徐州,治所在今江苏徐州,当时张建封任徐泗濠节度使,驻徐州,韩愈入他的幕府任节度推官。

②西归:指回到河阳。河阳在汴州、徐州之西,所以叫"西归"。

③成家:建成个家,安定好家。

④遽(jù据):骤然,匆忙地。殁(mò末):死亡。

⑤旅食:寄食他乡,到外地谋生。

⑥斗斛之禄:极微薄的俸禄。

⑦万乘之公相:公是公卿,高官显贵的泛称,相是宰相。先秦时一辆兵车用四匹马拉,叫一乘,当时国力强大与否都以能出兵车多少乘来计算,要地广千里的大国才能出兵车一万乘,这里的"万乘",是用来形容公相的官高禄厚。

⑧辍(chuò绰):本是停止的意思,这里引申为丢开,离开。就:归,趋,这里引申为追求。以上是第三段,讲成年后和老成分离,直到老成之死不能会合到一起。

⑨去年孟东野往:贞元十八年(802)孟郊从长安到溧阳任县尉,溧阳和宣州相去不远,所以韩愈托他捎信给老成。

⑩茫茫:模糊不清的样子。

⑪苍:灰白色。

戚也①。"孰谓少者殁而长者存,强者夭而病者全乎!呜呼!其信然邪?其梦邪?其传之非其真邪?信也,吾兄之盛德而夭其嗣乎?汝之纯明而不克蒙其泽乎?少者强者而夭殁,长者衰者而存全乎?未可以为信也。梦也,传之非其真也,东野之书②,耿兰之报③,何为而在吾侧也?呜呼!其信然矣,吾兄之盛德而夭其嗣矣,汝之纯明宜业其家者不克蒙其泽矣④,所谓天者诚难测,而神者诚难明矣,所谓理者不可推,而寿者不可知矣。虽然,吾自今年来,苍苍者或化而为白矣,动摇者或脱而落矣,毛血日益衰,志气日益微,几何不从汝而死也。死而有知,有几何离,其无知,悲不几时,而不悲者无穷期矣。汝之子始十岁⑤,吾之子始五岁⑥,少而强者不可保,如此孩提者又可冀其成立耶⑦?呜呼哀哉!呜呼哀哉⑧!

　　汝去年书云:"比得软脚病⑨,往往而剧⑩。"吾曰:"是疾也,江

―――――――――

① 涯:边际,穷尽。戚:忧愁、悲哀。

② 东野之书:孟郊写给韩愈告知老成去世的信。

③ 耿兰之报:耿兰大概是老成身边的管家,写信给韩愈报告老成去世。

④ 业其家:继承先人的事业。

⑤ 汝之子始十岁:老成有两个儿子,"始十岁"的是长子韩湘,还有次子叫韩滂(pāng 乓)。

⑥ 吾之子始五岁:指韩愈的儿子韩昶。

⑦ 孩提:小儿笑叫"孩","提"是抱的意思,"孩提"是形容其幼小。如此孩提者又可冀其成立耶:韩愈怕韩湘、韩昶不能成立,但后来韩湘在穆宗长庆三年(823)进士及第,韩昶也在长庆四年(824)进士及第,都做了官,并非不能成立。

⑧ 以上是第四段,从老成的早死,担忧自己也会早死,担忧老成和自己的儿子也会不能成立。

⑨ 比:近来。软脚病:就是今天所说的脚气病。

⑩ 往往:每每。

南之人,常常有之。"未始以为忧也。呜呼!其竟以此而殒其生乎①?抑别有疾而至斯乎?汝之书②,六月十七日也,东野云,汝殁以六月二日,耿兰之报无月日。盖东野之使者不知问家人以月日,如耿兰之报不知当言月日,东野与吾书乃问使者,使者妄称以应之耳!其然乎?其不然乎③?

今吾使建中祭汝,吊汝之孤与汝之乳母,彼有食可守以待终丧④,则待终丧而取以来,如不能守以终丧,则遂取以来,其余奴婢,并令守汝丧,吾力能致葬,终葬汝于先人之兆⑤,然后惟其所愿⑥。

呜呼!汝病吾不知时,汝殁吾不知日,生不能相养以共居,殁不能抚汝以尽哀,敛不凭其棺⑦,窆不临其穴⑧。吾行负神明,而使汝夭,不孝不慈,而不得与汝相养以生,相守以死,一在天之涯,一在地之角,生而影不与吾形相依,死而魂不与吾梦相接⑨,吾实为之,其又何尤⑩?彼苍者天,曷其有极⑪!

────────

① 殒(yǔn允)其生:"殒"本是坠落的意思,"殒其生"就是俗话说"送了命"。

② 汝之书:这当是指老成最后的来信。

③ 以上是第五段,讲连老成去世的原因和日期还未弄清楚,使悲痛的气氛在祭文里更有所增加。

④ 终丧:丧期终了,古代父亲死去儿子要服丧三年,实际服丧二十七个月,服满了二十七个月后就叫"终丧"。

⑤ 兆:墓地。

⑥ 以上是第六段,讲对老成后事的安排。

⑦ 敛(liàn练):通"殓"(liàn练),给死人穿衣下棺,通常也叫"入殓"。

⑧ 窆(biǎn扁):落葬,把棺木埋进地下。穴:墓穴。

⑨ 死而魂不与吾梦相接:古人迷信,认为在梦中可与死者魂相会。

⑩ 尤:怨恨。

⑪ 彼苍者天,曷其有极:前四字出于《诗·秦风·黄鸟》,后四字出于《诗·唐风·鸨(bǎo保)羽》。以上是第七段,谴责自己对老成没有尽到责任。

　　自今已往,吾其无意于人世矣!当求数顷之田于伊、颍之上①,以待余年,教吾子与汝子幸其成,长吾女与汝女待其嫁,如此而已②。

　　呜呼!言有穷而情不可终,汝其知也邪?其不知也邪?呜呼哀哉!尚飨③!

【翻译】

　　某年某月某日,季父韩愈在知道你去世消息以后的第七天,才能含着悲痛向你表达诚意,叫建中从远方准备下时鲜的祭品,来祭告你十二郎之灵。

　　唉!我从小失去父母,到长大,不清楚父母是什么样子,唯一的依靠就是哥哥和嫂子。哥哥只活到中年,就死在南方,我和你都幼小,跟着嫂子把棺木送回河阳安葬。不久又和你到江南过日子,大家孤苦零丁,没有一天相分离。我上面有三位哥哥,都不幸过早去世,作为先人后嗣的,孙子辈只有你,儿子辈只有我,两代都只剩一人,真是形单影只。嫂子曾抚摸着你指着我说:"韩家两代,只剩这两个了!"你当时还小,可能已记不住。我当时虽能记住,但也不能体会这句话的悲哀啊!

　　我十九岁时,才到京城里来,过了四年曾回去看过你。再过四年,我到河阳去扫墓,碰上你护送我嫂子的棺木来安葬。再过

────────────

①顷:田一百亩为一顷。伊、颍之上:伊水、颍(yǐng 颖)水边上,伊水是洛水的支流,流经今河南西部,颍水是淮河支流,流经今安徽西北和河南东部。
②以上是第八段,因极度悲痛而产生灰心失望的想法。
③尚飨:也可写作"尚享",希望死者来享用祭品,祭文一般多用这两个字作为结束。

二年,我在汴州辅佐董丞相,你来看望我,住了一年,要回去把儿女带来。第二年,董丞相去世,我离开汴州,你来不成。这年,我到徐州佐理军事,派去接你来的人刚出发,我又罢职离开,你又来不成。我想你跟着我在东边,东边也是客居,不能长住,为长远打算,不如回到西边,我把家安定好然后请你来。唉!谁知道你会突然离开我死去呢?我和你都年轻,认为即使暂时分手,最终总会长久相聚到一起,所以丢开你到京城去谋生,以博取微薄的俸禄。真知道会这样,即使放着万乘的公卿宰相,我也不肯一天离开你而去追求啊!

去年孟东野去你那里,我有信给你说:"我年纪不到四十,却看起东西来模模糊糊,头发灰白,牙齿摇动。想起父辈和几位哥哥,都身体健康而过早去世,像我这样的衰弱,能够活得长吗?我不能去你那里,你又不肯来我这里,恐怕我早晚死去,留给你无穷的悲哀。"谁知道年少的先死而年长的倒活着,强壮的夭折而衰病的倒还在啊!唉!这是真的,还是在做梦?还是传的消息不可靠?真是这样,我哥哥这么好的德行怎能使他后嗣夭折?你这么谨纯明智怎能无从承受他的恩泽?年少的强壮的怎能夭折,年长的衰病的怎能存活?真不能叫人相信。是在做梦,是传的消息不可靠,那东野的书信,耿兰的报告,怎么就在我手边呢?唉!真是这样了,我哥哥这么好的德行却使他后嗣夭折了,你这么谨纯明智应该继承先人事业的却无从承受他的恩泽了,真是所谓的天确实难以揣测,而神确实难以明了了,真是所谓的理是无法推究,而寿是无从预知了。但即使这样,我从今年以来,灰白的头发有的已全白了,摇动的牙齿有的已脱落了,毛发血色一天比一天衰败,神志意气一天比一天委靡,过不多久要跟随你死去是肯定的了。死后如果有知,我们的分离将过不了很久;如果无知,悲痛你的时间已没有很久,而以后永无穷尽的时间里想对你悲痛也不可能了。你的儿子才十岁,我的儿子才五岁,年少而且强壮的还保不住,像这样幼小的还能希望他们长大成人吗?唉,好悲痛啊!唉,好悲痛啊!

你去年来信说:"近来得了软脚病,每每发作得很厉害。"我说:"这种病,江南地方的人,常常会有的。"从不曾因此为你担忧。唉!你终于因此而送了命吗?还是另有别的病而弄成这样呢?你的信,是六月十七日写的,而据东野说,你死是在六月二日,耿兰的报告则没有讲月日。这大概是东野派去的人不知道要向你家里人问清楚月日,就像耿兰的报告不知道应该讲清楚月日,东野给我写信时才问派去的人,派去的人乱说个日子来应付一下吧!是这样呢,还是并非如此呢?

现在我派建中来祭你,慰问你的孩子和你的乳母,他们有饭吃可以等到丧期终了,那就等丧期终了后把他们接来,如果无法等待到丧期终了,那就即刻把他们接来,其他的奴婢,都让他们给你守丧,我有力量能够给你改葬,总得把你葬进先人的墓地,然后让他们去留听便。

唉!你得病我不知道时间,你去世我不知道日期,你生前我不能和你住到一起过日子,你死后我不能抚着你的遗体尽情哭泣,你入殓时我不能看着你的棺木,你下葬时我不能看着你的墓穴。我的所作所为背负了神明,致使你夭折,我不孝不慈,致使不能和你一起过日子,相守到老死,我和你一个在天涯,一个在地角,你生前不能和我形影相依,你死后灵魂不来梦里和我相会,这都是我弄成的,还能怨谁?苍天啊苍天,我的悲痛哪有终极!

从今以后,我将对人世不发生什么兴味了!我将在伊水、颍水边上弄上几顷田,度我的余年,教育我的儿子和你的儿子期望他们成材,养大我的女儿和你的女儿准备她们出嫁,如此而已。

　　唉!话可以说得完而悲痛之情没有穷尽,你听到了吗?还是没有听到?唉,好悲痛啊!请来享用吧!

御史台上论天旱人饥状①

状，是当时的一种公文，用来报告政情民情。这是德宗
贞元十九年（803）韩愈三十六岁时所写的一个状。当时韩愈
在御史台任监察御史，虽只是正八品上阶的低级官员，却有
过问民情弹劾官吏的职权，所以上了这个论天旱人饥的状要
求停征京兆府所属各县的赋税。谁知由此得罪了京兆尹李
实②，再加上其他原因，韩愈竟受到贬官处分，贬到当时边远
的阳山去任县令。从这里也可看出韩愈确实是肯为百姓说
点话、办点好事的，对他提倡的儒家之道在一定程度上是能
够身体力行的。至于这篇文章，因为是公文，所以写得明白
晓畅，在韩文中别具一格。

---

①御史台：唐代重要的中央政府机关，执行对官员的监察弹劾和审理刑狱的
任务，很有威权。长官是正三品的御史大夫，但后来常由副职正四品下阶
的御史中丞主持台务，下属有侍御史、殿中侍御史和监察御史。
②李实：唐室的疏远宗室，任京兆尹时一味搜刮百姓，横行不法，这次天旱
人饥，他却对德宗说："今年虽旱，而谷甚好。"使租税不得减免。顺宗即
位后把他贬出京城做地方官，百姓拿了砖瓦要痛打他，他吓得从小路逃
出去。

　　右①。臣伏以今年已来②,京畿诸县③,夏逢亢旱④,秋又早霜,田种所收,十不存一⑤。

　　陛下恩逾慈母⑥,仁过春阳⑦,租赋之间,例皆蠲免⑧,所征至少,所放至多⑨。上恩虽弘,下困犹甚,至闻有弃子逐妻,以求口食,拆屋伐树,以纳税钱⑩,寒馁道途⑪,毙踣沟壑⑫,有者皆已输纳,无者徒被追征。臣愚以为此皆群臣之所未言,陛下之所未知者也⑬!

　　臣窃见陛下怜念黎元⑭,同于赤子⑮,至或犯法当戮,犹且宽而宥之,况此无辜之人,岂有知而不救。又京师者,四方之腹心,国家之根本,其百姓实宜倍加优恤。今瑞雪频降,来年必丰,急之

――――――――――

①右:状的前面要开列简短的事由,当时的文字都是从右到左一行行写下去,所以状前的事由在正文的右边,按规定在正文开始时先要写个"右"字。这事由已在编《韩集》时省略掉。

②伏:俯伏着,这是一种谦恭的用语。已:同"以"。

③京畿(jī 机):京城周围京兆府所管地区,有二十多个县。

④亢旱:亢是高,亢旱是天气干燥不下雨,也就是大旱。

⑤以上是第一段,讲京畿灾情。

⑥陛下:对皇帝的尊称。

⑦春阳:春天暖气发动,能生长万物,所以叫春阳。

⑧蠲(juān 捐)免:蠲通"捐",免除的意思,"蠲免"是当时公文中的习惯用语。

⑨放:放免,也就是蠲免。

⑩税钱:德宗建中元年(780)起正式实行两税法,其中户税按户收钱,地税按垦田收谷物,这"税钱"就是户税钱。

⑪馁(něi):饥饿。

⑫踣(bó 箔):仆倒。沟壑(hè 贺):深沟坑谷。

⑬以上是第二段,讲过去虽有蠲免百姓仍少受益。

⑭黎元:古代称百姓为"黎民",为"元元",黎元就是百姓。

⑮赤子:婴儿,因为初生婴儿皮肤发红,所以叫"赤子"。

则得少而人伤,缓之则事存而利远。伏乞特敕京兆府①,应今年税钱及草、粟等在百姓腹内征未得者②,并且停征,容至来年蚕麦③,庶得少有存立④。

臣至陋至愚,无所知识,受恩思效,有见辄言。无任恳款惭惧之至⑤。谨录奏闻,谨奏⑥。

【翻译】

右。臣伏以今年以来,京畿各县,夏天逢上大旱,秋季又过早见霜,田里所种谷物能收上来的,十成不到一成。

陛下恩德胜于慈母,仁爱盖过春阳,租赋一项,照例都有所蠲免,征收得很少,减免的很多。但上面的恩典虽已广大,下面的困苦仍极严重,甚至听说有人丢弃儿女、遣逐妻子,来谋求个人口食,拆卖房屋、斫售树木,来缴纳户税税钱,饥寒于道路,倒毙进沟壑,缴得起的都已经缴纳了,缴不出的可还被追征着。臣下愚见认为这些都是群臣所未上奏,陛下所未知悉的事情啊!

臣窃见陛下爱怜百姓,视同婴儿,甚至有的犯了法该杀戮,还宽大赦免,何况这些无罪之人,哪会知道了而不予拯救。再说京师这个地方,是四方的腹心,国家的根本,这里的百姓应该加倍地从优怜恤。如今瑞雪连续降下,明年丰收在望,征收得急则收入既少百姓又受损伤,放缓些则税额仍在且得长远利益。恳求专下

①敕(chì 斥):皇帝的诏书名称很多,"敕"是其中之一。
②腹内:当时的俗语,常在公文中使用,即"名下"的意思。
③蚕麦:指蚕丝上市,小麦收割的时候。
④以上是第三段,讲请求暂停征税的理由。
⑤恳款:恳切。
⑥以上最后一段,是状在结束处的套话。

个敕书给京兆府,叫百姓名下今年应缴的税钱和草、粟等项还未征收到的,一概暂时停征,留到明年蚕麦收割上市时再征,好让百姓勉强能够生活。

臣至陋至愚,不识时务,只是受了恩德总想报效,见到问题就得讲话。不胜恳切惭惧之至。谨录奏闻,谨奏。

张中丞传后叙①

　　这是韩愈在宪宗元和二年(807)四月读了李翰写的《张巡传》后,在传后写的后叙②,这年韩愈正四十岁,已召回京师任国子博士。这所谓后叙,也可写作后序,也可叫作跋,是在书或诗文后面加上一段文字的意思,加上的文字可以是对所跋的东西作评介、发议论,也可以在内容上作补充。这篇《张中丞传后叙》就是对李翰原作的补充。张巡是抗击安禄山叛军壮烈牺牲的英雄人物,受到人们的崇敬。韩愈这篇《后叙》也写得十分精彩,不

---

①张中丞(709—757):即张巡,南阳(今河南邓县)人,开元时进士及第,天宝中任清河(今河北巨鹿)县令、真源(在今河南鹿邑东)县令。安禄山叛乱,他率兵进入雍丘(今河南杞县),抗拒叛将令狐潮的围攻,后因上级虢王抑兵,他退出雍丘,正好睢(suī 虽)阳(治所宋城在今河南商丘南边)太守许远告急,张巡带了三千人马进入睢阳郡城和许远协同防御,多次打退敌将尹子奇的进攻,最后因粮尽援绝,在至德二载(757)十月城陷牺牲。在这以前玄宗嘉奖他英勇抗敌,曾遥授他为从五品上阶的礼部主客郎中兼正五品上阶的御史中丞,因此可尊称之为张中丞。
②李翰:曾进士及第,和张巡友好,张巡守睢阳时他也在城里,事后给张巡以及和张巡同时牺牲的姚訚(yín 银)等人写了传,献给当时的皇帝肃宗,以表明他们的忠义,韩愈所读到的就是这个本子。这个本子后来已失传,但《旧唐书》和《新唐书》里的张巡传都是根据它撰写的,从其中可以看到张巡等人的英雄事迹。

仅记述张巡和南霁云的逸事生动传神①,批驳有损张巡、许远形象的种种议论也都词严义正②,足使论者张口结舌。因此前人说它在风格上和司马迁的《史记》相接近,看来并未夸大。

元和二年四月十三日夜,愈与吴郡张籍阅家中旧书③,得李翰所为《张巡传》。翰以文章自名,为此传颇详密。然尚恨有阙者:不为许远立传,又不载雷万春事首尾④。

远虽材若不及巡者,开门纳巡,位本在巡上,授之柄而处其下⑤,无所疑忌,竟与巡俱守死,成功名。城陷而虏,与巡死先后异耳。两家子弟材智下,不能通知二父志,以为巡死而远就虏,疑畏死而辞服于贼⑥。远诚畏死,何苦守尺寸之地,食其所爱之肉⑦,以

---

① 南霁(jì 剂)云:张巡的部将,韩愈这篇《后叙》里记载了他的事迹。

② 许远:盐官(今浙江海宁)人,安禄山叛乱后,被中央任命为睢阳太守,他迎张巡入城共同抗敌,且自认为能力不如他,把指挥权让给张巡,城陷后被俘,因是主将身份,被押送到洛阳囚禁,叛军战败退出洛阳时被杀害。

③ 吴郡张籍:张籍本是乌江(今安徽和县)人,但当时还讲究所谓"郡望",因吴郡张氏是士族,所以张籍也自称吴郡张籍。

④ 雷万春事首尾:雷万春是张巡的部将,据说守城时他面中六箭,兀立不动,城陷时牺牲。首尾,是指他的出身和牺牲后所赠官职等事。以上是第一段,先对李翰《张巡传》作总的评论,然后在下文分别发议论作补充。

⑤ 柄:权力。

⑥ 两家子弟材智下……疑畏死而辞服于贼:代宗大历中,张巡之子张去疾因许远在城陷时没有被杀而产生怀疑,上书要求追夺许远的官职,代宗叫张去疾和许远之子许岘(xiàn 现)与百官讨论,结论是许远因系主将才被押送洛阳请功,不足为疑,事情了结,所以韩愈认为张家子弟"材智下"。至于许家子弟凭什么也被说成"材智下",今天已不清楚。

⑦ 食其所爱之肉:当时睢阳城里缺粮,先吃茶叶、纸张,再吃马,吃鼠、雀,最后不得已吃没有战斗力的人,许远曾杀掉自己的童奴给士兵充饥。

与贼抗而不降乎？当其围守时，外无蚍蜉蚁子之援①，所欲忠者，国与主耳。而贼语以国亡主灭，远见救援不至，而贼来益众，必以其言为信。外无待而犹死守，人相食且尽，虽愚人亦能数日而知死处矣，远之不畏死亦明矣！乌有城坏，其徒俱死②，独蒙愧耻求活，虽至愚者不忍为，呜呼！而谓远之贤而为之邪③？

说者又谓远与巡分城而守，城之陷自远所分始，以此诟远④。此又与儿童之见无异。人之将死，其脏腑必有先受其病者⑤，引绳而绝之，其绝必有处，观者见其然，从而尤之，其亦不达于理矣。小人之好议论⑥，不乐成人之美如是哉⑦！如巡、远之所成就如此卓卓⑧，犹不得免，其他则又何说⑨。

当二公之初守也，宁能知人之卒不救，弃城而逆遁⑩？苟此不能守，虽避之他处何益？及其无救而且穷也，将其创残饿羸之余⑪，虽欲去，必不达。二公之贤，其讲之精矣⑫。守一城，捍天

---

① 蚍蜉（pí fú 皮浮）：大蚂蚁。蚁子：小蚂蚁。
② 徒：这里应解释为同类的人，即和许远一起守城的人。
③ 以上是第二段，对因许远被俘后没有立即遇害而产生的怀疑作批驳。
④ 诟（gòu 够）：骂。
⑤ 脏腑（zàng fǔ 葬府）：古代中医有"五脏六腑"的讲法，现在通称为内脏。
⑥ 小人：这里指品德低下的人。
⑦ 成人之美：赞成和帮助人家做好事，《论语·颜渊》里有"君子成人之美"的说法。
⑧ 卓卓：高超，突出，显著。
⑨ 以上是第三段，对因敌军从许远防地突破而产生的怀疑作批驳。
⑩ 逆遁：逆是预料，逆遁，预先逃走。
⑪ 羸（léi 雷）：瘦弱。
⑫ 讲：这里是谋划、考虑的意思。

下,以千百就尽之卒,战百万日滋之师①,蔽遮江淮,沮遏其势②,天下之不亡,其谁之功也? 当是时,弃城而图存者不可一二数,擅强兵坐而观者相环也③。不追议此,而责二公以死守,亦见其自比于逆乱④,设淫辞而助之攻也⑤。

　　愈尝从事于汴、徐二府⑥,屡道于两府间⑦,亲祭于其所谓双庙者⑧,其老人往往说巡、远时事。云南霁云之乞救于贺兰也⑨,贺兰

――――――――

① 以千百就尽之卒,战百万日滋之师:就尽,是快死的意思。滋,是增多的意思。起初许远在睢阳有兵六千八百,加上张巡的三千共兵九千八百,到城破时,仅存残兵六百。尹子奇第一次进攻有兵十几万,以后又增兵几万,这里说成“百万”是形容其多。

② 蔽遮江淮,沮(jǔ咀)遏其势:江是长江,淮是淮河,江淮是指长江、淮河流域,是唐代东南财富之区,中央政权要依靠这里的赋税收入来维持财政开支。睢阳在江淮地区的北边,叛军不攻陷睢阳,就不敢侵犯江淮,以免睢阳守军从后攻击。等睢阳陷落后不久,洛阳即被官军收复,叛军逃回河北,再没有力量南侵江淮。所以江淮地区的保全,实是张巡、许远立下的大功。沮,是阻止。遏,是抑制。

③ 擅强兵坐而观者相环也:如本文所说的在临淮郡(治所今江苏泗洪东南)的河南节度使贺兰进明,以及在谯郡(治所在今安徽亳县)的许叔冀、在彭城郡(治所在今江苏徐州)的尚衡,都是这样的人物。

④ 比:并,同。

⑤ 设:编造。淫辞:荒谬的议论。以上是第四段,对否定有必要死守睢阳的谬论作批驳,肯定了张巡、许远保障江淮的巨大功绩。

⑥ 愈尝从事于汴、徐二府:指韩愈先后在汴州任宣武军节度使董晋的观察推官,在徐州任徐泗濠节度使张建封的节度推官。

⑦ 道:路过,往来。

⑧ 双庙:在睢阳的合祀张巡、许远的庙。

⑨ 贺兰:在临淮的河南节度使贺兰进明。

嫉巡、远之声威功绩出己上①,不肯出师救。爱霁云之勇且壮,不听其语,强留之,具食与乐,延霁云坐。霁云慷慨语曰:"云来时,睢阳之人不食月余日矣,云虽欲独食,义不忍,虽食且不下咽。"因拔所佩刀断一指,血淋漓以示贺兰,一座大惊,皆感激为云泣下。云知贺兰终无为云出师意,即驰去,将出城,抽矢射佛寺浮图②,矢着其上砖半箭③,曰:"吾归破贼,必灭贺兰,此矢所以志也。"愈贞元中过泗州④,船上人犹指以相语。城陷,贼以刃胁降巡,巡不屈,即牵去,将斩之。又降霁云,云未应,巡呼云曰:"南八⑤,男儿死耳,不可为不义屈。"云笑曰:"欲将以有为也,公有言,云敢不死。"即不屈⑥。

张籍曰:有于嵩者,少依于巡,及巡起事,嵩常在围中。籍大历中,于和州乌江县见嵩,嵩时年六十余矣,以巡初尝得临涣县尉⑦,好学,无所不读。籍时尚小,粗问巡、远事,不能细也。云:巡长七尺余,须髯若神⑧。尝见嵩读《汉书》⑨,谓嵩曰:"何为久读

---

①嫉(jí疾):妒忌。

②浮图:"佛陀"(梵文 Buddha),旧译为"浮屠",也写作"浮图",后来又有人把佛塔的音译"窣堵波"误译为"浮图",这里的"浮图"就是指佛塔。

③半箭:箭本是一种竹子叫箭竹,可用来做"弓矢"的"矢"的杆子,所以通常把"矢"叫作"箭",这里的"半箭",是指箭杆的一半。

④泗州:曾名临淮郡,韩愈所见南霁云射的佛寺浮图即今安徽泗县的香积寺塔。

⑤南八:南霁云排行第八,所以称"南八"。

⑥以上是第五段,记南霁云的逸事。

⑦以巡初尝得临涣县尉:临涣即今安徽宿州,于嵩因跟随张巡的缘故,事后被加恩授与临涣县尉的小官职。

⑧髯(rán 然):两颊上的长须。

⑨《汉书》:记述西汉历史的纪传体史书,由东汉时班彪草创,彪子班固写成,固妹班昭补完,和司马迁的《史记》并称为"史汉",而唐人读《汉书》的(转下页)

此?"嵩曰:"未熟也!"巡曰:"吾于书读不过三遍,终身不忘也。"因诵嵩所读书尽卷①,不错一字。嵩惊,以为巡偶熟此卷,因乱抽他帙以试②,无不尽然。嵩又取架上诸书试以问巡,巡应口诵无疑。嵩从巡久,亦不见巡常读书也!为文章,操纸笔立书,未尝起草。初守睢阳时,士卒仅万人③,城中居人户亦且数万,巡因一见问姓名,其后无不识者。巡怒,须髯辄张。及城陷,贼缚巡等数十人,坐且将戮。巡起旋,其众见巡起,或起或泣,巡曰:"汝勿怖,死,命也!"众泣,不能仰视。巡就戮时,颜色不乱,阳阳如平常④。远宽厚长者。貌如其心,与巡同年生,月日后于巡,呼巡为兄,死时年四十九。嵩贞元初死于亳宋间⑤。或传嵩有田在亳宋间,武人夺而有之,嵩将诣州讼理⑥,为所杀。嵩无子。张籍云⑦。

【翻译】

　　元和二年四月十三日夜间,我和吴郡张籍查阅家里的旧书,找到李翰所写的《张巡传》。李翰以会写文章知名,所写的这个传

　　(接上页)比读《史记》的更多。

① 诵:背诵。尽卷:当时的书都是抄写在长条的纸上,成为卷子的形式,一卷书就是一个卷子,尽卷就是背诵完这个卷子。

② 帙(zhì 至):古代包书卷的套子,一帙可包十个卷子左右。

③ 仅:唐宋人用"仅"字都是"几乎"、"多至"等意思,和通常作"仅有"的用法正相反。

④ 阳阳:安舒自得,毫不在乎的样子。

⑤ 亳(bó 博)宋:即原来的睢阳郡,后来改称宋州,这里称"亳宋",是因为宋州的治所宋城附近是商代北亳、南亳的所在,因此可称之为"亳宋"。

⑥ 诣(yì 意):前往。

⑦ 以上最后一段,记述张籍所传于嵩口述的张巡逸事。

颇为周详细密。遗憾的是还有不足之处：没有给许远立传，也没有记载雷万春的事迹首尾。

许远虽然才能好像不如张巡，却能开门容纳张巡，职位本在张巡之上，却能把兵权交给张巡而自己位居他的下面，毫无猜疑妒忌之心，最终和张巡一起坚守牺牲，功成名扬。城失陷都被俘虏，只是牺牲的时间和张巡有先后之异。可两家的子弟才智低下，不能理解先人的志趣，认为既然张巡牺牲而许远甘当俘虏，很可能是因怕死而对逆贼说了屈服的话。其实许远如果真的怕死，何苦困守尺寸之地，吃他所爱的人的肉，来和逆贼对抗而不肯投降？当他在重围中守御时，外边连蚍蜉蚁子那么点的援兵都没有，所以要尽忠，无非是为了国家和皇上。而逆贼说国家已亡皇上已死，许远看到援兵不来，而贼军越来越多，必然认为逆贼说的是真话。外边已等待不到什么而还在死守，人吃人弄得快吃尽，即使愚蠢的人也能知道死期将临，许远的不怕死还不明白吗！哪有城被打破，一起守城的人都牺牲，自己却独自不顾廉耻地乞求活命，这种事情纵使最愚蠢的人也不忍心去做，唉！像许远这样的品德会做得出来吗？

议论的人又说许远和张巡分段守城，城是在许远防守的地段被攻破的，抓住这点来骂许远。这又跟小孩子的见识一样。人将死，内脏中总有先受病损坏的，拉绳子把它拉断，总有个断开的地方，看的人只看到这些现象，就责怪先受病的内脏和绳子断开的地方，这也真太不通达事理了。小人的喜欢议论，不乐于成人之美到这样的地步！像张巡、许远的成就如此昭著，还不被放过，其他就更没有什么好说了。

当张、许二公开始守城时，怎能知道别人最终不来救援，从而预先弃城撤走？如果这个睢阳城无法防守，那纵使避到别处又有什么用？等到没有救兵而力量快要用尽之时，带上这些仅存的伤残饥瘦之众，纵使要撤离，也肯定撤不出。以二公的才智，对这些已考虑得很周详了。坚守一城，捍卫天下，凭千百名力竭待毙的士卒，来抵挡上百万越来越多的敌兵，屏障江淮地区，阻抑逆贼的攻势，天下终于不亡，是谁的功劳啊？当时，丢掉城池保全自身的数起来何止一二个，拥有强兵坐视不救的在睢阳周围又是一大串。不追究这些，却责怪二公为什么死守，足见这些都是自甘混同于逆乱之人，因而会编造这些谬论来帮他们向二公攻击。

我曾在汴、徐两府任职，多次往来两府之间，亲自到所谓双庙去致祭，当地老人时常讲说张巡、许远守城时的事情，说南霁云当年去贺兰进明处求救，贺兰进明妒忌张巡、许远的声威功绩超过自己，不肯出兵救援。又喜爱南霁云的英勇壮烈，不听他劝说，硬要把他留下来，准备了饮食音乐，请他入座。南霁云慷慨激昂地对他说：“我来的时候，睢阳城里的人吃不上饭已有个把月了，我虽想独自吃，实在不忍心，即使吃也咽不下去。”于是拔出佩带的刀斩断一个手指，血淋淋地让贺兰进明看，在座的大为吃惊，都感动得为南霁云掉眼泪。南霁云了解到贺兰进明没有为自己出兵的意思，就纵马离去，快出城时，抽出箭来射向佛寺的宝塔，射中上面的塔砖没入半段箭杆，说：“我回去打败贼军之后，一定要灭掉贺兰，射这箭就是要记住这个誓言。”我在贞元年间经过泗州，船上的人还指着这塔对我讲起。睢阳城被攻陷，贼兵用刀胁迫张巡投降，张巡不屈服，立刻拉出去，准备处斩。又要南霁云投降，南霁云没有应声，张巡叫着南霁云说：“南八，男子汉死就是了，不能为不义屈服。”南霁云笑道：“我本想借此干出点名堂来，公既有话，我敢不死。”就不屈牺牲。

张籍说：有位叫于嵩的，年轻时就跟随张巡，到张巡起兵后，于嵩常在围城之中。张籍大历年间,在和州乌江县见到于嵩,于嵩当时已六十多岁了,由于张巡的关系先前曾做过临涣县尉,好学,书无所不读。当时张籍年纪还小,粗粗地询问了一些张巡、许远的事情,没有能问得仔细。据于嵩说:张巡身高七尺多,须髯长得很威严。有次看到于嵩在读《汉书》,对于嵩说:"为什么老是读它?"于嵩说:"没有读熟啊!"张巡说:"我读起书来最多不过读三遍,一辈子也忘不了。"于是从头到尾把于嵩所读的这卷背诵一遍,没背错一个字。于嵩很吃惊,还认为张巡恰好熟读这一卷,于是随便从别的书帙里抽出几卷来试张巡,没有不是同样纯熟的。于嵩再试抽架上那些书来问张巡,张巡都信口背诵毫无迟疑。于嵩跟随张巡日子很久,却也不见张巡经常读书啊!张巡做起文章来,拿上纸笔立刻书写,从不曾打草稿。开始守卫睢阳时,士卒多到上万人,城里的居民户口也将近好几万,张巡见过一面问过姓名,以后没有不认识的。张巡发怒时,须髯就掀动起来。到城被攻陷,贼兵把张巡等几十人绑起来,坐在地上很快要被杀害。张巡起来绕着大家走一圈,大家看到张巡起来,有的也起来,有的还哭,张巡说:"你们别怕,死,是命定的啊!"大家都哭,不忍心再抬头看张巡。张巡就义时,脸色不变,和平常一样毫不在乎。许远是宽厚长者,外貌和内心一样,和张巡同年出生,月份日子比张巡晚,称张巡为兄,牺牲时四十九岁。于嵩贞元初年死在亳宋之间。有人说于嵩有田在亳宋之间,被军人强占,于嵩准备去州里控诉情理,被人家杀害。于嵩没有儿子。这都是张籍所说的。

讳 辩

　　我国早在先秦时就有避讳的习惯,无论在口头上在文字上对君主和尊长的大名都得回避,不得已时也要用其他的字来代替。这到唐代就要求更严,如《唐律》里就规定官府的名称和本人的父名、祖名相同,本人不能做这个官,否则要判处一年徒刑①。李贺是唐代著名的诗人②,宪宗元和三年(808)他十九岁时去洛阳,当时韩愈四十一岁,已以国子博士分司东都,赏识李贺的才华,劝他考进士科,可李贺的父亲名晋肃,"晋"和"进"同音,妒忌李贺的人抓住这点制造舆论来反对,于是韩愈写了这篇《讳辩》,同样抓住《唐律》的条文,并列举经典以及前代本朝的实例,对这种谬论作了驳斥。文章说话露骨,坚强有力,前

----

①《唐律》:当时称为《律》,是唐代政府制订的法律条文,唐高祖时草创,太宗时修订成十二卷,并有注文,以后高宗、武后、中宗、玄宗列朝都略有修改,另外高宗时还编订了《律疏》三十卷,对条文及注文作了解说。现存有《律》十二卷的单行本,以及《律》和《律疏》合在一起后人改名为《唐律疏议》的本子。这里所说的规定,在两个本子的《职制律》里都有。
②李贺(790—816):福昌(在今河南宜阳西)人,唐宗室,但已很疏远,从小有诗名,在韩愈鼓励下曾举进士,没有考中,后来做过太常寺的奉礼郎,是从九品上阶的小官,二十七岁就病死,死前将所撰写的诗篇集成四编,就是流传到现在的《李贺歌诗编》。

人称之为"瘦硬"之文,在韩愈论说文中堪称佳作。

愈与李贺书,劝贺举进士。贺举进士有名,与贺争名者毁之①,曰:"贺父名晋肃,贺不举进士为是,劝之举者为非。"听者不察也,和而唱之②,同然一辞。皇甫湜曰③:"若不明白,子与贺且得罪。"愈曰:"然。"④

《律》曰:"二名不偏讳⑤。"释之者曰:"谓若言'徵'不称'在'、言'在'不称'徵'是也⑥。"《律》曰:"不讳嫌名⑦。"释之者曰:"谓若'禹'与'雨'、'丘'与'蓲'之类是也⑧。"今贺父名晋肃,贺举进士,为犯二名律乎?为犯嫌名律乎?父名晋肃,子不得举进士,若父名仁,子不得为人乎?夫讳始于何时?作法制以教天下者,非周

①贺举进士有名,与贺争名者毁之:唐代科举考试的试卷并不密封,主考者可凭应考者平时声名的大小来录取,李贺当时已颇有诗名,所以竞争者要来捣乱破坏。

②和(hè 贺)而唱之:跟着唱,这里是说跟着起哄。

③皇甫湜(shí 食):唐代文学家,曾跟随韩愈学做古文。

④以上是第一段,说明为什么要写这篇《讳辩》。

⑤二名不偏讳:这本是《礼记·曲礼》里的话,说如果君主、尊长之名有两个字,那只提到其中一个字时就不算触犯。这个规定也写进了《唐律》的《职制律》里,仅词句上略有改动。

⑥言"徵"不称"在",言"在"不称"徵":这本是《礼记·曲礼》"二名不偏讳"下郑玄所作的解释,《职制律》也引用了作为注文,孔子母亲名徵在,但孔子可单独说"徵"或说"在"。

⑦不讳嫌名:这也见于《礼记·曲礼》,嫌名,是指与君主、尊长之名音近的字,对此不用避讳。写进《职制律》时在词句上也略有改动。

⑧谓若"禹"与"雨"、"丘"与"蓲"(qiū 丘):这也是郑玄对《礼记·曲礼》"不讳嫌名"的解释,被《职制律》引用作为注文。

公、孔子欤？周公作诗不讳①，孔子不偏讳二名②，《春秋》不讥不讳嫌名③。康王钊之孙，实为昭王④。曾参之父名晳，曾子不讳"昔"⑤。周之时有骐期⑥，汉之时有杜度⑦，此其子宜如何讳？将讳其嫌遂讳其姓乎？将不讳其嫌者乎？汉讳武帝名彻为"通"⑧，不闻又讳车辙之"辙"为某字也。讳吕后名雉为"野鸡"⑨，不闻又讳治天下之"治"为某字也。今上章及诏，不闻讳"浒"、"势"、"秉"、"机"也⑩。惟宦官、宫妾，乃不敢言"谕"及"机"⑪，以为触犯。士君子言语行事，宜何所法守也？今考之于经，质之于《律》，

①周公作诗不讳：周公的父亲文王名昌，哥哥武王名发，但传为周公所作的《诗·周颂·噫嘻》和《周颂·雝》里有"克昌厥后"、"骏发尔私"的句子。

②孔子不偏讳二名：孔子的母亲名徵在，但《论语·八佾》有孔子说"宋不足徵"的话，《论语·卫灵公》有孔子说"某在斯"的话。

③《春秋》不讥不讳嫌名：如当时有个卫国的国君名完，死后谥"桓"叫卫桓公，《春秋》对此没有任何批评。

④康王钊（zhāo 招）之孙，实为昭王：康王钊是武王的孙儿，成王的儿子，"昭"和"钊"同音，这是不讳嫌名。

⑤曾参（shēn 身）之父名晳（xī 西），曾子不讳"昔"：曾参即曾子，是孔子弟子中的知名人士，以孝著称。《论语·泰伯》中说曾参讲"昔者吾友尝从事于斯矣"，"昔"和"晳"同音，这是曾参不讳嫌名。

⑥骐（qí 奇）期：姓骐名期，春秋时楚国人。

⑦杜度：姓杜名度，东汉章帝时齐国的相。

⑧武帝：汉武帝，西汉著名的皇帝。

⑨吕后：西汉高祖刘邦的皇后。

⑩浒：唐高祖的祖父名虎，"浒"和"虎"同音。势：唐太宗名世民，"势"和"世"同音。秉：唐高祖的父亲名昺（bǐng 丙），"秉"和"昺"同音。机：唐玄宗名隆基，"机"和"基"同音。

⑪谕：唐代宗名豫，"谕"和"豫"同音。

稽之以国家之典①,贺举进士为可邪? 为不可邪②?

凡事父母,得如曾参,可以无讥矣。作人,得如周公、孔子,亦可以止矣。今世之士,不务行曾参、周公、孔子之行,而讳亲之名,则务胜于曾参、周公、孔子,亦见其惑也夫! 周公、孔子、曾参卒不可胜,胜周公、孔子、曾参,乃比于宦者、宫妾,则是宦者、宫妾之孝于其亲,贤于周公、孔子、曾参者耶③?

【翻译】

我给李贺写信,劝李贺举进士。李贺举进士有声名,和李贺争名的来破坏,说:"李贺的父亲名晋肃,李贺不举进士是对的,劝他举进士的是错了。"听到这种话的人不仔细思考跟着起哄,都唱着一样的调子。皇甫湜对我说:"如不表白清楚,你和李贺将都承担罪名。"我说:"对。"

《律》上说:"二名不偏讳。"解释的人说:"例如讲'徵'字时不提'在'字,讲'在'字时不提'徵'字即是。"《律》上说:"不讳嫌名。"解释的人说:"例如'禹'和'雨'、'丘'和'蓲'之类即是。"如今李贺的父亲名晋肃,李贺举进士,是犯了二名律吗? 是犯了嫌名律吗? 父亲名晋肃,儿子不能举进士,如果父亲名仁,儿子不能做人了吗? 这种避讳究竟起源于什么时候? 订立法制来教化天下的,不是周公、孔子吗? 周公做诗不避讳,孔子不偏讳二名,《春秋》里对不避讳嫌名的不加指责。周康王钊的孙儿,是昭王。曾参的父亲

---

① 稽:查考。国家:指唐朝本朝。典:典故,老规矩。

② 以上是第二段,从《律》、经典和前代本朝的实例,论证反对李贺举进士是何等荒谬。

③ 以上最后一段,斥责反对者实际上已低下到宦官、宫女的水平。

名皙,曾参不避讳说"昔"字。周时有骐期,汉时有杜度,他们的儿子该怎么避讳? 是准备讳嫌名就连姓都讳掉呢? 还是不讳嫌名呢? 汉代武帝名彻避讳成"通"字,可没有听说又把车辙的"辙"字避讳成什么字。吕后名雉避讳成"野鸡",可没有听说又把治天下的"治"字避讳成什么字。如今上章奏和下诏书,也没有听说要避讳"浒"、"势"、"秉"、"机"等字。只有宦官、宫女,才不敢说"谕"字和"机"字,认为是触犯。士君子的言论行动,究竟应该遵循什么呢? 如今考证经典,核实《律》文,查对国家典故,李贺举进士是可以的呢,还是不可以呢?

　　凡是侍奉父母,能做到曾参那样,就无可指责了。做人,能做到周公、孔子那样,也算做到头了。如今世上的人,不力求去做曾参、周公、孔子所做的事情,而在避讳亲人之名这件事上,却力求胜过曾参、周公、孔子,这也显示出他们是何等地昏乱! 周公、孔子、曾参终究无法胜过,想胜过周公、孔子、曾参,却去混同于宦官、宫女,这么说宦官、宫女孝他们的亲人,倒比周公、孔子、曾参做得还到家吗?

毛颖传

　　这是篇用史书列传体裁写成的小说。所谓毛颖,就是笔,我国很早就用毛笔写字,当时通常用兔子的毛做笔头,笔头要做成圆锥形,有锋颖,所以让它姓毛名颖,文章写毛颖的出身经历,也都离不了笔的种种特点。这种把用具或动物拟人化后写成的小说,在唐代还出现过很多,如有题为《东阳夜怪录》的,写骆驼、驴、牛、鸡、狗、猫、刺猬等都会变人赋诗,诗里都用双关的字眼表明它们的习性特点,像猫诗最后一句"那将好爵动吾心",表面上是说它清高不爱官爵,其实"爵"字古代本通"雀",实际上是说这猫懒得见了爱扑的麻雀都不动心了。不过《东阳夜怪录》等写作时代都在《毛颖传》之后,文笔也都不能和《毛颖传》相比。所以当《毛颖传》刚问世,就得到另一位古文大家柳宗元的推崇,还有人称赞作者"真良史才"。《毛颖传》写作的时间大约在宪宗元和五年以前,即韩愈四十三岁以前,当时仍在东都洛阳任职。

　　毛颖者,中山人也①。其先明眎②,佐禹治东方土,养万物有

①中山:战国时有中山国,都城在今河北定县,又迁都今河北平山东北,后为赵国所并吞。据记载,东汉诸郡献兔毫,书洛阳鸿都门匾额,只有赵地的最合用,所以这里要说毛颖是中山人。
②明眎:《礼记·曲礼》说兔一名明眎。

功,因封于卯地①,死为十二神②。尝曰:"吾子孙神明之后,不可与物同,当吐而生③。"已而果然。明眎八世孙䶄,世传当殷时居中山,得神仙之术能匿光使物,窃姮娥骑蟾蜍入月④,其后代遂隐不仕云。居东郭者曰㕙,狡而善走,与韩卢争能,卢不及。卢怒,与宋鹊谋而杀之,醢其家⑤。

秦始皇时,蒙将军恬南伐楚⑥,次中山⑦,将大猎以惧楚。召左右

---

① 佐禹治东方土,养万物有功,因封于卯地:古代术数家用十二种动物来配十二地支,其中卯为兔,所以说明眎封于卯地;而卯的方位在东方,所以说明眎佐禹治东方土;又因为四时中春的位置也在东方,春能生万物,所以说明眎养万物有功。

② 死为十二神:唐代把十二地支人化成为"十二神",其形象是人的身子,鼠、牛、虎、兔等十二种动物的头,有地位的人还把"十二神"做成明器殉葬到坟墓里,以保护死者,近若干年来已发掘出一些。

③ 当吐而生:古人传说小兔子是从母兔嘴里生出来的,这当然是违背生理、绝无其事的。

④ 明眎八世孙䶄(nóu)……窃姮(héng 恒)娥骑蟾蜍(chán chú 缠除)入月:䶄是小兔,韩愈借来作为八世孙的名字,所谓"八世孙"当然也是说说而已,并非真有此故事传说。姮娥即嫦娥,是古代东方神话中羿的妻,羿从西王母处弄到不死的良药,姮娥窃服后奔月,蟾蜍俗称"癞蛤蟆",神话说月中有蟾蜍又有兔,因而韩愈把它改编成䶄窃姮娥骑蟾蜍入月。

⑤ 居东郭者曰㕙(jùn 俊)……醢(hǎi 海)其家:郭是外城,㕙是狡兔的名字,《战国策·齐策》讲到㕙和韩卢争能故事,韩卢是韩国的狗,名叫卢,还有个宋鹊也是宋国的狗,名叫鹊,醢是剁成肉酱,即狗把一窝狡兔都吃掉,这些情节又系出于韩愈所编造。以上是第一段,模仿史书列传的写法讲毛颖的世系。

⑥ 蒙将军恬:蒙恬是秦始皇时的名将,据说他开始制造毛笔,其实在他以前早已有毛笔了,他最多是位毛笔制造的改良者。至于所谓南伐楚、次中山等等,当然又是韩愈所编造。

⑦ 次:旅途中或行军途中停留下来叫"次"。

庶长与军尉①，以《连山》筮之②，得天与人文之兆③。筮者贺曰："今日之获，不角不牙④，衣褐之徒⑤，缺口而长须⑥，八窍而趺居⑦，独取其髦⑧，简牍是资⑨，天下其同书⑩，秦其遂兼诸侯乎⑪！"遂猎，围毛氏之族，拔其豪⑫，载颖而归，献俘于章台宫⑬，聚其族而加束缚焉⑭。秦皇帝使恬赐之汤沐⑮，而封诸管城，号曰管城子⑯，日见亲

---

① 左右庶长：商鞅所定秦国的爵位，左庶长是第十级，右庶长十一级。军尉：尉是战国时武官的名称，位在将军之下。

②《连山》：传说《周易》之前还有名叫《连山》、《归藏》的占卦书，韩愈随便拉来用上。筮（shì 誓）：用蓍（shī 诗）草占卦。

③ 天与人文：天指天象，人文指人间文明，《易》贲卦有"观乎天文，以察时变，观乎人文，以化成天下"的说法。

④ 不角不牙：兔无角，也无尖长的犬齿，狭义的"牙"本是指这种犬齿。

⑤ 衣褐之徒：褐是兽毛或粗麻织成的短衣，古代穷人穿上御寒，一般多为黄黑色，和兔的颜色相似，所以韩愈要说"衣褐之徒"。

⑥ 缺口而长须：兔上唇中央有裂缝，有长胡须。

⑦ 八窍而趺（fū 夫）居：人和牛、羊、猫、狗等均有所谓九窍，兔据说只有八窍。趺居的"居"同"踞"，趺居即盘足蹲踞。

⑧ 髦（máo 毛）：毛中的长毫，比喻为英俊杰出的人，在这里也是双关用法。

⑨ 简牍：秦时书写仍用竹木简，即所谓简牍。资：凭借。

⑩ 天下其同书：秦始皇时"书同文"，即字体统一化，但这里又是双关用法，即说天下都同样要用毛笔书写。

⑪ 以上的贺词通篇押韵。

⑫ 豪：通"毫"，在这里作为既是豪杰又是毫毛的双关用法。

⑬ 献俘：把俘虏献给君王，是古代的一种礼仪。章台宫：秦的宫室名称。

⑭ 聚其族而加束缚焉：笔头要用好多兔毛束缚而成。

⑮ 汤沐：古代封建地主的封地叫"汤沐邑"，这里用汤沐，是因为笔头要用热水洗净。

⑯ 封诸管城，号曰管城子：笔头要插进笔管里，所以叫"封诸管城"，"子"是公侯伯子男五等爵中的一等。

宠任事①。

　　颖为人，强记而便敏②，自结绳之代以及秦事③，无不纂录④，阴阳、卜筮、占相、医方、族氏、山经、地志、字书、图画、九流、百家天人之书⑤，及玉浮图、老子、外国之说⑥，皆所详悉。又通于当代之务，官府簿书⑦，市井货钱注记⑧，惟上所使。自秦皇帝及太子扶苏、胡亥、丞相斯、中车府令高⑨，下及国人⑩，无不爱重。又善随人意，正直、邪曲、巧、拙，一随其人。虽见废弃，终默不泄⑪。惟不喜

---

① 日见亲宠任事：笔时常要用，所以这么说。以上是第二段，讲毛颖的出身。

② 强（qiǎng 抢）记而便敏：强记是记忆力强，记得东西多，便是机灵，敏是敏捷，这都是笔用起来的特色。

③ 结绳之代：相传我国远古时结绳记事。

④ 纂（zuǎn 钻上声）：编集。

⑤ 阴阳：讲天文、术数之类带有迷信色彩的东西。卜：龟卜，始于商代，到唐代还有。占：测候阴阳风雨之类。相：看相，相人形貌以定是否富贵。医方：医书药方。族氏：就是氏族，有记载姓氏源流之类的氏族谱。山经：记载大山名岳的书，如《山海经》的《五藏山经》之类。地志：地方志，记载一个地区的历史、地理、物产、风俗之类的书。字书：识字用的书。九流：儒家、道家、阴阳家、法家、名家、墨家、纵横家、杂家、农家为九流。百家：诸子百家，"百"形容其多。天人之书：以上既有讲天象，又有讲人事，所以总称之为"天人之书"。

⑥ 浮图：这是"佛陀"的旧译，即指佛。

⑦ 簿：簿籍。书：文书。

⑧ 市井：古代城里指定的商业区。货：财物。注：记载。

⑨ 胡亥：秦始皇的小儿子，后即位称二世皇帝。丞相斯：李斯。中车府令高：宦官赵高，中车府令是管皇帝乘车的官。以上这些都是当时有权势的人物。

⑩ 国人：春秋时国人本专指都城里的人，是统治阶级的基层力量。这里指秦国的人而言。

⑪ 终默不泄：毛颖不会说话，当然"终默不泄"。

武士,然见请,亦时往①。累拜中书令②,与上益狎③,上尝呼为
"中书君"。上亲决事,以衡石自程④,虽宫人不得立左右,独颖与
执烛者常侍⑤,上休方罢。颖与绛人陈玄、弘农陶泓及会稽褚先
生友善⑥,相推致,其出处必偕⑦。上召颖,三人者不待诏辄俱往,
上未尝怪焉⑧。

　　后因进见,上将有任使,拂拭之⑨,因免冠谢⑩。上见其发秃,
又所摹画不能称上意⑪,上嘻笑曰:"中书君老而秃,不任吾用,吾

①惟不喜武士,然见请,亦时往:这是说武士很少用笔。

②中书令:这个官职到西汉时才有,但写小说可不拘,"中书"在这里是适合
　书写的意思。

③狎(xiá匣):亲昵。

④以衡石自程:衡是衡量、称量,石是衡量单位,当时以一百二十斤为一石,
　程是程限,以衡石自程,就是自己规定每天要看一石即一百二十斤简牍才
　算够数,当时用的是竹木简牍,所以可称量斤数。

⑤烛:本是照明的意思,当时还未用蜡烛,这烛是火炬。

⑥绛人陈玄:指墨,唐代绛州(治所在今山西绛县)进贡墨,玄是黑色,墨越陈
　越好,所以叫陈玄。弘农陶泓:指砚,唐代虢州即弘农郡(治所在今河南灵
　宝南)进贡砚,这种砚是用陶土烧成的,所以姓陶,砚上有小池以容水,水
　深叫泓,所以名泓。会(guì贵)稽褚先生:唐时会稽郡(治所在今浙江绍
　兴)进贡纸,当时纸是用楮木捣烂浸水制成,"楮"、"褚"音同形近,所以称
　之为褚先生。

⑦出处:出是行动,处是休息。偕(xié鞋):同,一起。

⑧以上是第三段,讲毛颖的得宠。

⑨拂拭:拂是掸掉灰尘,拭是擦掉灰尘,所以重新起用一个人,也可叫对他的
　拂拭。

⑩免冠:冠,帽子。毛笔要套个笔帽以保护笔尖,书写时要去掉笔帽,所以叫
　"免冠"。

⑪摹画:摹是依样书写,摹画也就是书写。

尝谓君中书，君今不中书耶？"对曰："臣所谓尽心者①。"因不复召，归封邑，终于管城②。其子孙甚多，散处中国、夷狄③，皆冒管城，惟居中山者，能继父祖业④。

　　太史公曰⑤：毛氏有两族。其一姬姓，文王之子封于毛⑥，所谓鲁、卫、毛、聃者也⑦，战国时有毛公、毛遂⑧。独中山之族，不知其本所出，子孙最为蕃昌⑨。《春秋》之成，见绝于孔子，而非其罪⑩。及蒙将军拔中山之豪，始皇封诸管城，世遂有名，而姬姓之毛无闻。颖始以俘见，卒见任使，秦之灭诸侯，颖与有功。赏不酬劳，以老见疏，秦真少恩哉⑪！

――――――――

①尽心：毛笔用秃，即笔心长毫的锋芒磨尽，所以叫"尽心"，同时又双关地表示毛颖极尽了他的心力。

②终于管城：笔头坏后，仍安在笔管里不会脱落，因此说"终于管城"。

③散处中国、夷狄：我国的许多少数民族也用毛笔，所以这么说。

④以上是第四段，讲毛颖的失宠，及其后裔之能继承先业。

⑤太史公曰：《史记》每篇之后都有一段"太史公曰"，发议论或补充点正文所没有顾到讲的事情，韩愈在这里也模仿《史记》的写法。

⑥文王之子封于毛：见《左传·僖公二十四年》，是文王子毛伯郑所封，所以姓姬。

⑦鲁：文王子周公旦的封国。卫：文王子康叔的封国。聃：文王子聃季载的封国。

⑧毛公：战国时赵国人，信陵君门客。毛遂：战国时平原君门客，曾自荐立功。

⑨蕃（fán 凡）：繁殖、蕃衍。

⑩《春秋》之成，见绝于孔子，而非其罪：相传孔子作《春秋》，写到鲁哀公十四年（前481）就绝笔不作，原因是这年狩猎捉到一头麟，孔子认为"吾道穷矣"而绝笔，因此这里说非中山毛氏即笔之罪。由此也可看出韩愈并不认为蒙恬是毛笔的发明人。

⑪以上最后一段，补说毛氏世系，并对毛颖的失宠发议论。

【翻译】

　　毛颖这个人,是中山人。他的祖先叫明眎,协助禹治理东方的土地,生养万物有功,因此封在卯地,死后入十二神之列。明眎曾说:"我的子孙是神明的后裔,不好同于一般的生物,出生时应从嘴里吐出来。"以后果真如此。明眎的八世孙叫𪎮,相传殷商时住在中山,学得神仙之术,能够在阳光下隐身并驱使鬼物,窃取了姮娥骑上蟾蜍来到月亮里,他的后代就此隐居而不出来做官。住在东郭的叫魏,狡猾而且跑得快,和韩卢比赛本领,韩卢比不赢,发怒,和宋鹊合谋杀掉魏,把他全家剁成肉酱吃掉。

　　秦始皇时,将军蒙恬南伐楚国,中途在中山停留,准备大规模狩猎来威胁楚国。他叫来左右庶长和军尉,用《连山》来占卦,得到天与人文的卦兆。占卦的祝贺道:"今天所猎获的,是无角无牙,衣褐之徒,缺嘴唇长胡须,只有八窍并且盘足蹲踞,只要其中的髦,写简牍得凭借它,天下将同书,秦国终于到了吞并诸侯的日子。"于是狩猎,包围毛氏家族,拔取其中的豪毛,把毛颖装上车拉回去,在章台宫献俘,聚集毛颖的家族加以束缚。秦始皇叫蒙恬赐给毛颖汤沐,封毛颖管城,号为管城子,一天天得到亲信宠爱并有权力办事。

　　毛颖的为人,记闻广博而且机灵敏捷,从结绳时代直到秦朝的事情,没有不经他编集记录的,阴阳、卜筮、占相、医方、族氏、山经、地志、字书、图画、九流、百家天人的著作,以至佛陀、老子和外国的学说,都知道得十分详尽。还懂得当代的东西,包括官府的簿籍文书,市井的钱货记载,一切听皇上使唤。上起秦始皇和太子扶苏、胡亥、丞相李斯、中车府令赵高,下到国人,没有人不对他喜欢看重的。他还很会迎合人家的心意,有时正直,有时邪曲,有时巧,有时拙,都因人而异。即使不受重视被抛在一边,也能一直沉默下去不对外乱说。只是不喜欢武人，但一旦有请，也及时前往。他多次加官做到中书令，和皇上越加亲昵，皇上还曾叫他"中书君"。皇上亲自处理政事，规定要看完一石才算够数，即使宫女们也不能站在旁边，只有毛颖和拿烛火的经常伺候着，到皇上放手才能退出。毛颖和绛人陈玄、弘农陶泓和会稽褚先生最友好，互相推重，行动休息必定同在一起。皇上召毛颖，这三位不等受诏就立即一起去，皇上从不曾责怪过。

后来因毛颖进见，皇上将对他有所任用，加以拂拭，毛颖脱掉帽子谢恩。皇上看到他的头发已秃掉，而且书写起来也不能如意，皇上嘻笑道："中书君老了秃了，已不能为我使用，我曾说你中书，你如今怎么不中书啊？"毛颖回答道："臣是所谓尽了心的。"于是不再见召，回到他的封邑，老死在管城。他的子孙很多，分散居住在中国、夷狄，都加上管城的郡望，其中只有住在中山的，能够继承先人的事业。

太史公说：毛氏有两族。一族是姬姓，当年周文王的儿子封在毛，所谓鲁、卫、毛、聃就是，战国时有毛公、毛遂。只有中山一族，不知道源出哪里，子孙最蕃衍昌盛。《春秋》写成后，这一族被孔子摒弃，不过也不能算他们的罪过。到蒙将军拔中山之毫，秦始皇把他封在管城，才在世上博得声名，而姬姓的毛氏默默无闻。毛颖起初因被俘得进见，终于得到任用，秦吞灭诸侯，毛颖也有功勋。可奖赏不足以报偿他的功劳，老了就被疏弃，秦真是少恩啊！

为河南令上留守郑相公启^①

启,是古代的一种官文书,用书信的形式向上司陈述政事。由于封建社会等级森严,最讲究上下尊卑之分,这种启本来就不容易写好,更不用说需要在启里和上司争辩什么了。韩愈这个启是宪宗元和五年(810)四十三岁时写给上司东都留守郑余庆的,当时韩愈做河南令,惩办被百姓控告的不法军人,可郑余庆却反要把控告者抓起来,于是韩愈上了这个启向郑余庆辩明是非。启里是给郑余庆留面子的,说了他一大堆好话,但同时又指出他处理这件事是受了将吏们的蒙蔽,最后并以去就力争。据记载,韩愈在河南令任上是有能力使军人"莫敢犯禁"的,这类启大概也多少起了作用。

---

① 河南令:唐代设置河南府,下辖河南、洛阳等县,河南、洛阳两县县治都在东都洛阳城内,是所谓京县,京县令在所有县令中品阶最高,是正五品上阶。韩愈任河南令是在宪宗元和五年(810)。留守郑相公:唐代在东都设置留守,是当地的最高长官,一般都得由宰相调任。郑相公就是郑余庆,他在宪宗初年做过尚书左丞同平章事即宰相,所以称相公,元和三年(808)他任检校兵部尚书兼东都留守。

愈启：愈为相公官属五年①，辱知辱爱②，伏念曾无丝毫事为报答效。日夜思虑谋画，以为事大君子当以道③，不宜苟且求容悦④。故于事未尝敢疑惑，宜行则行，宜止则止，受容受察，不复进谢，自以为如此真得事大君子之道。今虽蒙沙汰为县⑤，固犹在相公治下，未同去离门墙为故吏⑥，为形迹嫌疑，改前所为，以自疏外于大君子，固当不待烦说于左右而后察也⑦。

人有告人辱骂其妹与妻⑧，为其长者⑨，得不追而问之乎⑩？追而不至，为其长者，得不怒而杖之乎⑪？坐军营，操兵守御，为

---

① 愈为相公官属五年：元和元年（806）韩愈在京城任国子博士，郑余庆是国子祭酒；二年（807）韩以国子博士分教东都，郑任河南尹兼知东都国子监事；三年（808）郑任东都留守；四年（809）韩改都官员外郎分司东都，五年韩改河南令，五年来一直是郑的下属。

② 辱：用在这里是作为谦词，作承蒙讲。

③ 大君子：对德高望重者的叫法，这里指郑余庆。

④ 苟且：这里是不按正道的意思。

⑤ 沙汰为县：唐代京官重于地方官，尽管韩愈原任都官员外郎只是从六品上阶，而且还是分司官，但改任正五品上阶的河南令仍要说是沙汰，沙汰就是淘汰。

⑥ 门墙：这里指权贵者的门下。故吏：曾经在某人手下做过官的，称为某人的故吏。

⑦ 左右：身边侍候的人，旧社会书信中不直接称对方，而称对方左右侍候之人，以表示尊敬，下文的"左右"也是同样用法。察：体察，理解。以上是第一段，正面表明对待上司郑余庆所持的态度。

⑧ 人有告人辱骂其妹与妻：这第一个"人"大概本应用"民"字，唐人因避太宗御讳世民，常用"人"代"民"。

⑨ 长：这里是长官的意思，韩愈是河南令，对河南县百姓来说是长。

⑩ 追：下命令叫来，拘来。

⑪ 杖：用杖拷打，《唐律》的《名例》中列杖刑为五刑之一，可杖打六十下到一百下。

留守出入前后驱从者,此真为军人矣。坐坊市卖饼,又称"军人",则谁非军人也？愚以为此必奸人以钱财赂将吏①,盗相公文牒②,窃注名姓于军籍中③,以陵驾府县④。此固相公所欲去,奉法吏所当嫉⑤,虽捕系杖之未过也⑥！

昨闻相公追捕所告受辱骂者。愚以为大君子为政,当有权变,始以小异,要归于正耳。军吏纷纷入见告屈,为其长者⑦,安得不小致为之之意乎？未敢以此仰疑大君子⑧。及见诸从事说⑨,则与小人所望信者少似乖戾⑩。虽然,岂敢生疑于万一。必诸从事与诸将吏未能去朋党心⑪,盖覆黤黮⑫,不以真情状白露左右⑬。小人受私恩良久,安敢闭蓄以为私恨⑭,不一一陈道？伏惟

---

①将吏:军中的武官和文职官员,军将和军吏。
②文牒(dié蝶):公文、文书。
③注:添加。军籍:记载军人姓名的簿籍。
④府县:指河南府和下属的河南县、洛阳县。
⑤嫉:这里是憎恨的意思。
⑥系:捆绑,拘囚。以上是第二段,解释为什么要对这个所谓"军人"者行杖。
⑦长:这里指东都留守郑余庆。
⑧仰疑:仰是抬头的意思,东都留守是上司,韩愈是下对上,所以在"疑"字前加个"仰"。
⑨从事:地方高级长官的下属官吏。
⑩小人:这里是韩愈自己的谦称,下文的"小人"也是韩愈谦称。乖戾(lì利):背离,不一致。
⑪朋党:古代称某些为私利而勾结到一起的人为"朋党",这可不是好字眼。
⑫黤黮(yǎn dàn 掩淡):黤是深黑色,黮也是深黑色,连在一起用来形容昏暗。
⑬白:表白。露:暴露。
⑭闭蓄:藏起来。

相公怜察,幸甚幸甚①!

愈无适时才用,渐不喜为吏,得一事为名,可自罢去,不啻如弃涕唾②,无一分顾藉心③。顾失大君子纤芥意④,如丘山重。守官去官,惟今日指挥。愈惶惧再拜⑤。

【翻译】

愈启:愈做相公的属官已有五年了,承蒙相公赏识爱护,自知没有丝毫可以报答效劳之处。愈日夜思虑谋划,认为对待大君子该凭道义,不能不按正道来博取欢心。因此凡事不敢迟疑,该办理的就办理,该制止的就制止,不论受到相公的包容或查察,都不再进见致谢,自以为这么做才真正合乎对待大君子的正道。如今虽然被沙汰充任县令,可仍在相公管辖之下,不同于离开门墙成为故吏,为了形迹嫌疑,要改变过去的做法,使自己见外于大君子,这本来就不用多说相公自会理解。

百姓控告有人辱骂他的妹妹和妻子,作为长官,能不把这个人拘来讯问吗?拘他不来,作为长官,能不发怒而行杖吗?身在军营里,手持兵器在防御守卫,留守出入时前驱后从的,这才真是军人。坐在坊市卖饼,却又自称"军人",这样谁不是军人呢?我

---

①幸甚幸甚:这是旧时书信中的客套话,以表示欣幸之意。以上是第三段,用婉转的语气指出郑余庆受了蒙蔽。

②不啻(chì翅):不仅、不止。涕:这里指鼻涕。唾:唾沫。

③藉(jiè):凭借,依恋。

④纤(xiān)芥:极其细小。

⑤惶惧再拜:这是旧时书信用在结束处的客套话。惶惧是惶恐、恐惧,意思是怕话说得不合适而紧张恐惧。再拜是向对方敬礼。以上最后一段,以去就力争于郑余庆。

认为这一定是奸人用钱财贿赂将吏,盗取相公文牒,把姓名偷加进军籍里,来欺骗府县。这种人本是相公所要铲除的,守法官吏所最憎恨的,纵使抓住捆起来行杖也没有过错啊!

前几天听说相公反要拘捕控告的百姓。我以为大君子处理政事,要有权变,初看起来好像有点小异同,大体上总不离于正道。军吏们纷纷进见相公诉说委屈,相公作为长官,怎能不稍为表示点帮他们的意思呢?当然不敢因此就对大君子有所怀疑。可见到从事们讲起来,和我小人所仰望信赖于相公的好像不甚一致。尽管如此,怎敢对相公产生半点怀疑。这一定是那些从事和将吏未能去掉结党营私的恶习,把问题遮盖得严严的,不把真情实况向相公表白透露。小人我受相公私恩已久,怎敢把这些想法藏起来暗地里抱怨相公,而不向相公一一陈述呢?希望相公垂怜审察,就极为欣幸了!

愈缺乏处世的才能,对做官已日渐不感兴趣,找到一个名头,可径自罢去,比摔掉涕唾都看得不在乎,决没有一点顾惜依恋之心。只是对有失大君子纤芥之意,则看得如丘山之重。是继续把官做下去还是罢去,一凭相公指挥。愈惶惧再拜。

答刘正夫书①

　　书，就是书信。古人的书信一般有两种写法：一种内容很简单，三言两语，把该向收信人说的事情说清楚就可以；再一种则长篇巨制，通过书信向收信人讲道理、发议论或抒写感情。韩愈这封答刘正夫书就属于后者，是刘正夫这位举进士的后辈向韩愈请教如何学做古文，韩愈给予回答，实际上是指导如何做古文的理论文章。韩愈关于古文的理论文章写过好几篇，但有的写得比较抽象，不如这篇答书容易读。据前人考证，这篇答书作于宪宗元和六年（811）以后，八年（813）以前，韩愈四十四岁到四十六岁之间，这时韩愈已调回京师任职。

　　愈白进士刘君足下②：辱笺③，教以所不及，既荷厚赐，且愧其

────────────

①刘正夫：是当时任给事中、后来做到刑部侍郎的刘伯刍的小儿子，但《新唐书·宰相世系表》上只说刘伯刍有名叫宽夫、端夫、岩夫的三个儿子，有人认为"正夫"可能是"岩夫"之误。

②白：告诉的意思，旧时书信中的常用词。进士：唐代举进士的就称"进士"，和后世考中了才称"进士"不同。足下：古代对对方的敬称，不论口头上或书信里都可用。

③笺（jiān 坚）：这里指书信。

诚然,幸甚幸甚! 凡举进士者,于先进之门①,何所不往? 先进之于后辈,苟见其至,宁可以不答其意邪? 来者则接之,举城士大夫莫不皆然,而愈不幸独有接后辈名,名之所存,谤之所归也②。

　　有来问者,不敢不以诚答。或问:"为文宜何师?"必谨对曰:"宜师古圣贤人。"曰:"古圣贤人所为书具存,辞皆不同,宜何师?"必谨对曰:"师其意不师其辞。"又问曰:"文宜易宜难③?"必谨对曰:"无难易,惟其是尔。"如是而已,非固开其为此而禁其为彼也④!

　　夫百物朝夕所见者,人皆不注视也,及睹其异者,则共观而言之。夫文岂异于是乎? 汉朝人莫不能为文,独司马相如、太史公、刘向、扬雄为之最⑤。然则用功深者,其收名也远。若皆与世沉浮⑥,不自树立,虽不为当时所怪,亦必无后世之传也。足下家中百物,皆赖而用也,然其所珍爱者,必非常物。夫君子之于文,岂异于是乎? 今后进之为文,能深探而力取之,以古圣贤人为法者,虽未必皆是,要若有司马相如、太史公、刘向、扬雄之徒出,必自于此,不自于循常之徒也⑦。若圣人之道不用文则已,用则必尚其

————————

①先进:指已考中过进士的。

②以上是第一段,表明自己尽管因接待后辈招来谤议,但仍愿意回答刘正夫的提问。

③易:指文章的用意、用字都浅显易解。难:指用字冷僻,造句奇特,文义艰深。

④以上是第二段,指出学做古文的三项原则。

⑤太史公:指司马迁。刘向:西汉后期的大学者,在经学、目录校勘学等方面都作出了巨大的贡献,在文章上也很有成就。

⑥与世沉浮:随俗俯仰,随波逐流。

⑦循:遵循。

能者,能者非他,能自树立不因循者是也①。有文字来,谁不为文,然其存于今者,必其能者也。顾常以此为说耳②。

　　愈于足下,忝同道而先进者③,又常从游于贤尊给事④,既辱厚赐,又安得不进其所有以为答也。足下以为何如? 愈白⑤。

【翻译】

　　愈白进士刘君足下:接到来信,指出我所不及之处,既多承赐与,且惭愧我确实如此,真欣幸之至! 大凡举进士的人,只要是先进之门,哪有不去的? 先进对于后辈,如果见他到来,也怎能不报答他的诚意? 来了的就接待,全城士大夫没有不是如此,而我不幸独有喜欢接待后辈的名声,名之所在,诽谤也就随之而来了。

　　既有来问的,就不敢不真诚回答。有人问道:“做文章应该师法谁?”一定郑重地回答说:“应该师法古代的圣贤人。”再问道:“古代圣贤人所写的书倒保存着,可文辞都不相同,应该师法谁?”一定郑重地回答说:“师法他们的用意而不师法他们的文辞。”又问道:“文章应该写得易还是应该写得难?”一定郑重地回答说:“没有难易,只要合适就可以。”就是如此回答,并没有一定引导他们这么做而禁止他们那么做啊!

　　早晚常见的各种东西,人们都不会去注意去细看的,等到发

①因:因袭。
②以上是第三段,指出好的古文要用功深,能自树立而不因循。
③忝(tiǎn 舔):和“辱”字的用法相同,也是谦词,可解释为“愧”。
④贤尊:尊即“尊人”,指对方的父亲,加上“贤”字则更为恭敬,后来多用“令尊”称对方的父亲也是同样的意思。这里的“贤尊”指刘伯刍,刘伯刍当时在门下省任正五品上阶的给事中,所以称“贤尊给事”。
⑤以上最后一段,再一次说明为什么要写这封答书。

现了稀奇的东西,就围观并且议论。文章难道不是这样吗?汉朝人没有不会做文章的,但只有司马相如、太史公、刘向、扬雄最称杰出。可见功夫下得深的,名声才会广为流传。如果都随波逐流,不有所建树,纵使不见怪于当时,也必然不能流传到后世。足下家里的各种东西,都是有用处的,但所珍视喜爱的,一定是不寻常的东西。君子对待文章,难道不是这样吗? 如今后进的人做文章,能够深入探索而尽力汲取,把古代圣贤人作为法则的,虽然不一定都做得合格,但如真有司马相如、太史公、刘向、扬雄之类的人物,一定出在这些人里面,而不会出在遵循寻常世俗之见的人们中间。如果推行圣人之道不用文章就不说了,要用则必然要重视能写文章的,能写文章的不是别的什么人,而是能够有所建树、不因袭遵循世俗之见的人。自有文字以来,谁不写文章,但其中保存到今天的,一定是能够这么做的。我就常这么说的。

　　我对足下来说,是愧为同道而先进的人,又常和令尊给事往来,既承蒙厚赐,又怎能不倾诉我所知道的来回答足下。足下认为怎样? 愈白。

贞曜先生墓志铭

　　墓志起源于西晋时候，在坟墓里埋进一块石板，刻上死者的姓名、籍贯、官职以及父母妻子之类，以免时过境迁后子孙迷失先人坟墓之所在。后来石板定型为正方，上面的文字也写得越来越多，结束时还要加几句押韵的铭文，成为一种文体叫墓志铭，和墓碑碑文一样实际上也是给死者写传记，不过墓志因为面积小，志铭就比碑文要简略些，不必像碑文那样把死者的生平事迹说得过于详尽。但从南北朝到隋唐因为文章习惯写骈体，墓志铭也弄得公式化，韩愈改用古文来写，对公式化墓志铭作了彻底的改革。像这首为好友孟郊撰写的《贞曜先生墓志铭》，就着重写孟郊在诗歌创作上的成就，以及自己和孟郊深挚的友情，而对孟郊的生平经历和亲属等只作简要的交代，在结构上变化灵活，不拘老一套的格局，用字造句上也力求创新，弃绝陈句滥调，使本来枯燥无味的墓志铭成为可读的文学作品，这是韩愈在古文运动上的一项成就。这篇墓志铭是宪宗元和九年（814）八月韩愈在京师任尚书比部郎中、史馆修撰时写的，这时他四十七岁。

　　唐元和九年，岁在甲午，八月己亥①，贞曜先生孟氏卒，无子，其配郑氏以告②。愈走位哭③，且召张籍会哭④。明日，使以钱如东都⑤，供丧事。诸尝与往来者，咸来哭吊，韩氏遂以书告兴元尹故相余庆⑥。闰月⑦，樊宗师使来吊⑧，告葬期，征铭。愈哭曰："呜呼！吾尚忍铭吾友也夫！"兴元人以币如孟氏赙⑨，且来商家事，樊子使来速铭⑩，曰："不则无以掩诸幽⑪。"乃序而铭之⑫。

----

① 岁在甲午，八月己亥：我国古代用干支纪年、纪日，即将甲、乙、丙、丁、戊、己、庚、辛、壬、癸十天干和子、丑、寅、卯、辰、巳、午、未、申、酉、戌、亥十二地支组合起来纪年、纪日，经六十年、六十天轮一转。岁，在这里指"太岁"，岁在甲午，即说这年甲午是太岁。这年八月己亥，是八月二十五日，这是可从陈垣所著《二十史朔闰表》查出来的。

② 配：配偶，妻，夫人。

③ 愈走位哭：孟郊死后运到东都洛阳安葬，韩愈在长安做京官，无法赴葬，就在自己家里立了孟郊的灵位，走到灵位前哭吊。

④ 且召张籍会哭：韩愈和张籍相识，是孟郊介绍的，这时张籍也在做京官，所以韩愈通知他来一起哭吊。

⑤ 如：前往某地叫"如某地"。

⑥ 兴元尹故相余庆：即郑余庆，他做过宰相所以叫"故相"，这年他拜检校右仆射兼兴元府（治所在今陕西南郑）府尹充山南西道节度观察使。

⑦ 闰月：我国古代通行农历，三年闰一个月，这年是闰八月，即八月以后再加一个闰八月，也常简称为"闰月"。

⑧ 樊宗师：唐代古文家，韩愈的好友，事迹见本书选译的《南阳樊绍述墓志铭》，这时在洛阳给孟郊料理丧葬。

⑨ 币：这里应解释为钱财、财物。赙（fù 付）：出财物帮助人家办丧事叫赙。

⑩ 速：催索。

⑪ 幽：墓穴。

⑫ 序而铭之：这里的"序"是动词，记叙死者生平事实的意思。以上是第一段，讲自己如何听到孟郊的死讯，如何撰写这首墓志铭。

　　先生讳郊①,字东野。父庭玢②,娶裴氏女,而选为昆山尉③,生先生及二季酆、郢而卒④。先生生六、七年,端序则见⑤,长而愈骞⑥,涵而揉之⑦,内外完好⑧,色夷气清⑨,可畏而亲。及其为诗,刿目钺心⑩,刃迎缕解⑪,钩章棘句⑫,掐擢胃肾⑬,神施鬼设⑭,间见层出⑮。唯其大玩于词⑯,而与世抹铩⑰,人皆劫劫⑱,

---

① 讳:墓碑、墓志铭上都不能对死者直呼其名,要写出时只能说"讳某"。

② 玢(fēn 分)。

③ 昆山:今江苏昆山。尉:县尉。

④ 季:兄弟中排行靠后的叫"季"。酆(fēng 丰)。郢(yǐng 影)。

⑤ 端序则见:端序即"端绪","端"是开端,"端绪"是头绪的意思。"端序则见",即所谓初露头角。

⑥ 骞(qiān 牵):飞扬,高举,即超群拔类的意思。

⑦ 涵:含,包含一切,这里是学识广博的意思。揉(róu 柔):来回擦搓,这里是融会贯通的意思。

⑧ 内:这里指内心修养。外:这里指与外界事物的相处,即所谓待人接物。

⑨ 夷:平。清:清峻,严肃。

⑩ 刿(guì 贵)目钺(shù 术)心:刿是刺伤、割伤。钺是长针,针刺。"刿目钺心"也就是刺人心目。

⑪ 刃迎缕解:这是从"迎刃而解"的成语变化出来的。"缕"是丝缕,"缕解"是说像丝缕那样分析得细密。

⑫ 钩章棘句:钩,弯曲。棘,棘刺。这是说章法曲折、造句奇偏。

⑬ 掐擢胃肾:掐,挖出。擢,引出。"掐擢胃肾"就是今天常说的"动人心弦"。

⑭ 神施鬼设:是说神妙得非人力之所能及。

⑮ 间见层出:间见,迭见。"间见层出"也就是人们常说的"层见叠出"。

⑯ 大玩于词:玩,研习。"大玩于词"就是在文词上下了大功夫。

⑰ 与世抹铩(shā 杀):抹铩,就是"抹杀"。"与世抹铩"是说漠视世俗的荣利。

⑱ 劫劫:即汲汲,奔竞貌。

我独有余①。有以后时开先生者②,曰:"吾既挤而与之矣③,其犹
足存邪?"④

　年几五十,始以尊夫人之命⑤,来集京师,从进士试,既得即
去。间四年,又命来,选为溧阳尉,迎侍溧上⑥。去尉二年,而故
相郑公尹河南,奏为水陆运从事试协律郎⑦,亲拜其母于门内⑧。
母卒五年,而郑公以节领兴元军⑨,奏为其军参谋试大理评事⑩。
挈其妻行之兴元⑪,次于阌乡⑫,暴疾卒,年六十四。买棺以敛,以
二人舆归⑬,鄪、郡皆在江南。十月庚申⑭,樊子合凡赠赗而葬之

---

①有余:有余裕,从容自得。

②后时:落后于时势。开:开导。

③挤:推让。

④以上是第二段,着重讲孟郊在诗歌上的成就。

⑤尊夫人:这是指孟郊的母亲,和后世称对方的夫人为"尊夫人"不一样。

⑥溧上:溧阳县以在溧水之北而得名,这里的"溧上"就指溧水边上。

⑦奏:向皇上奏请。水陆运从事试协律郎:从事是地方高级长官的下属官
　吏,洛阳是交通要道,所以要设水陆运从事,但从事不算正式的职事官,没有品
　阶,所以要给一个职事官的名义,给孟郊的职事官协律郎是太常寺的低级官
　员,正八品上阶,"试"是试用,当然即使非试用,也不用真去太常寺到任。

⑧亲拜其母:郑余庆亲自去拜见孟郊的母亲,这是给面子的做法。门内:孟
　郊的家门之内。

⑨郑公以节领兴元军:节,是节度使持的节,以显示其权力。兴元军即山南西
　道节度使所管部队,"以节领兴元军",即任山南西道节度使的古雅讲法。

⑩参谋试大理评事:参谋是节度使的下属官员,非正式职事官,所以加一个
　"试大理评事"的名义,大理评事是大理寺下属从八品下阶的官员。

⑪挈(qiè 切):带领。

⑫阌(wén 文)乡:今已并入河南灵宝。

⑬舆(yú 余):车子。

⑭十月庚申:是十月十七日。

洛阳东其先人墓左,以余财附其家而供祀①。

　　将葬,张籍曰:"先生揭德振华②,于古有光,贤者故事有易名③,况士哉④!如曰贞曜先生,则姓名字行有载⑤,不待讲说而明。"皆曰:"然。"遂用之⑥。

　　初,先生所与俱学同姓简,于世次为叔父⑦,由给事中观察浙东⑧,曰:"生吾不能举⑨,死吾恤其家。"⑩

　　铭曰:於戏贞曜⑪,维执不猗⑫,维出不訾⑬,维卒不施⑭,以昌其诗⑮。

---

①以上是第三段,讲孟郊的经历和去世以后的情况。

②揭德:立德。振华:华是文采,振华是振起诗道。

③故事:旧例,传统的办法。易名:本指赐谥(shì试),古代帝王死后上谥号,将相大臣死后也赐谥,以后就称谥而不再称其名,所以叫"易名"。孟郊官小当然没有赐谥的资格,"贞曜"是所谓私谥。

④士:这里指道德文章之士。

⑤行:生平的德行,"贞曜"的"贞"是坚贞的意思,"曜"是光耀的意思,足表孟郊的德行。

⑥以上是第四段,讲给孟郊私谥的事情。

⑦于世次为叔父:世是世系,次是次第,这句话是说孟简和孟郊的亲属关系已极疏远,只是按世系排起来才算孟郊的叔父辈。

⑧观察浙东:任浙东观察使,治所在今浙江绍兴。

⑨举:扶起来,帮忙尽力的意思。

⑩恤(xù序):周济。以上是第五段,讲家属将得到周济。

⑪於戏(wū hū 乌乎):同"呜呼"。

⑫执:执持,操守。猗(yǐ椅):通"倚",依靠。

⑬出:付出的,贡献。訾(zī资):估量。

⑭施:施用。

⑮以上最后一段,是铭文。

【翻译】

唐元和九年，岁在甲午，八月己亥，贞曜先生孟氏逝世，没有儿子，由他的夫人郑氏出面报丧。我设了灵位哭吊，并通知张籍来参加。第二天，派人送钱去东都，以备丧葬费用。一些曾和先生有往来的，都来哭吊，我还写信告诉了兴元尹故相郑余庆。闰月，樊宗师派人来吊，通知入葬的日期，要我写墓志铭。我哭着说："唉！我还忍心给我友写墓志铭啊！"兴元有人送财物去孟家帮助办理丧葬，并商量家事，樊宗师叫他来催索墓志铭，说："否则就无法埋进墓里。"于是我记叙事实写这个铭。

先生讳郊，字东野。父名庭玢，娶裴氏女，后来选授为昆山尉，有了先生和先生的两个小弟酆、郢后去世。先生六七岁时，已初露头角，长大后越加超群拔类，学识广博而能融会贯通，内心修养和待人处世都已臻美善，态度和平而神气清峻，使人感到既可畏又可亲。到写出诗歌来，则真可刺人心目，叫人有分析透辟之感，加以章法曲折而造句奇倔，动人心弦，神妙非人力所能及之处，层见叠出。这样地在文词上下了大功夫，而对世俗的荣利漠视，人家都汲汲奔走，自己却从容自得。有人开导先生不要落后于时势，先生说："我既已把荣利推让出去了，还有什么可顾恋的呢？"

先生年将五十，才奉母命，来到京师，参加进士科考试，考上了又离去。过了四年，又奉母命来京师，选任为溧阳县尉，迎母到溧上侍奉。罢县尉之任后两年，故相郑公任河南尹，奏请先生为水陆运从事试协律郎，并亲自登先生门拜母。母去世之后五年，郑公节度兴元军，奏请先生为兴元军参谋试大理评事。先生带了夫人前往兴元，在阆乡停留时，突然发病去世，享年六十四岁。买棺木收殓，用二人车送回，酆、郢两位还都在江南。十月庚申，樊宗师齐集了赠送助丧的财物,安葬先生到洛阳城东的先人墓旁,剩下的财物给先生家里供祭祀之用。

将要安葬,张籍说:"先生树立德行重振诗道,光辉不减于古人,贤者按照旧例可以易名赠谥,何况道德文章之士! 如果赠谥为贞曜先生,则姓和名字之外德行也有着落,这不待讲说大家都可明白。"人家都说:"很对。"就用"贞曜"为谥。

当初,先生有位同学孟简,按世系排起来是先生的叔父辈,由给事中出任浙东观察使,说:"先生生前我不能尽力,死后我要周济他家。"

铭曰:呜呼贞曜先生,讲究操守不事依傍,一生贡献不可估量,虽然终于不见施用,却使他的诗歌盛昌。

试大理评事王君墓志铭

这是同在宪宗元和九年(814)韩愈四十七岁时撰写的另一篇墓志铭,志的是号称"天下奇男子"的王适。王适此人的特点是"好读书","怀奇负气",不肯考科举而要另闯一条出路,却在诸公贵人面前碰了壁,应特开的直言科又因"对语惊人"而不被录取,蓄意叛乱的节度使卢从史想用他被他严拒,好容易跟上一位李惟简在凤翔干了些除弊安民的善政,却又辞去入阌乡南山不再出仕。韩愈在墓志里就着重写他这一连串奇事,生动地描绘出一位有才气的读书人在封建社会里如何不得志。另外,王适的岳父也是一位"奇士",因此韩愈在记述王适家世亲属时也把他夹写进去,并且用了相当篇幅描写王适用计骗取他许亲的故事,这种行文的方法和《史记》某些列传颇有神似之处。

君讳适,姓王氏。好读书,怀奇负气①,不肯随人后举选。见功业有道路可指取,而名节可以戾契致②,困于无资地,不能自出,乃以干诸公贵人③,借助声势。诸公贵人既志得,皆乐熟软媚

①负气:恃其意气,不肯屈居人下。
②戾(lì利)契(qì气)致:戾在这里是乖戾,即不循正轨办法,契在这里应作"刻"讲,"契致"即刻意求取,"戾契致"即不循正轨来求得。
③干:干求,走门路乞求人家帮助。

耳目者①，不喜闻生语②，一见，辄戒门以绝③。

上初即位④，以四科募天下士⑤。君笑曰："此非吾时邪？"即提所作书，缘道歌吟，趋直言试。既至，对语惊人，不中第，益困⑥。

久之，闻金吾李将军年少喜事可撼⑦，乃踏门告曰⑧："天下奇男子王适，愿见将军白事。"一见，语合意，往来门下。卢从史既节度昭义军⑨，张甚⑩，奴视法度士，欲闻无顾忌大语。有以君生平告者，即遣客钩致⑪。君曰："狂子不足以共事⑫。"立谢客。李将

---

①熟软媚耳目：奉承迎合，娱耳悦目。

②生语：生僻奇特的话。

③门：看门的人。以上是第一段，指出王适的特点是"怀奇负气"，讲他在诸公贵人前碰壁。

④上：皇上，指唐宪宗。

⑤四科：贤良方正直言极谏科、才识兼茂明于体用科、达于吏理可使从政科、军谋弘远堪任将帅科，共四种临时特开的科目，王适认为这就是"功业有道路可指取，而名节可以侥契致"的时机，所以他应了其中的贤良方正直言极谏科。

⑥以上是第二段：讲王适应直言科又碰壁。

⑦金吾李将军：即李惟简，是安禄山党羽李宝臣的小儿子，但能忠于唐皇室，宪宗元和初年任左金吾卫大将军，所以叫"金吾李将军"。左金吾卫是唐十六卫之一，负责京城的治安，卫的大将军是正三品高级武官。撼：动摇，这里是说动人家的心。

⑧踏：较多的本子作蹜（jí瘠），但蹜是用小步子走路的意思，和王适的性格不合，有的本子作"踏"是对的，今据改正。

⑨卢从史：当时任昭义军节度使（治所在今山西长治），蓄意叛乱，在元和五年（810）被诱擒，贬逐岭南死去。

⑩张（zhàng涨）：张狂，骄纵。

⑪钩致：像用钩钓鱼一样地招人家去，即勾引招致的意思。

⑫狂子：狂妄的家伙。是骂卢从史。

军由是待益厚，奏为其卫胄曹参军，充引驾仗判官①，尽用其言。将军迁帅凤翔②，君随往，改试大理评事摄监察御史观察判官③，栉垢爬痒④，民获苏醒⑤。

居岁余，如有所不乐，一旦载妻子入闅乡南山不顾。中书舍人王涯、独孤郁、吏部郎中张惟素、比部郎中韩愈日发书问讯⑥，顾不可强起，不即荐。明年九月疾病⑦，舆医京师，某月某日卒⑧，年四十四，十一月某日即葬京城西南长安县界中⑨。

---

①胄曹参军，充引驾仗判官：胄曹参军，诸卫都有，是正六品下阶的职事官。判官，则不是正式的职事官，但很有实权。王适做的判官是管引驾仗的，这引驾仗就是金吾卫所管的皇帝仪仗队。

②将军迁帅凤翔：李惟简调任凤翔陇右节度使（治所在今陕西凤翔），节度使是一方统帅所以可叫"帅"，这里的"帅"则是动词，说去做某地的节度使。

③试大理评事摄监察御史观察判官：这里只有观察判官是实职，颇有权势，但又非职事官，所以加上从八品下阶的大理评事和正八品上阶的监察御史两个职事官虚衔。

④栉（zhì 质）垢爬痒：栉垢，梳去头发里污垢，爬痒是搔痒，是除弊安民的意思。

⑤以上是第三段，讲王适拒绝卢从史，在李惟简处出力。

⑥中书舍人王涯、独孤郁：中书舍人是中书省下属的正五品上阶官员。王涯后官至宰相，为宦官所杀。独孤郁后官至从四品上阶的秘书少监。吏部郎中张惟素：吏部郎中是尚书省吏部下属的从五品上阶官员。张惟素后官至正四品上阶吏部侍郎。

⑦疾：生病。病：疾甚叫"病"，也就是通常所说病得很厉害。

⑧某月某日卒：这应是韩愈写墓志铭时不知道王适的确切死期，只好空着，以后也未填补，前人文集中的墓碑、墓志常有这种情况。

⑨京城西南长安县界中：唐代京城包括郊区分东西两半，西为长安县，这里是指长安县郊区的西南角。以上是第四段，讲王适的隐居和去世。

　　曾祖爽,洪州武宁令①。祖微,右卫骑曹参军②。父嵩,苏州昆山丞③。妻上谷侯氏,处士高女④。高固奇士,自方阿衡、太师⑤,世莫能用吾言,再试吏,再怒去,发狂投江水。初,处士将嫁其女,惩曰⑥:"吾以龃龉穷⑦,一女怜之,必嫁官人,不以与凡子。"君曰:"吾求妇氏久矣,惟此翁可人意,且闻其女贤,不可以失。"即谩谓媒妪⑧:"吾明经及第⑨,且选,即官人,侯翁女幸嫁,若能令翁许我,请进百金为妪谢。"诺,许白翁。翁曰:"诚官人耶? 取文书来。"君计穷吐实。妪曰:"无苦,翁大人,不疑人欺我,得一卷书粗若告身者⑩,我袖以往,翁见,未必取视,幸而听我行其谋。"翁望见文书衔袖,果信不疑,曰:"足矣!"与女与王氏。生三子,一男二女,男三岁夭死,长女嫁亳州永城尉姚侹⑪,其季始十岁⑫。

────────

①洪州:治所在今江西南昌。武宁:洪州属县,今江西武宁。

②右卫骑曹参军:右卫也是唐十六卫之一。骑曹参军是所属正六品下阶官员。

③苏州:治所在今江苏苏州,昆山是其属县。

④上谷:郡名,治所在今河北易县,韩愈写此墓志时已改名易州。处士:古代不做官的叫处士。

⑤自方阿衡、太师:商汤时伊尹为阿衡(阿衡,相当于宰相的大官),周武王时吕望为太师,这是说侯高以伊尹、吕尚自比,方就是"比"的意思。

⑥惩:这里作吸取教训讲。

⑦龃龉(jǔ yǔ 举语):上下齿不配合,意见不合的意思。

⑧谩(mán 瞒):欺骗。媒妪(yù 玉):媒婆。

⑨明经及第:明经科在唐代的地位仅次于进士科,明经及第和进士及第一样再经吏部考试就可以做官。

⑩一卷书粗若告身者:告身是当时做官的任命文书,文官由吏部颁发,武官由兵部颁发,是卷子形式,而当时的书也是卷子形式,因此可用一卷和告身差不多的书来冒充。

⑪亳州:治所在今安徽亳州。永城:亳州属县,今河南永城。侹(tǐng 挺)。

⑫以上是第五段,讲王适的先世、亲属以及他岳父的奇事。

铭曰:鼎也不可以柱车①,马也不可使守闾②。佩玉长裾,不利走趋③。只系其逢,不系巧愚。不谐其须,有衔不袪④。钻石埋辞,以列幽墟⑤。

【翻译】

君讳适,姓王氏。生平喜欢读书,怀抱奇才而负气不肯屈居人下,不愿跟在人家后面去应举选官。看到功名事业可从另外的道路获取,声名节概也可循非正轨的办法求得,只是由于缺少资格地位,无法单凭自己的力量出头,就干求诸公贵人,想借助他们的声势。但诸公贵人既已得志,都喜欢奉承迎合娱耳悦目的东西,不爱听生僻奇特的言论,一见之后,就告诫门上不让再来。

今皇上初即位,开四科来招募天下才士。君笑道:"这不是我的机会来了吗?"就提起所写的书,沿路唱着歌,赶去应直言科考试。到达后,对答问题所说的话叫人吃惊,没有中试,弄得越加困顿。

过了好久,听说金吾卫的李将军年轻好事可以说动,就踏上

---

① 鼎:先秦时贵族用的饮食器,青铜铸造,高贵的有所谓"重器"之说,这里用来比喻有大本领的人。柱:同"拄",支撑。

② 闾(lú 驴):古代里巷的大门叫"闾"。

③ 佩玉长裾(jū 居),不利走趋:古代贵族身上要挂一串玉,叫"佩玉",还要穿上长前襟的袍子,叫"长裾",走趋,就是快走,是侍候人的姿态,佩玉长裾的人当然不用走趋,也不便于走趋。

④ 不谐(xié 协)其须,有衔不袪(qū 区):谐是调和,衔是含住,袪是摆脱,这里是施展出去的意思,这两句是说不符合人家的需要,有才能也只能深藏起来无从施展出去。

⑤ 幽墟:墓穴,因为押韵用了个"墟"字。以上最后一段,是铭文。

门告知说："天下奇男子叫王适的,想见将军谈事情。"一见面,谈得很合拍,就常往来门下。当时卢从史已节度昭义军,十分张狂,讲法度循规蹈矩的人看不入眼,只想听无顾忌的大话。有人报告了君的生平,就立即派人勾引招致。君说:"这种狂妄家伙不足与共事。"立即把来人回绝掉。李将军由此更加厚待,奏为本卫的胄曹参军充引驾仗判官,对君言听计从。李将军迁任凤翔节度,君跟着去,改试大理评事摄监察御史观察判官,除弊安民,百姓过上了好日子。

在凤翔一年多,好像又有什么不愉快,有一天突然用车子装上妻儿到阌乡县的南山里住下再不回头。中书舍人王涯、独孤郁,吏部郎中张惟素,比部郎中韩愈接连去信问候,只是无法勉强君出仕,没有忙于推荐。第二年九月君病重,用车子送到京师医治,某月某日逝世,得年四十四岁,十一月某日葬于京城西南长安县界中。

君曾祖爽,洪州武宁县令。祖微,右卫骑曹参军。父嵩,苏州昆山县丞。妻上谷侯氏,处士侯高之女。侯高本是奇士,自比阿衡、太师,认为当世没人能听用他的建议,两次考选官吏,两次生气离去,发疯跳到江水里。当初,处士准备嫁女,吸取教训道:"我因与世俗不合落到十分穷困的地步,只有一个女儿得爱怜,必定要嫁个做官的,不给一般凡俗人。"君自思道:"我找合适的女方已找好久了,只有此翁合我心意,而且听说他的女儿也很贤德,不能错过机会。"就欺骗媒婆说:"我明经及第,很快考选,就是个做官的,侯翁的女儿正好准备出嫁,如能叫侯翁把女儿许给我,我要送百金谢你。"媒婆答应,同意向侯翁讲。侯翁说:"真是做官的吗?拿文书来看。"君没有办法对媒婆说了真话。媒婆说:"不用着急,侯翁是大人君子,不会疑心人家欺骗自己,找一卷和告身差不多的书，我塞在衣袖里前去，侯翁见到，未必就要取出来细看，请相信我让我去试一下。"侯翁远远看到文书塞在衣袖里，果真信而不疑，说："行了！"把女儿嫁给了王家。生了三个孩子，一男二女，男的三岁就夭折，大女儿嫁给亳州永城县尉姚侹，小女儿才十岁。

铭曰：鼎啊不能用来支撑车，马啊不能叫它守闾。佩玉长裾的人，不利于前走后趋。只系于遭逢，不系于巧愚。不符合需要，有才能也只能深藏起来不能施展出去。钻开石头埋进铭辞，陈放在幽墟。

蓝田县丞厅壁记①

　　唐代的官员有这样一种习惯,在他们办公的官厅墙壁上题写他们的姓名,这样一任任题上去,题得多了还要请会做文章的写上一篇厅壁记。这种厅壁记可以发议论,寄感慨,往往表达出作者的见解抱负,揭示了政治上的利病得失以资鉴诫。这篇《蓝田县丞厅壁记》,是宪宗元和十年(815)韩愈四十八岁任考功郎中知制诰时为县丞崔立之写的②。崔立之是黜官后来蓝田的,在县丞任上又处处受到牵制,一切无法施展。于是这篇《厅壁记》就由此着笔,重点讲了这种县丞形同虚设的怪现象,并分析了形成这种怪现象的原因。文笔畅达,描绘县吏乘机弄权的举动口吻尤为传神,这是韩愈特有的本领。

　　丞之职所以贰令③,于一邑无所不当问。其下主簿、尉,主簿、尉乃有分职④。丞位高而逼⑤,例以嫌不可否事。文书行,吏

①蓝田:在长安南边,今陕西蓝田。
②崔立之:字斯立,本文称字所以说崔斯立。
③贰(èr 二):副职。
④主簿、尉乃有分职:主簿主管文书簿籍,尉主管治安,各有其职守。
⑤丞位高而逼:逼是迫近侵迫的意思。唐代的县分等级,按等级定县里官员的品阶,蓝田县属于京兆管辖,叫畿(jī 机)县,县令正六品下阶,县(转下页)

抱成案诣丞,卷其前①,钳以左手②,右手摘纸尾,雁鹜行以进③,平立④,睨丞曰⑤:"当署。"丞涉笔占位署惟谨⑥,目吏问可不可,吏曰"得"则退,不敢略省⑦,漫不知何事。官虽尊,力势反出主簿、尉下。谚数慢⑧,必曰丞,至以相訾謷⑨。丞之设岂端使然哉⑩!

　　博陵崔斯立⑪,种学绩文⑫,以蓄其有,泓涵演迤⑬,日大以肆⑭。

(接上页)丞从八品下阶,主簿正九品上阶,县尉正九品下阶,县丞的地位仅次于县令,所以叫"位高"(并非真的位高),又因是县令的副职,弄不好会侵犯县令的职权,所以叫"位高而逼"。

①卷其前:当时的文书是卷子形式,"卷其前",是把前面的正文卷起来不让县丞看。

②钳(qián 前):夹住,这里当解释为握住。

③雁鹜(wù 误)行以进:雁飞翔时排着队,所以古人把排队叫"雁行",鹜是鸭子,是韩愈随手加进去的,是说像雁和鸭子那样排着队依次向前。

④平立:平是平等对待,县吏本应对长官县丞十分恭顺,但在这里却很随便地站在县丞面前,所以叫"平立"。

⑤睨(nì 腻):斜视。

⑥占位署:在空着让署名的地方署上。

⑦省(xǐng 醒):察看,查看。

⑧谚(yàn 艳):谚语,俗语。数(shǔ 暑):数到,讲到。慢:这里是无关紧要的意思。

⑨訾謷(zǐ áo 紫熬):这两个字都作诋毁讲,在这里连用是取笑打骂的意思。

⑩端:本意。以上是第一段,讲县丞的形同虚设。

⑪博陵:今河北定县。博陵崔氏原是北方的高门世族,但在唐代这些高门世族已无经济政治上的特权,要想上进只有考科举。

⑫种:种植。绩:同"积"。

⑬泓:水深。涵:包容。演:长流。迤(yǐ 以):延伸。

⑭肆:这里是显露的意思。

贞元初,挟其能,战艺于京师①,再进,再出于人②。元和初,以前大理评事言得失黜官,再转而为丞兹邑。始至,喟曰③:"官无卑,顾材不足塞职④。"即噤不得施用⑤,又喟曰:"丞哉!丞哉!余不负丞,而丞负余。"则尽枿其牙角⑥,一蹑故迹⑦,破崖岸而为之⑧。丞厅故有记,坏漏污不可读。斯立易桷与瓦⑨,墁治壁⑩,悉书前任人名氏。庭有老槐四行,南墙巨竹千梃⑪,俨立若相持,水㶁㶁循除鸣⑫。斯立痛扫溉,对树二松,日哦其间⑬。有问者,辄对曰:"余方有公事,子姑去⑭。"

考功郎中知制诰韩愈记⑮。

---

①战艺:以文艺和人竞争,即考试。

②再出于人:各种版本都作"再屈于人",但崔立之在德宗贞元四年(788)中进士科,六年(790)中博学宏词科,不能说是"再屈于人",有人说"屈"应是"出"字之误,即再次出人头地,今据以改正。

③喟(kuì 愧):叹息。

④塞职:尽职,不是今天所谓敷衍塞职的"塞职"。

⑤噤(jìn 禁):闭口不敢说话。

⑥枿(niè 聂)其牙角:枿是嫩枝,枿其牙角,是说把牙和角变得跟嫩枝一样,也就是收敛锋芒。

⑦一蹑(niè 聂)故迹:蹑是跟踪,故迹是过去的脚印,是说一概遵照老规矩。

⑧破崖岸:崖岸是严峻不可侵犯的意思,破崖岸,就是改变这种态度。

⑨桷(jué 觉):方的椽子。

⑩墁(màn 慢):同"镘",本是涂墙的工具,这里作为动词用,即涂墙。

⑪梃(tǐng 挺):植物的梗子,这里作"竿"讲。

⑫㶁(guó 国)㶁:水流声。除:阶除,房屋的台阶。

⑬哦(é 俄):吟哦,一般都用作吟诗。

⑭以上是第二段,讲县丞只能无所作为。

⑮这是全文的结束,署上作者的官衔姓名。

【翻译】

  县丞的职责是要充当县令的副手，对县里的事情没有不该过问的。令、丞以下有主簿、尉，主簿、尉才有分工专职。但县丞的官位比较高容易侵犯县令的权力，为避嫌起见对事情照例不加可否。要行文书时，县吏们抱上已办好的案卷到县丞处，案卷的前面一大段紧卷着，用左手握住，右手拉着卷子的末端，依次向前，很随便地站在面前，斜着眼睛对县丞说："要署名。"县丞蘸了笔在空着的地方规规矩矩地署上，看着县吏问行不行，县吏说声"行"就退出，县丞不敢稍微查看一下，茫茫然不知道什么内容。官位虽高，权势反在主簿、县尉之下。俗语说到无关紧要的人时，一定都说是县丞，甚至以此来互相取笑打骂。设置县丞的本意难道就是这样啊！

  博陵崔斯立，在学问文章上苦下功夫，不断积累充实，博雅通贯之余，日渐头角显露。贞元初，凭他的本领，到京师竞艺，再次应试，再次中选。元和初，因在大理评事任上议论政治得失被贬官，再次调动到这里来做县丞。刚到任时，叹息道："官无所谓卑小，只怕没有本领尽不了职。"不久弄得闭口不敢说话无法施展，又叹息道："丞啊！丞啊，我没有辜负丞，是丞辜负了我。"于是收敛锋芒，一遵陈规，改变态度来做这个县丞官。丞厅里本来有壁记，房屋毁坏漏雨已污损无法认读。斯立换上椽子和瓦，涂刷墙壁，把以前历任县丞的姓名写在上面。庭院里有四排老槐，靠近南墙有上千竿大竹，俨然对立好像互不相让的样子，水潋潋地沿着台阶流过去。斯立彻底清扫灌溉，对着种上两棵松树，天天在这里吟诗。有事问他，随口回答道："我正有公事，你姑且先回去。"

  考功郎中知制诰韩愈撰。

唐故监察御史卫府君墓志铭^①

　　我国古代统治阶级中有服食金石丹药的事情,认为金石等矿物既坚固不易损坏,人吃了金石烧炼的丹药也就会变得像金石那样长生不老。这种事情早在秦汉时代就有了,魏晋时更成为士大夫的时髦风尚,当然是吃了毫无效果,不仅长不了生,弄得不好还会中毒送命。可到了唐代仍有些人执迷不悟,韩愈所写这篇《卫府君墓志铭》中的卫府君卫中立,就是这样一位人物。韩愈和卫中立的弟弟卫中行是朋友,写这篇墓志铭时自然得为死者留点面子,但仍写出死者迷信烧炼至死不肯回头的情态,含蓄地批判了这种愚蠢的行为。像这种对死者不隐讳其缺点毛病,只有在韩愈写的墓志铭里能见到,后人写起来就几乎一律隐恶扬善了。这也可说是韩文的一个进步面。韩愈写这篇墓志铭是在宪宗元和十年十二月(816),当时他四十八岁,在京师任考功郎中知制诰。

　　君讳中立,字退之^②,中书舍人、御史中丞讳晏之子,赠太子

---

① 府君:本是汉代对郡的长官太守的尊称,后来即使没有当过太守或相当于太守职位的人,在他的墓碑或墓志上也都可通称为"府君"。

② 君讳中立,字退之:多数版本作"君讳某,字某",但韩愈写墓志铭时不可能连死者名字都不知道,何况他和死者弟弟是朋友,有个本子作"讳中立,字退之"是对的,下面"讳晏"、"讳濬"也是根据这个本子填补的。

洗马讳潜之孙①。家世习儒学词章,昆弟三人②,俱传父祖业,从进士举。君独不与俗为事,乐弛置自便③。

父中丞薨既三年④,与其弟中行别,曰:"若既克自敬勤⑤,及先人存,趾美进士⑥,续闻成宗⑦,唯服任遂功为孝子在不怠⑧。我恨已不及,假令今得,不足自贳⑨。我闻南方多水银、丹砂,杂他奇药,爊为黄金⑩,可饵以不死⑪。今于若丏我⑫,我即去⑬。"

遂逾岭阸⑭,南出。药贵不可得,以干容帅⑮,帅且曰⑯:"若能从事于我,可一日具。"许之,得药,试如方,不效,曰:"方良是,我治之未至耳。"留三年,药终不能为黄金。而佐帅政成,以功再

---

①太子洗马:从五品下阶的东宫官员。

②昆弟三人:卫家兄弟是之立、中立、中行,是否还有一人已不清楚。

③弛(chí 迟)置:弛是松散,置是废置,弛置就是闲散。以上是第一段,讲卫中立的家世和他的习性。

④薨既三年:古代儿子要为父亲服三年之丧(实际是二十七个月),所以"薨既三年"后才能外出活动。

⑤若:这里作"你"讲,后面的"若"字也如此。

⑥趾美进士:趾美就是踵美、继美,是说他也像先人一样考上了进士。

⑦续闻成宗:续是继续,闻是令闻、好名声,宗是宗族,是说继承先人的好名声以荣光宗族。

⑧服任:做官。遂功:博取功名。

⑨贳(shì 世):赦免。

⑩爊(āo 凹):放在火里煨烤,这里就是烧炼的意思。

⑪饵(ěr 耳):吃。

⑫丏:给予。

⑬以上是第二段,讲卫中立立志南行烧炼。

⑭岭:指五岭山脉。阸(ài 碍):通"隘",险要,关塞。

⑮容帅:指容管经略使房启,容管经略治所在今广西北流。

⑯且(jū 居):次(zī 资)且,犹豫,迟疑。

迁监察御史①。帅迁于桂②,从之。帅坐事免,君摄其治③,历三时④,夷人称便⑤。

新帅将奏功,君舍去。南海马大夫使谓君曰⑥:"幸尚可成,两济其利⑦。"君虽益厌,然不能无万一冀,至南海,未几竟死,年五十三。子曰某⑧。

元和十年十二月某日,归葬河南某县某乡某村附先茔⑨。于时中行为尚书兵部郎⑩,号名人,而与余善,请铭⑪。

铭曰:嗟惟君,笃所信。要无有⑫,弊精神。以弃余,贾于人⑬。脱外累,自贵珍⑭。讯来世⑮,述墓文⑯。

----

①监察御史:这当然也是虚衔性质。

②帅迁于桂:指宪宗元和九年(814)房启调任桂管观察使,桂管观察治所在广西临桂。

③摄:代理。

④三时:三个季度。

⑤夷人:指当地的少数民族。以上是第三段,讲卫中立在容、桂两地的活动。

⑥南海马大夫:指岭南经略使马总,岭南经略治所在今广东广州。至于称马总为"大夫",大概是因为他有个御史中丞的官衔,御史中丞是御史台的长官御史大夫的副手。因此也可混称之为"大夫"。

⑦两济其利:烧炼出的黄金由卫中立和马总两家分享。

⑧以上是第四段,讲卫中立死于南海。

⑨茔(yíng营):墓地。

⑩尚书兵部郎:尚书省的兵部郎中,从五品上阶。

⑪以上是第五段,讲撰铭缘起。

⑫要:应该是。

⑬贾(gǔ古):出售,这里指给人效劳。

⑭自贵珍:自己珍惜保重。

⑮讯:告。

⑯以上最后一段,是铭文。

【翻译】

君讳中立,字退之,中书舍人、御史中丞讳晏之子,赠太子洗马讳澄之孙。家庭世代学习儒学词章,兄弟三人,都能继承父祖的事业,举进士。君独不与闻世俗之事,喜欢闲散自便。

父中丞死后已三年,君向其弟中行告别,说:"你已能自敬自勤,在先人健在时,像先人一样考上了进士,继承先人的好名声以荣光宗族,就得专心仕宦以博取功名成其为孝子。我自恨已来不及,即使现在博得了,也不足以免不孝之罪。我听说南方多水银、丹砂,加上别的奇药,烧炼成黄金,可吃了不死。如今你若同意,我马上前去。"

于是越过五岭关塞,到了南方。药价贵买不起,就找上容帅,帅迟疑道:"你能给我办事,可以给你提供一天的药料。"同意了,弄来了药,按照方子试验,没有效应,君说:"方子很对,是我烧炼得不到家。"留上三年,药终于烧不成黄金。但辅佐容帅很有成绩,因功一再升迁得了个监察御史的官职。帅调任桂管,君随同前往。帅因事被罢免,君代理职务,经历三个季度,颇得当地少数民族称颂。

新任桂帅来到将为君请功,君辞掉不干。南海马大夫派人对君说:"也许还能炼成黄金,我们两家分享好处。"君虽已颇厌倦,但还希冀于万一,到了南海,不多久竟死去,得年五十三岁。子名某。

元和十年十二月某日,归葬到河南某县某乡某村先人墓地旁边。当时卫中行任尚书兵部郎,有名人之称,和我友好,请我撰写志铭。

铭曰:哀叹只有君啊,不改变所信。其实该是虚幻的,可耗费了精神。以君自弃之余,效劳于人。摆脱外边的牵累吧,珍重你自身。为了告诫来世,撰写了这篇墓文。

论佛骨表

　　表，是古代臣下上呈皇帝的一种奏章。宪宗元和十四年(819)正月韩愈五十二岁所上的《论佛骨表》，在历代数以万计的表中算是有光辉有影响的大文章。所谓佛骨，是藏贮在凤翔法门寺里的一根传为佛教创始人释迦牟尼的指骨①，唐朝人说每过三十年把它请出来一次，就可"岁丰人泰"。这时宪宗要把它请进京城里来，还要迎进皇宫，然后送到大寺院里让官僚百姓供养，这当然是一件劳民伤财的无意义举动。韩愈当时身为刑部侍郎，本可对此抱事不关己的态度，可他竟勇敢地上了这个表来劝谏，说明他确能将《原道》里提出的理论见诸行动，不是言行不一的懦夫。当然，扫了宪宗的兴，结果是很不好的。宪宗对表里所说的"事佛求福，乃更得祸"特别生气，要把韩愈处死，亏得大臣亲贵们解救，才从宽远贬到潮州去当刺史。表文气势雄伟，说理

————————

① 凤翔法门寺：凤翔是府，府治即今陕西凤翔，法门寺则在凤翔府属的扶风县，即今陕西扶风。现在的寺和塔是后人重建的，但 1987 年在已倒塌的塔下面发现唐代的地宫，地宫里不仅真的保存着所谓佛指骨，更珍贵的还充满了金银、琉璃、陶瓷制作的用器和法器，以及已经残损的高贵衣饰和其他丝织品，都是唐代的遗物，其中大多数是唐懿宗御赐的，有的金器上还刻着当时给皇家制器物的"文思院"的铭文，这是我国考古上的一次空前大发现，现已公开展览并出版了图册。

透辟,实际上是一篇精彩的论说文章,公认为韩文中的名作。

　　臣某言①:伏以佛者,夷狄之一法耳②。自后汉时流入中国,上古未尝有也③。

　　昔者黄帝在位百年④,年百一十岁;少昊在位八十年⑤,年百岁;颛顼在位七十九年,年九十八岁;帝喾在位七十年,年百五岁;帝尧在位九十八年,年百一十八岁;帝舜及禹年皆百岁。此时天下太平,百姓安乐寿考,然而中国未有佛也。其后殷汤亦年百岁;汤孙太戊在位七十五年,武丁在位五十九年⑥,书史不言其年寿所极,推其年数,盖亦俱不减百岁;周文王年九十七岁;武王年九十三岁;穆王在位百年⑦。此时佛法亦未入中国,非因事佛而致然也⑧。

　　汉明帝时⑨,始有佛法,明帝在位,才十八年耳。其后乱亡相

──────────

①臣某言:这是表文开头的规定格式,原本应作"臣愈言"。
②夷狄:当时对汉族以外的少数民族和外国都称之为夷狄,释迦牟尼是印度次大陆迦毗罗卫城净饭王的王子,后出家创立佛教,所以韩愈也把他列入夷狄之中。
③以上是第一段,明确佛教是夷狄之法,上古所未有。
④黄帝在位百年:古人把黄帝和颛顼、帝喾、尧、舜合称五帝,其实都是神话传说中的人物,本文所说黄帝以及少昊、颛顼、帝喾、尧、舜、禹、汤的在位年数和年龄,都是根据魏晋间皇甫谧(mì 密)撰写的《帝王世纪》,其实我国古代纪年可考者始于西周共和元年(前 841),《帝王世纪》里的这些年份都是编造出来的,不足信,但韩愈及其同时人是信以为真的。
⑤少昊(hào 号):神话传说中人物,后人把他说成黄帝、颛顼之间的古帝。
⑥汤孙太戊在位七十五年,武丁在位五十九年:这是根据《书·无逸》说的,太戊是汤的第四代孙,武丁是汤的第十代孙。
⑦穆王在位百年:这是根据《书·吕刑》说的,周穆王是文王的第五代孙。
⑧以上是第二段,指出佛法未入中国之前帝王长寿。
⑨汉明帝:光武帝子,东汉第二代皇帝。

继，运祚不长①。宋、齐、梁、陈、元魏已下②，事佛渐谨，年代尤促。惟梁武帝在位四十八年，前后三度舍身施佛③，宗庙之祭，不用牲牢④，昼日一食，止于菜果⑤，其后竟为侯景所逼，饿死台城⑥，国亦寻灭⑦，事佛求福，乃更得祸。由此观之，佛不足事，亦可知矣⑧。

　　高祖始受隋禅⑨，则议除之⑩。当时群臣，材识不远，不能深知先王之道，古今之宜，推阐圣明，以救斯弊，其事遂止。臣常恨焉⑪。

　　伏惟睿圣文武皇帝陛下⑫，神圣英武，数千百年已来，未有伦比⑬。即位之初，即不许度人为僧尼道士，又不许创立寺观。臣

────────────

①运：国运。祚（zuò 做）：这里当解释为皇位。

②宋、齐、梁、陈：南北朝时南朝的四个朝代。元魏：北魏，皇室本是鲜卑拓跋氏，后改姓元，所以可称为元魏。

③前后三度舍身施佛：梁开国皇帝梁武帝在位后期三次到同泰寺舍身为僧，由他的儿子大臣出赎金赎回。

④牲：牲口。牢：古人称牛、羊、猪为太牢，羊和猪为少牢。

⑤昼日一食，止于菜果：佛教徒过了中午便不能再进食，平时食品也只能吃蔬菜、果实。

⑥为侯景所逼，饿死台城：侯景本是北朝东魏的大将，降梁后又叛乱，打进京城建康（今江苏南京），自称皇帝，梁武帝被囚禁在政府机关所在地台城，被断绝饮食饿死。

⑦寻：这里作"不久"讲。

⑧以上是第三段，指出信佛后帝王反运祚不长。

⑨受隋禅：唐高祖太原起兵打入关中攻占长安，假意先立隋炀帝孙杨侑（yòu 又）为帝，不久叫他禅位给自己。

⑩议除之：高祖准备裁汰僧、尼、道士、女道士，后未能实行。

⑪以上是第四段，抬出本朝的开国皇帝高祖来，说高祖本就主张抑佛。

⑫睿（ruì 锐）圣文武皇帝：宪宗生前臣下所上的尊号。

⑬神圣英武，数千百年已来，未有伦比：宪宗在位时把不服从中央的节度使全部征服是事实，但说数千百年来未有伦比，则是故意给他捧场。

常以为高祖之志，必行于陛下之手。今纵未能即行，岂可恣之转令盛也①？

今闻陛下令群僧迎佛骨于凤翔，御楼以观，舁入大内②，又令诸寺递迎供养。臣虽至愚，必知陛下不惑于佛，作此崇奉，以祈福祥也。直以年丰人乐，徇人之心③，为京都士庶设诡异之观，戏玩之具耳。安有圣明若此，而肯信此等事哉？然百姓愚冥，易惑难晓，苟见陛下如此，将谓真心事佛，皆云："天子大圣④，犹一心敬信，百姓何人，岂合更惜身命？"焚顶烧指⑤，百十为群，解衣散钱，自朝至暮，转相仿效，惟恐后时，老少奔波，弃其业次⑥。若不即加禁遏⑦，更历诸寺，必有断臂脔身以为供养者⑧。伤风败俗，传笑四方，非细事也⑨！

夫佛本夷狄之人，与中国言语不通，衣服殊制，口不言先王之法言，身不服先王之法服，不知君臣之义，父子之情。假如其身至今尚在，奉其国命，来朝京师，陛下容而接之，不过宣政一见⑩，礼

---

① 恣(zì自)：放纵。以上是第五段，说宪宗初即位时也想抑佛。
② 舁(yú于)：抬。大内：皇帝所住的地方叫"大内"，当时是大明宫。
③ 徇(xùn训)：曲从。
④ 天子大圣：唐代本称皇帝为"圣人"。
⑤ 焚顶烧指：焚灼头顶，烧去一个手指，是用肉体来供养佛的种种愚昧行为。
⑥ 业次：次也就是"业"，业次就是职业。
⑦ 禁遏(è饿)：遏是抑止，禁遏就是禁止。
⑧ 断臂脔(luán峦)身：脔是把肉切成一小块一小块，这种供养的办法更有生命危险。
⑨ 以上是第六段，指出如今迎佛骨为弊政。
⑩ 宣政：宣政殿，在皇帝居处的大明宫正殿含元殿后面。

宾一设①,赐衣一袭②,卫而出之于境,不令惑众也。况其身死已久,枯朽之骨,凶秽之余③,岂宜令入宫禁④?

孔子曰:"敬鬼神而远之⑤。"古之诸侯,行吊于其国,尚令巫祝先以桃茢⑥,祓除不祥⑦,然后进吊。今无故取朽秽之物,亲临观之,巫祝不先,桃茢不用,群臣不言其非,御史不举其失,臣实耻之。乞以此骨付之有司,投诸水火,永绝根本,断天下之疑,绝后代之惑,使天下之人知大圣人之所作为出于寻常万万也。岂不盛哉!岂不快哉!佛如有灵,能作祸祟,凡有殃咎,宜加臣身,上天鉴临,臣不怨悔⑧。

无任感激恳悃之至⑨,谨奉表以闻。臣某诚惶诚恐⑩。

【翻译】

臣某言:臣以为佛这种东西,只是夷狄的一种道术而已。从后汉时流入中国,上古时候不曾有过。

---

①礼宾:礼宾院,接待外宾的官署。设:设宴。

②袭:全套衣服叫"袭"。

③凶秽之余:古人认为死人骸骨是不祥之物,又不干净,所以说佛指骨为"凶秽之余","余"是残余的意思。

④宫禁:皇宫禁卫森严,所以叫"宫禁"。以上是第七段,讲即使佛本身前来也不能让他惑众。

⑤敬鬼神而远之:这句话见于《论语·雍也》。

⑥巫祝:巫在春秋时称"祝史",这里的"巫祝"也就是"巫"。桃:是桃树枝,古人认为鬼怕桃树。茢(liè 列):是扫帚,可扫除污秽。

⑦祓(fú 弗)除:古代除灾去邪的一种仪式。

⑧以上是第八段,提出将佛骨投之水火的建议。

⑨悃(kǔn 捆):真心诚意。

⑩诚惶诚恐:确实惊慌,确实恐惧。以上最后一段,是表在结束处的套话。

从前黄帝在位一百年,得年一百一十岁;少昊在位八十年,得年一百岁;颛顼在位七十九年,得年九十八岁;帝喾在位七十年,得年一百零五岁;帝尧在位九十八年,得年一百一十八岁;帝舜和禹,都得年一百岁。这时天下太平,百姓安乐长寿,然而中国并没有佛。以后殷汤也得年一百岁;汤的子孙太戊在位七十五年,武丁在位五十九年,古书古史上没有说他们的年寿的终极,从在位的年数来推测,大概也都不少于一百岁;周文王得年九十七岁;武王得年九十三岁;穆王在位一百年。这时佛法也还没有流入中国,并不是因为事奉了佛而能如此。

汉明帝时,开始有佛法,而明帝在位,只有十八年。在这以后变乱覆亡的事情连续出现,国运皇位都不久长。宋、齐、梁、陈、元魏以下,事奉佛一天比一天虔诚,可年代更为短促。只有梁武帝在位有四十八年,他前后三度舍身施佛,宗庙祭祀,不用牲牢,白天只吃一餐,吃的只有菜果,后来竟为侯景所逼,饿死在台城,国家不久也灭亡,事奉佛本想求福,反而得祸。由此看来,佛的不足事奉,也应很明白了。

高祖受隋禅位,就商议要除掉它。只是当时的臣下们,学问识见不广,不能深明先王之道,古今之宜,来贯彻高祖圣明的主张,挽救这个积弊,事情终于中止。臣常为之惋惜。

我睿圣文武皇帝陛下,神圣英武,数千百年以来,没有谁能比拟。刚即位,就不许度人为僧尼道士,又不许创建佛寺道观。臣常认为高祖的遗志,在陛下手里一定会见诸实施。如今纵使不能立即实施,怎能放纵它反使它炽盛起来呢!

最近知道陛下叫群僧去凤翔迎来佛骨,登楼观看,抬进大内,还让一些寺院依次奉迎供养。臣即使愚蠢到顶,也很清楚陛下不会是由于被佛所迷惑,因而作出这些崇奉的举动,来祈求福祥。

不过是由于年谷丰登百姓安乐，曲从人们的要求，给京城官员庶民安排点奇异的景观、戏玩的东西而已。哪有如此圣明，却肯相信这等事情的道理？然而百姓愚昧，易受迷惑而难于晓谕，如果见到陛下这些举动，将认为是真心信佛，都说："天子是大圣人，尚且一心虔诚信奉，百姓何等样人，怎好再顾惜身家性命？"于是焚灼头顶，烧去指头，成百上千地拥到一起，脱衣散钱去供养，从早到晚，辗转仿效，唯恐落后，年老的、年轻的统统忙碌奔走，丢下了自己的职业没时间过问。对此如不立即禁止，让佛骨再经历各个寺院，就必然会出现斩断手臂、切割身子来充供养的。伤风败俗，传笑四方，可真不是小事啊！

这佛本是夷狄之人，和中国言语不通，衣服也不一个样，嘴里不讲先王留下的礼法之言，身上不穿先王留下的礼法之服，不懂得君臣之义，父子之情。假如他本人至今还在世，奉了国王之命，来京师朝见，陛下包容予以接待，也不过在宣政殿见上一次面，在礼宾院设上一桌筵席，赏赐一套衣服，然后护送他出境，不让他惑乱人心。何况其人身死已久，只是根枯朽的指骨，凶秽的残留物，难道好让它进入宫禁？

孔子说过："对鬼神要敬而远之。"古代的诸侯，在国内吊丧，尚且叫巫祝先用桃枝、扫帚打扫过，来祓除不祥，然后进去祭吊。如今无故取来朽秽的东西，亲自去观看，巫祝不先出动，桃枝、扫帚也都不用，群臣不说不对，御史不指出错误，臣真引以为耻。为此请把这指骨交付官府，投进河里、火里，从根子上把它消灭，使天下后世不再受它迷惑，让所有的人都知道大圣人的所作所为高出寻常人万万。这岂非一大好事！一大快事！佛如果真有灵，能够降祸作祟，那一切灾殃，都该落到臣身上，老天有眼，臣决不抱怨悔恨。

臣极其感激，极其恳切，谨奉表以闻。臣某诚惶诚恐。

柳子厚墓志铭①

　　这是元和十五年(820)七月韩愈五十三岁在袁州刺史任上给好友柳宗元写的墓志铭,是韩愈晚年作品中脍炙人口的名作。这倒并非因为它是一位古文运动倡导者给另一位古文运动大名人写的墓志铭,以"名"来吸引人,而是在文章里体现了韩愈对朋友的公允并充满了真挚的友情。众所周知,柳宗元是参与了王叔文政治集团,在此政治集团失败后一蹶不振的。对这个政治集团,以及柳宗元的参与,韩愈是不满的。但可贵的是韩愈既不隐晦自己的观点,又对柳宗元的人品、文章以及政事作了热情的赞扬,对柳宗元一生的成就作了充分的肯定。这种不虚伪,不做作,对人实事求是的态度,即使在今天也是不容易做到的,何况封建时代的古人。那种见风使舵,或则落井下石,或则阿谀奉承的人,读了这篇墓志铭应该脸红。

①柳子厚:子厚是柳宗元(773—819)的字,墓碑、墓志上对死者通常要称名称官衔,因为柳宗元是老友、好友,朋友平昔以字相呼,所以韩愈在这也称他的字而不用衔名。至于柳宗元的生平事迹,请看墓志本文,所作诗文编有《河东先生集》流传至今。

　　子厚讳宗元。七世祖庆，为拓跋魏侍中①，封济阴公。曾伯祖奭②，为唐宰相，与褚遂良、韩瑗俱得罪武后③，死高宗朝。皇考讳镇④，以事母弃太常博士⑤，求为县令江南⑥，其后以不能媚权贵，失御史，权贵人死，乃复拜侍御史⑦，号为刚直，所与游皆当世名人⑧。

　　子厚少精敏，无不通达。逮其父时⑨，虽少年，已自成人，能取进士第⑩，崭然见头角⑪，众谓柳氏有子矣。其后以博学宏词⑫，

────────────────

①拓跋魏侍中：拓跋魏即北魏，因为皇室是鲜卑拓跋氏，所以可叫拓跋魏，侍中是当时显要的官职，号称"小宰相"，柳宗元祖先任此职，说明柳家是北魏以来的士族，并非如有些人说是什么新兴的庶族。

②奭（shì 式）。

③褚遂良：唐太宗后期最宠信的大臣，到高宗时仍任宰相，同时又是极有影响的大书法家。韩瑗（yuàn 院）：高宗时宰相。武后：武则天。

④皇考：对已去世的父亲的尊称。

⑤太常博士：太常寺从七品上阶的官员。

⑥为县令江南：柳镇任宣城（今安徽宣城）令，属于江南西道。又宣城属宣州，宣州是所谓望州，按规定即使次于望州的上州所属县令也是从六品上阶，比从七品上阶的太常博士品阶高，但唐人重京官轻外官，所以这里说"弃太常博士求为县令"。

⑦以不能媚权贵……乃复拜侍御史：柳镇任殿中侍御史时，因得罪宰相窦参，被贬官，后窦参获罪贬死，柳镇升任侍御史。

⑧以上是第一段，讲柳宗元家世。

⑨逮：及。

⑩取进士第：德宗贞元九年（793）柳宗元进士及第。

⑪崭（zhǎn 斩）：突出。

⑫博学宏词：贞元十四年（798）柳宗元中博学宏词科，这是不定期开设的特科。

授集贤殿正字①。俊杰廉悍②，议论证据今古，出入经史百子③，踔厉风发④，率常屈其座人，名声大振，一时皆慕与之交，诸公要人，争欲令出我门下，交口荐誉之。贞元十九年，由蓝田尉拜监察御史。顺宗即位，拜礼部员外郎⑤。遇用事者得罪⑥，例出为刺史⑦，未至，又例贬永州司马⑧。居闲益自刻苦，务记览为词章，泛滥停蓄，为深博无涯涘⑨，而自肆于山水间。元和中，尝例召至京师⑩，又偕出为刺史，而子厚得柳州⑪。既至，叹曰："是岂不足为政邪？"因其土俗，为设教禁，州人顺赖。其俗以男女质钱，约不时赎，子本相侔⑫，则没为奴婢。子厚与设方计，悉令赎归。其尤贫

---

① 集贤殿正字：集贤殿书院是玄宗开元时设置的编校书籍的机构，正字是书院里从九品上阶的官员。

② 俊杰：才智出众。廉悍：有风骨讲气节。

③ 百子：即所谓"诸子百家"，其实并无上百种。

④ 踔（chuō 戳）厉：精神振奋。

⑤ 礼部员外郎：贞元二十一年初顺宗即位后王叔文掌权，柳宗元升任从六品上阶的礼部员外郎，员外郎是郎中的副职。

⑥ 用事者得罪：指贞元二十一年八月宪宗即位，顺宗退为太上皇，改元永贞，王叔文失势被贬逐。

⑦ 例出为刺史：例是依照条例，柳宗元先被贬任邵州（治所在今湖南邵阳）刺史。

⑧ 永州司马：永州治所在今湖南零陵，是中州，中州司马是从六品上阶，实际在那里全无实权，等于流放。

⑨ 涘（sì 四）：水边。

⑩ 元和中，尝例召至京师：这是元和十年（815）的事情。

⑪ 柳州：柳州治所在今广西柳州，是下州，刺史正四品下阶，因为唐人轻外官，柳州又地处边远，是谁也不愿去充当的苦差。

⑫ 子：利息。本：本钱，抵押所得的钱。侔（móu 谋）：齐等，相等。

力不能者,令书其佣,足相当,则使归其质①。观察使下其法于他州②,比一岁③,免而归者且千人。衡湘以南为进士者④,皆以子厚为师,其经承子厚口讲指画为文词者,悉有法度可观⑤。

　　其召至京师而复为刺史也,中山刘梦得禹锡亦在遣中⑥,当诣播州⑦。子厚泣曰:"播州非人所居,而梦得亲在堂,吾不忍梦得之穷,无辞以白其大人⑧,且万无母子俱往理。"请于朝,将拜疏⑨,愿以柳易播,虽重得罪,死不恨。遇有以梦得事白上者,梦得于是改刺连州⑩。呜呼! 士穷乃见节义。今夫平居里巷相慕悦,酒食游戏相征逐⑪,诩

---

① 令书其佣,足相当,则使归其质:佣是做雇工,这里是指被抵押在人家干活的日子和应值的工钱,算起来和所抵押的钱相当了,就叫把这个被抵押的人放回家,"归其质"的"质"就是指被抵押的人。

② 观察使:就是本文第五段里提到的裴行立,他当时任桂管观察使,柳州属他管辖。

③ 比:及,等到。

④ 衡:衡山。湘:湘水。为进士者:想举进士而学业的。

⑤ 法度:法式,规矩。以上是第二段,记述柳宗元的生平事迹,着重讲文章、政事。

⑥ 中山刘梦得禹锡:梦得是刘禹锡(772—842)的字,他自言系出中山,是西汉中山靖王之后,所以称之为中山刘梦得禹锡,其实祖先是少数民族,但北朝以来已成为士族。他是著名文学家,有《刘梦得文集》传世。

⑦ 播州:治所在今贵州遵义,在唐代还是极为荒僻落后的地区。

⑧ 大人:指刘禹锡的母亲,古代常用"大人"来称父母亲,后来做官的讨好上级也称为"大人",是开始于明代到清代才流行。

⑨ 拜疏:给皇帝上奏疏,为恭敬起见所以加个"拜"字。

⑩ 连州:治所在今广东连县,当时条件略优于播州。

⑪ 征逐:征是招人家前来,逐是去人家那边,征逐就是互相往来,但只用于酒食游戏之类的事情,正经事不得用征逐。

诩强笑语以相取下①,握手出肺肝相示②,指天日涕泣③,誓生死不相背负,真若可信;一旦临小利害,仅如毛发比,反眼若不相识,落陷阱不一引手救④,反挤之又下石焉者皆是也。此宜禽兽、夷狄所不忍为⑤,而其人自视以为得计。闻子厚之风,亦可以少愧矣⑥!

子厚前时少年,勇于为人,不自贵重顾藉⑦,谓功业可立就,故坐废退。既退,又无相知有气力得位者推挽,故卒死于穷裔⑧,材不为世用,道不行于时也!使子厚在台省时⑨,自持其身已能如司马、刺史时,亦自不斥。斥时,有人能举之,且必复用不穷。然子厚斥不久,穷不极,虽有出于人,其文学辞章必不能自力以致必传于后如今无疑也。虽使子厚得所愿,为将相于一时,以彼易此,孰得孰失,必有能辨之者⑩。

子厚以元和十四年十一月八日卒,年四十七。以十五年七月

①诩(xǔ 许)诩:融洽地在一起。以相取下:自居低下,即对人家表示尊重的意思。
②出肺肝相示:即今天所说"把心掏出来给对方看",表示极度真诚相待。
③指天日:古人迷信,要对天对着太阳发誓。
④阱(jǐng 井):陷坑。
⑤禽兽、夷狄:古代汉人歧视少数民族,以至这里把夷狄和禽兽并提,认为都一样不通人性。
⑥以上是第三段,通过柳宗元愿代去播州这件事,竭力颂扬他的崇高品德。
⑦顾藉:顾惜。
⑧裔:边远地区。
⑨台:御史台,柳宗元曾在御史台任监察御史。省:尚书省,柳宗元曾在尚书省的礼部任礼部员外郎。
⑩以上是第四段,指出柳宗元虽功业无成,半生穷厄,但正成就他能以文章传世。

十日归葬万年先人墓侧①。子厚有子男二人,长曰周六,始四岁,季曰周七,子厚卒乃生。女子二人,皆幼。其得归葬也,费皆出观察使河东裴君行立②。行立有节概,重然诺,与子厚结交,子厚亦为之尽,竟赖其力。葬子厚于万年之墓者,舅弟卢遵③。遵涿人④,性谨慎,学问不厌,自子厚之斥,遵从而家焉,逮其死不去,既往葬子厚,又将经纪其家⑤,庶几有始终者⑥。

铭曰:是惟子厚之室⑦,既固既安,以利其嗣人⑧。

【翻译】

　　子厚讳宗元。七世祖庆,是拓跋魏的侍中,封济阴公。曾伯祖奭,是唐朝的宰相,和褚遂良、韩瑗都因得罪了武后,冤死在高宗朝。皇考讳镇,曾为了侍奉母亲放弃太常博士的官职,请求到江南去做县令,以后又因不愿讨好权贵,丢掉御史的官职,权贵死后,才再出任侍御史,以刚直著称,所往来的都是当世的名人。

　　子厚从小就精悍机敏,无所不通晓。当他父亲在世时,他年纪虽轻,已经很成熟,能够举进士及第,崭然显露头角,大家都说

---

①万年:唐代京城及其郊区划分为两县,东为万年县,柳宗元先人的坟墓自然在万年县郊区。
②河东裴君行立:闻喜(今山西闻喜)裴氏是北朝以来的士族,闻喜县当时属河中府,原为河东郡,所以这里用河东这个郡望称裴行立。
③舅弟:舅父的儿子,表弟。
④涿:今河北涿州。
⑤经纪:安排料理。
⑥以上是第五段,讲柳宗元身后之事。
⑦室:古人把坟墓看作是死者的居室,所以这里用"室"。
⑧以上最后一段,是铭文。

柳家有个好儿子了。以后中博学宏词科,任集贤殿正字。他才智出众而有风骨讲气节,议论起事情来征今博古,出入经史百家,精神振奋意气风发,经常使在座的人屈服,名声大振,人们都仰慕他,和他结交,诸公权要,争着要他投到自己门下,众口一词地给他推荐赞誉。贞元十九年,他从蓝田县尉入任监察御史。顺宗即位,任礼部员外郎。碰上当权的获罪,依照条例贬出去做刺史,还没有到达,又依照条例贬到永州做司马。得闲后更加刻苦自励,专心读书写文章,既泛滥又停蓄,精深博大不见涯岸,闲了就纵情于山水之间以自适。元和中,当年一起被贬为司马的,依条例召回京师,又一起外任为刺史,而子厚分得了柳州。到达后,感叹道:"这难道不足以治理吗?"就适应当地的风俗,推行教化设立禁令,州里百姓都顺从信赖。当地习惯把子女抵押钱用,规定不按时赎取,到利息和本钱相等时,就没入为奴婢。子厚给出主意,都让赎回。其中特别贫穷的实在赎不起,叫算出抵押的日子和干活该付的工钱,和抵押的钱相当了,就得把人送回。观察使把这办法推行到所管各州,才只一年,被赎出回家的有上千人。衡湘以南想举进士而学业的,都以子厚为师,经子厚亲自讲授而写出文章的,都有规矩很看得过去。

　　当被召回京师而又遣出任刺史时,中山刘梦得禹锡也在其中,要被派到播州去。子厚流着泪说:"播州不是人住的地方,而梦得母亲在堂,我不忍心看到梦得陷入困境,弄得无法把这个消息禀告母亲,再说也万万没有母子一同前往的道理。"于是向朝廷请求,并准备上奏疏,自愿把柳州换成去播州,即使由此加重处分,也死无所恨。正好有人把梦得这件事报告了皇上,梦得于是改去连州任刺史。唉!士处在困穷时才显得出风节道义。如今平素在里巷之间互相仰慕,互相往来宴饮游戏,亲密地强作笑语以表示谦下,握着手要把肺肝掏出来给人看,指对天日流下眼泪,发誓不论生死都不会背叛出卖,真像可以信赖;可一旦遇到小利害,就像毛发那么一点,却反眼好似不相识,人家落进陷阱里不去拉一把,反而去推挤人家还要砸下块石头的到处都是。这真是禽兽、夷狄所不忍干的,而这些人还自以为得计。他们听说了子厚的高风亮节,也该有点惭愧吧!

　　子厚当年年轻,勇于为别人出力,不保重顾惜自身,认为功勋事业会立时成就,因此被牵累而罢官斥逐。斥逐之后,又没有相知好且有力量居高位的帮忙挽救,因此终于死在穷荒边远之地,这是虽有才而不能为世用,虽有道而不能行于时啊!假如子厚在台省时,约束自己已能像后来在司马、刺史任上那样,也就不会被斥逐。被斥逐时,有人有力量能扶持他一下,也就一定会重新起用不致一直穷困下去。但如果子厚斥逐时间不长,穷困不到极点,即使才能高出于人,在文学辞章上必然不会下苦功夫使之必传于后像如今这样是无疑的了。即使子厚能够如其心愿,为将相于一时,用前者来换取后者,哪是得哪是失,一定会有人判断清楚的。

　　子厚在元和十四年十一月八日去世,得年四十七岁。在十五年七月十日归葬在万年县境的先人坟墓旁边。子厚有两个儿子,大的名叫周六,才四岁,小的名叫周七,子厚死后才出生。有两个女儿,都幼小。子厚之能归葬,费用都由观察使河东裴君行立承担。行立有节操,重信义,和子厚结交,子厚也给他尽力,终于得到了他的帮助。把子厚安葬在万年县境墓地的,是他舅父家的表弟卢遵。卢遵是涿县人,秉性谨慎,勤学好问,从子厚被斥逐,卢遵就跟随着住到一起,直到子厚去世一直没有离开,这次既去安葬了子厚,还将安排料理子厚的家属,可说是有始有终的人。

　　铭曰:这是子厚的墓室,既巩固又安适,好使后嗣获得利益。

南阳樊绍述墓志铭^①

　　这是韩愈给樊宗师写的墓志铭。樊宗师是当时古文运
动中的一员健将，和韩愈是志同道合的好朋友，因此这篇墓
志一上来就讲樊宗师的著作和他在文章上的成就。当然，樊
宗师的古文有过于求奇的毛病，写出来往往成为非常难读的
所谓"涩体"，其中有篇《绛守居园池记》，曾有好些人作过注
释，可连句子的断法都各有不同，说明其难读到何等地步。
但在"不袭蹈前人一言一句"和"必出入仁义"上则是和韩愈
的主张完全一致的，所以韩愈着重从这两点对他的成就加以
肯定。墓志里没有讲樊宗师去世的年月，据推测应在长庆三、
四年(823—824)之间，这时韩愈已五十六七岁，距离他在长庆
四年十二月(825)在吏部侍郎任上病故已没有很多日子。

　　樊绍述既卒，且葬，愈将铭之，从其家求书。得书号《魁
纪公》者三十卷^②，曰《樊子》者又三十卷^③，《春秋集传》十五

①南阳樊绍述：名宗师，绍述是他的字。他是河中(治所在今山西永济西)
　人，南阳(郡治在今河南南阳)是樊姓的郡望。
②《魁纪公》：魁是北斗第一至第四星的总称，《史记·天官书》说"北斗运于中
　央……定诸纪"，所以樊宗师以"魁纪公"自称，即能衡量一切的意思。
③《樊子》：这是仿照先秦诸子的书称《孟子》、《墨子》等的办法，把自己的著
　书称为《樊子》。

卷①，表、笺、状、策、书、序、传记、纪志、说论、今文赞、铭凡二百九十一篇②，道路所遇及器物、门里杂铭二百二十③，赋十，诗七百一十九。曰：多矣哉！古未尝有也。然而必出于己，不袭蹈前人一言一句，又何其难也。必出入仁义，其富若生蓄④，万物必具⑤，海含地负，放恣横从⑥，无所统纪，然而不烦于绳削而自合也⑦。呜呼！绍述于斯术其可谓至于斯极者矣⑧。

生而其家富贵，长而不有其藏一钱。妻子告不足，顾且笑曰："我道盖是也。"皆应曰："然。"无不意满。尝以金部郎中告哀南方⑨，还言某帅不治，罢之，以此出为绵州刺史⑩。一年，征拜左司郎

---

① 《春秋集传》：当时已舍弃旧的传来直接研究《春秋》，樊宗师的《春秋集传》当也是这一类著作。以上这三部著作和下面说的诗文几乎都已失传，存留至今的仅《绛守居园池记》等极少数几篇。

② 笺：古代上给地位较高的人的书信。策：古代叫考试者回答的问题。纪志：记事记物的文章。今文赞、铭：赞是对人物的赞颂文字，铭是铭刻在器物或碑石上的文字，这一般都用当时流行的韵文，不能用古文，所以说"今文赞、铭"，"今文"就是当时流行的文字。

③ 门：城门之类。里：和"坊"是一个意思，当时大城市里划成方块的住宅区叫"坊"，原先也曾叫"里"。

④ 生：生殖。蓄：蓄养。

⑤ 必：这里通"毕"，作"都"讲。

⑥ 从（zòng 粽）：通"纵"。

⑦ 绳削：木工画直线叫"绳"，斫掉多余的叫"削"，通常也把修改文章叫"绳削"。

⑧ 以上是第一段，一上来就讲樊宗师的著作和他在文章上的成就。

⑨ 金部郎中：金部是户部的一个司，司的长官是从五品上阶的金部郎中。告哀：皇帝去世后派使者分别通知各方，叫"告哀"。

⑩ 以此出为绵州刺史：因为某帅罢官，有人迁怒于樊宗师，于是把他挤出去任刺史。绵州：治所在今四川绵阳。

中①。又出刺绛州②。绵、绛之人至今皆曰："于我有德。"以为谏议大夫③，命且下，遂病以卒，年若干④。

绍述讳宗师。父讳泽，尝帅襄阳、江陵⑤，官至右仆射，赠某官⑥。祖某官，讳泳。自祖及绍述三世，皆以军谋堪将帅策上第以进⑦。

绍述无所不学，于辞于声天得也，在众若无能者。尝与观乐⑧，问曰："何如？"曰："后当然。"已而果然⑨。

铭曰：惟古于词必己出，降而不能乃剽贼⑩。后皆指前公相袭，后汉迄今用一律⑪。寥寥久哉莫觉属⑫，神祖圣伏道绝塞⑬。

———————

①左司郎中：尚书省以从二品的左、右仆射（yè 夜）为长官，正四品的左、右丞为助手，从五品上阶的左、右司郎中则是左、右丞的副职。

②绛州：治所在今山西新绛。

③谏议大夫：中书省下属的正五品上阶官员，专职规谏皇帝。

④以上是第二段，讲樊宗师的治家和政绩。

⑤尝帅襄阳、江陵：山南东道节度使的治所在襄阳（今湖北襄阳），荆南节度使的治所在江陵（今湖北江陵），樊泽做过这两地的节度使，所以说"尝帅襄阳、江陵"。

⑥赠某官：根据史传是赠司空，司空是正一品，本身就是荣誉性官职。

⑦自祖及绍述三世，皆以军谋堪将帅策上第：樊泳在玄宗开元十五年（727）中草泽科，樊泽在德宗建中元年（780）中贤良方正极言极谏科，只有樊宗师是在宪宗元和三年（808）中军谋宏远堪任将帅科，韩愈在这里可能因这三者都属于特开的科而误记。以上是第三段，讲樊宗师的先人。

⑧乐（yuè 越）：音乐。

⑨以上是第四段，顺带讲樊宗师还精通音乐。

⑩剽（piāo 飘）贼：剽窃。

⑪后汉迄今用一律：汉以后盛行骈文，多数是千篇一律的东西，所以韩愈这么说。

⑫寥寥：空虚、寂寞。觉：觉醒。属：连接。

⑬徂（cú 粗阳平）：逝去。

既极乃通发绍述,文从字顺各识职①,有欲求之此其躅②。

【翻译】

　　樊绍述去世后,将要安葬,我准备给他写墓志铭,从他家里索取他的著作。索得专著名为《魁纪公》的有三十卷,名为《樊子》的又有三十卷,《春秋集传》十五卷,表、笺、状、策、书、序、传记、纪志、说论、今文赞、铭共二百九十一篇,道路上所遇到的以及器物、门里的杂铭二百二十篇,赋十篇,诗七百一十九篇。我说:多极了! 古人从不曾有过。然而必须做到要出于自己之所创造,不蹈袭前人一言一句,又何等不容易。必须做到合乎仁义,使内容充实得好似在增殖蕃蓄,天下万物都一应俱全,像大海一样包含深广,像大地一样负载无限数量,看起来纵横奔放,不受约束,实际上不用修饰而自然合拍。唉! 绍述在这方面可说已做到了登峰造极。

　　绍述生下来家庭就很富贵,可长大后没有要家里一个钱。妻子、孩子向他诉说钱不够花,他看着他们笑着说:"我讲的道可本来就该这样。"他们都应声说:"是。"不再有所不满。他任金部郎中时曾被派到南方去宣布皇帝驾崩的事情,回来报告某节度使失职,使此人被罢官,他却由此被外任为绵州刺史。过了一年,内召任左司郎中。又出任绛州刺史。绵、绛二州的百姓到现在还都说:"刺史对我们有恩德。"再要内召任谏议大夫,诏令将下,绍述就因病去世,得年若干岁。

　　绍述讳宗师。父讳泽,曾做到襄阳、江陵的节度使,官做到右

---

①文从字顺:文章通顺。识职:安排得恰到好处。
②躅(zhuó 浊):足迹。以上最后一段,是铭文。

仆射，去世后追赠某官。祖是某官，讳泳。从祖父到绍述三代，都通过军谋堪将帅科考试以高名次及第而被擢用。

绍述无所不学，对文章、音乐有天赋的才能，而在人家面前好像什么也不懂。曾和他一起看奏乐，问他道："怎么样?"他回答道："下面该是这样。"等一会果真如此。

铭曰：古时候文词必须由自己创制，以后没有本领就只好剽窃。后起的都指望前人公然因袭，汉以后到现在都千篇一律。寂寞了这么长的时间一直没有人觉醒，神逝去了圣隐伏了道已断绝。事情到了顶点绍述使之转变，做到文从字顺安排得十分服帖，有要学习的该跟上他的足迹。

韩愈诗选译

山 石

　　这是七言古诗。题目《山石》,只是取全诗开头两个字,前人古诗制题往往如此,其实并非咏山石,而是写他投宿山寺、天明后离去的见闻。是游山呢,还是路经山寺,诗里没有交代。写作的年份后人也有不同的推测。但诗中讲到的"芭蕉"一般生长在秦岭、淮河以南,似应属贬逐岭南后的作品。再看诗的风格近于本书选译的《八月十五夜赠张功曹》、《谒衡岳遂宿岳寺题门楼》等篇,则很可能是贞元十九年(803)冬第一次南贬至连州阳山任县令的第二年所作,当时韩愈三十七岁。这首七言古诗以清峻见长,几乎一句一景,不务雕琢,而自然精彩,无愧大作家手笔。

　　　　山石荦确行径微①,黄昏到寺蝙蝠飞。
　　　　升堂坐阶新雨足,芭蕉叶大支子肥②。
　　　　僧言古壁佛画好,以火来照所见稀。

---

①荦(luò 络)确:突兀不平,专门用来形容石头山上的山石。
②支子:通常写作栀(zhī 支)子,也称黄栀子或山栀,茜草科,常绿灌木,春夏开白花,极香。

铺床拂席置羹饭①,疏粝亦足饱我饥②。

夜深静卧百虫绝,清月出岭光入扉③。

天明独去无道路,出入高下穷烟霏④。

山红涧碧纷烂漫⑤,时见松枥皆十围⑥。

当流赤足蹋涧石⑦,水声激激风吹衣⑧。

人生如此自可乐,岂必局束为人鞿⑨。

嗟哉吾党二三子⑩,安得至老不更归。

【翻译】

　　山石不平山路狭窄,

　　到达佛寺已黄昏时候只见蝙蝠群飞。

　　进了殿堂坐在阶前正巧下够了雨,

　　芭蕉显得叶子特大栀子也特肥。

---

①羹(gēng 耕):古人把吃饭时喝的汤叫羹,如肉汤就叫肉羹;至于汤字,古人只用来指热水、白开水。

②疏粝(lì 厉):疏指菜蔬,粝指粗米,后人也常用疏粝二字来通称粗劣的食物。

③扉(fēi 非):门扇。

④烟霏(fēi 非):霏本是形容雨雪之密,这里用烟霏只是烟雾的同义语,在新雨后山中水蒸气多,结成烟雾。

⑤烂漫:这里指色彩鲜艳并多而弥漫。

⑥枥(lì 历):也作栎(lì 历),有麻栎、白栎,都是山毛榉科,落叶乔木。围:计量圆周的约略单位,这里的一围应是两手的拇指和食指合拢起来的长度;有时一围是两臂合抱的长度,但用在这里似太长了。

⑦蹋(tà 榻):用脚踏。

⑧激激:水流的声音。

⑨鞿(jī 机):本是马缰绳,用在这里是被牵制束缚的意思。

⑩吾党:我的朋辈。二三子:先秦时的常用语,这伙人、这些人、这几位的意思。

寺僧说壁上年久的佛画很可一看，
用火照看不免模糊依稀。
铺好床拂好席子还给我端出羹汤米饭，
尽管只是蔬菜糙米也足可充饥。
夜深了安静地躺着连虫鸣叫也听不见，
只有岭上升起的明月光射进门扉。
天明后独自离去可看不清道路，
高低出入都得穿过烟霏。
山上开红花涧里流碧水景色烂漫，
十围粗大的松和枥不断入眼。
光了脚踏在涧石上让碧水流过，
听着激激的流水声还有山风吹衣。
人生能如此本来就是乐事，
难道一定要受别人拘束引牵。
唉！我们这些人啊，
怎能到老还不回归乡里。

宿龙宫滩

　　韩愈被贬逐任阳山令后,贞元二十一年(805)正月顺宗即位,二月大赦天下,到七八月间三十八岁的韩愈离开阳山到较为富庶的江陵府任法曹司法参军事。当时没有现代化交通工具,坐船走水路比乘车马走陆路既省力又舒适。正好从阳山北上经湟水、桂水、舂江①、湘水,过洞庭湖,可进入长江,再由长江西上就可到达江陵,韩愈去江陵自然选择了这条捷径。这首题为《宿龙宫滩》的五言律诗,就是韩愈在这次坐船去江陵时写下的。龙宫滩是湟水中间的一段,有十五里长,还未流出阳山县境,所以诗里充满着刚刚离开贬逐之地的欣幸之情。即使首联、颔联表面上虽只是描写流水②,读起来也叫人感受到作者当时是如何的兴奋。

　　浩浩复汤汤③,滩声抑更扬。

---

①舂(chōng 冲)江:今舂陵江。
②首联、颔(hàn 憾)联:律诗一共八句,每两句一联,一共四联,依次称为首联、颔联、颈联、尾联,其中颔联、颈联都得对仗,同时还得调平仄和押韵,不像古诗只需押韵就行。
③浩浩:水盛大貌。汤(shāng 伤)汤:大水急流貌。

奔流疑激电,惊浪似浮霜。
梦觉灯生晕①,宵残雨送凉②。
如何连晓语,只是说家乡?

【翻译】

水势浩浩水流汤汤,
水滩发出的声音一会低沉一会昂扬。
奔流疑是急速的闪电,
惊浪好似浮动的雪霜。
梦醒后看油灯灯光模糊,
夜将尽下着雨送来了清凉。
为什么话说到天亮,
只是讲着家乡?

---

①晕(yùn 运):光影模糊之处叫"晕"。
②宵残:宵就是"夜",宵残是黑夜将尽。

八月十五夜赠张功曹①

贞元二十一年(805)八月四日宪宗即位,五日改元永贞,又一次大赦天下。当时韩愈离开阳山北上经过郴州②,赦书已经到达③,可对韩愈等人并没有进一步宽免让他们回京城,仍得去江陵府任职。在唐代重京官轻外官的思想影响下,同行的张署情绪很低落,于是中秋晚上韩愈在船上写了这首七言古诗来给予安慰。从"洞庭连天九疑高"到"天路幽险难追攀"都是写张署的抱怨心情,最后才写出韩愈自己的看法。这种看法自不免有消极成分,但处在经受折磨后不乐观一点又怎么过日子呢?何况以后韩愈在文章政事上还是愿意施展其抱负的,并未果真消极下去。

纤云四卷天无河④,清风吹空月舒波⑤。

①张功曹:名署,这时和韩愈一起从南方北调到江陵府任功曹参军事,所以称之为张功曹。
②郴(chēn 嗔)州:治所在今湖南郴州。
③唐代规定传递赦书一天要走五百里,不到十天就可从长安传递到郴州。
④河:指天上的银河。
⑤波:指月光。

沙平水息声影绝，一杯相属君当歌①。

君歌声酸辞且苦，不能听终泪如雨。

洞庭连天九疑高②，蛟龙出没猩鼯号③。

十生九死到官所，幽居默默如藏逃。

下床畏蛇食畏药④，海气湿蛰熏腥臊⑤。

昨者州前捶大鼓⑥，嗣皇继圣登夔皋⑦。

赦书一日行万里，罪从大辟皆除死⑧。

迁者追回流者还⑨，涤瑕荡垢清朝班。

州家申名使家抑⑩，坎轲只得移荆蛮⑪。

---

①属（zhǔ 主）：通"嘱"，请托。

②洞庭：洞庭湖，在今湖南北部，长江南岸，从长安去岭南的必经之地。九疑：九疑山，在今湖南宁远南边，湟水、桂水都从它东边流过。

③蛟龙：都是古代神话里的动物，所谓有角的叫"龙"，无角的叫"蛟"，都能生活在水里，蛟还会在水里兴妖作怪。鼯（wú 吾）：也叫"大飞鼠"，生活在亚热带森林，长尾，前后肢之间有毛膜能滑翔。

④药：古代传说南方有人弄了一种毒药叫"蛊"（gǔ 古）的，放在饮食里害人。

⑤蛰（zhé 哲）：本是指动物在土中的洞穴里冬眠，洞穴里阴湿，所以用在这里作为"阴湿"的意思。

⑥捶大鼓：唐代规定宣布赦书时要击鼓使人们来听。

⑦夔（kuí 葵）皋：夔和皋陶（yáo 摇），都是传说中唐虞时的贤臣。

⑧大辟：死刑。《唐律》里的五刑之一。

⑨迁：这里是指贬逐到当时的边远地区做小官。流：流刑，《唐律》五刑之一，即流放。

⑩州家申名使家抑："州家"指州里，即州的长官刺史。"申名"是指出韩愈等的姓名请再予宽免。"使家"有人说是指州上面的湖南观察使（治所在湖南长沙），但也有可能指宣布赦书的使者。

⑪坎轲：即"坎坷"，本指道路不平，引申为遭遇恶劣，备受折腾。荆蛮：先秦时称楚国为"荆蛮"，今湖北在当时本属楚国所有，所以把北去江陵任（转下页）

判司卑官不堪说①,未免捶楚尘埃间③。
同时辈流多上道,天路幽险难追攀③。
君歌且休听我歌,我歌今与君殊科④。
一年明月今宵多,人生由命非由他,
有酒不饮奈明何⑤。

【翻译】

　　纤云四下卷起看不到银河,
　　清风在空中吹过月光十分柔和。
　　沙滩平衍水声微息什么也听不见看不到,
　　敬君一杯酒请唱个歌。
　　君唱的歌声辛酸歌词也愁苦,
　　叫人无法听完就泪下如雨。
　　当年路过洞庭湖水连天九疑山高,
　　有蛟龙出没猩猩和大飞鼠在号叫。
　　十生九死地来到贬官之地,
　　住下来一声不响好似躲藏窜逃。
　　下得床来怕有蛇饮食里怕被下蛊药,

―――――――――

（接上页）职叫"移荆蛮"。
①判司:判是动词,司指曹司,任某曹参军事就可叫"判司"。
②捶楚:杖刑,本是《唐律》五刑之一,但当时曹司小官有了过失,长官也可在
　《唐律》的规定之外对他们施加杖刑。
③天路幽险难追攀:这是从《楚辞·九歌·山鬼》的"余处幽篁兮路不见天,
　路险难兮独后来",把"天路"当作上天之路,也就是到京师重任京官之路。
④科:品,指品种或类别。
⑤明:这里指天明。

海气潮湿熏出的气味好腥臊。

前几天州衙前捶响大鼓，

新皇帝即位圣明地擢用贤臣像夔和皋陶。

赦书很快传递到万里之外，

即使犯了大辟之罪的也都可免死。

贬逐的叫回去流放的也还家，

洗涤污垢刷新朝班。

州里也报上我的名字可被使者压住，

历尽坎坷还只好仍旧去荆蛮。

判司这种卑小的官员真不能提了，

弄不巧还免不了伏到地上受杖打。

同时贬逐的人都去京师已上道，

可这条上天之路对我来说真是幽远险阻难以追随登攀。

请君不要再唱下去了还是听我的歌吧，

我的歌可和君的不同类别。

一年里月光就今晚明亮，

人生万事听凭命运不由其他，

有酒不喝一会天明了又将如何？

谒衡岳遂宿岳寺题门楼①

　　这在韩诗中也是一首著名的七言古诗,向称韩诗中的代表之作。当时韩愈已离开郴州继续北上,在秋雨时节路经南岳衡山,顺便登山游览,在山上的南岳祠留宿时做了这首诗。诗题所谓"题门楼"就是诗做好后题写在门楼上,这是当时的习俗,在游览胜地做了诗可以题在墙壁上,甚至刻在石壁上,即使不做诗也可题上刻上"某年某月某日某某等人同游"之类的文字,由于文字书法都好,今天已成为文物,不像今天乱涂乱写要受到制裁。这首诗的风格和《八月十五夜赠张功曹》很相近,但笔力更见雄伟,这样才能和衡山的气势以及韩愈的胸襟相称,不像《赠张功曹》要描绘贬逐之苦而语调略显低沉。

　　　　五岳祭秩皆三公②,四方环镇嵩当中。

----

①衡岳:就是衡山,在今湖南衡山县西,俯临湘江,汉以后定为"五岳"的"南岳",所以可称之为"衡岳"。

②五岳:在汉武帝时才有"五岳"之说,汉以后把今山东的泰山(也写作"太山")定为东岳,今湖南的衡山定为南岳,今陕西的华(huà 画)山定为西岳,今河北的恒山定为北岳,今河南的嵩山定为中岳。五岳祭秩皆三公:秩是品级,祭秩是祭祀所用的品级,即用哪个品级的礼仪来祭祀。三公在唐代是太尉、司徒、司空,名为正一品职事官但无事可管,实系头等的荣(转下页)

火维地荒足妖怪①,天假神柄专其雄。

喷云泄雾藏半腹,虽有绝顶谁能穷②?

我来正逢秋雨节,阴气晦昧无清风。

潜心默祷若有应,岂非正直能感通③。

须臾静扫众峰出,仰见突兀撑青空④。

紫盖连延接天柱⑤,石廪腾掷堆祝融。

森然魄动下马拜,松柏一径趋灵宫。

粉墙丹柱动光彩,鬼物图画填青红。

升阶伛偻荐脯酒⑥,欲以菲薄明其衷⑦。

庙令老人识神意⑧,睢盱侦伺能鞠躬⑨。

手持杯珓导我掷⑩,云此最吉馀难同。

(接上页)誉职称。唐代以三公的礼仪来祭祀五岳,已算是给予了很高的
待遇。

① 火维:古代按方位有所谓"四维"之说,又认为南方属火,所以可把南方叫
"火维"。

② 穷:穷尽。

③ 正直:指南岳神,古人认为神是"聪明正直"的。感通:古人认为只要心诚
就能和鬼神互相感应,称之为"感通"。

④ 突兀:高耸突出的模样。

⑤ 紫盖:衡山有七十二峰,其中最高的是芙蓉、紫盖、石廪、天柱、祝融五峰。

⑥ 伛偻(yǔ lǚ 雨屡):弯着身子以示恭敬。脯(fǔ 府):干肉。

⑦ 菲薄:微薄。衷:内心。

⑧ 庙令:正九品上阶的管庙官员。

⑨ 睢盱(xū 虚):仰目视叫"睢",张目叫"盱","睢盱"也就是张目仰视的意思。
鞠躬:这里是恭敬、谨慎的意思。

⑩ 杯珓(jiào 较):一种占卜用的工具,是两片像蚌壳模样的东西,向空抛掷,
看它落到地上是俯是仰,如果一俯一仰就算吉。

　　　　　窜逐蛮荒幸不死，衣食才足甘长终。

　　　　　侯王将相望久绝，神纵欲福难为功。

　　　　　夜投佛寺上高阁①，星月掩映云曈昽②。

　　　　　猿鸣钟动不知曙，杲杲寒日生于东③。

【翻译】

　　　　五岳的祭祀礼秩都等同三公，

　　　　四方围绕各有所镇而嵩山镇其中。

　　　　南方火维地段荒辟尽多妖怪，

　　　　上天赐予岳神威权让在这里称雄。

　　　　喷云吐雾掩盖了半个山腰，

　　　　纵使有最高之处谁能攀从？

　　　　我前来正逢上秋雨时节，

　　　　阴沉沉的一片灰暗吹不来清风。

　　　　默默祈祷后竟像有应验，

　　　　岂非为神的正直能和我感通。

　　　　不一会云收雾散呈现出群峰，

　　　　抬头看去高耸突出好似撑着天空。

　　　　紫盖峰绵延过去接上天柱峰，

　　　　石廪峰飞腾跳掷似的还堆上个祝融峰。

　　　　多庄严啊使我惊心动魄要下马叩拜，

　　　　松柏夹道一直到达岳神的灵宫。

_____

①佛寺：岳庙本不是佛寺，不由僧徒管，这里是随便用词。

②曈昽（tóng lóng 童龙）：朦胧不明。

③杲（gǎo 搞）杲：形容太阳的光明。

粉白的墙丹红的柱子光彩浮动，

绘画鬼神物怪填染上青红。

登上殿阶弯下身子献上酒肉，

想用这点微薄的祭品来表心衷。

庙令是位老人能解神意，

抬起头窥察神意能尽谨恭。

拿了杯珓教我抛掷，

掷出来他说这最吉其余都难等同。

我窜逐蛮荒幸而未死去，

有衣穿有饭吃甘愿长此以终。

什么侯王将相我早已绝望，

神即使想赐福怕也起不了作用。

夜里住在岳庙登上高阁，

只见星星、月亮都被掩盖在朦胧的云雾之中。

等到猿叫钟鸣我还不知道拂晓，

杲杲的寒日已经升起在天东。

赠唐衢①

　　这是韩愈送给友人唐衢的一首七言古诗,写作时间有人推测应在宪宗元和三年(808),因为这年三月宪宗曾在宣政殿亲自主持特开科目的考试,所以诗里会说"当今天子急贤良"。如果这个推测不错,那韩愈是以国子博士分司东都时写来送给唐衢的,这年韩愈四十一岁。诗里劝怀抱奇才而不得志的唐衢应上书自荐,以达到治国平天下的目的,这实际上也是韩愈自己的愿望。诗短而劲峭,一开头的"虎有爪兮牛有角,虎可搏兮牛可触"还颇有古乐府的遗意,在韩愈七言古诗中可谓别具风格。

　　　　虎有爪兮牛有角,虎可搏兮牛可触。
　　　　奈何君独抱奇材,手把锄犁饿空谷。
　　　　当今天子急贤良,匦函朝出开明光②。

---

①唐衢:能写诗歌,但举进士多次不及第,平素看了人家的文章有所伤叹的,就会哭泣不止,所以当时人说"唐衢善哭"。
②匦(guǐ轨)函朝出开明光:匦、函都是匣子或小箱子,武则天时曾在朝堂上设置了匦,让上书的把书投进匦里,算是一种广开言路的措施。明光是西汉的殿名,"开明光"是说皇帝坐明光殿招纳贤良。

胡不上书自荐达,坐令四海如虞唐①。

【翻译】

老虎有爪子牛长角,

老虎能搏人牛能用角触。

怎么独有君怀抱奇材,

却手把锄和犁挨饿在荒山空谷。

当今天子急于征求贤良,

一清早就摆出了瓯函还大开殿堂。

为什么不上书自荐求官,

好把四海之内治理得像唐虞一样。

①坐:正好。虞唐:本应作"唐虞",即神话传说中的所谓唐尧、虞舜二位圣
君,这里为了押韵颠倒成"虞唐",这种颠倒在古人文章里,尤其诗歌里是
允许且常见的。

谁氏子

　　唐代有一种当道士入山修仙的风气,修了些时候便可冒充得道招摇撞骗。宪宗元和六年(811)韩愈在洛阳任河南县令时,有个青年叫吕炅的抛妻别母去王屋山修仙①,韩愈写了这首七言古诗对这种投机取巧行为痛加斥责。这时韩愈是四十四岁。后来过上几个月这个吕炅回来了,果不出韩愈所料,要见河南少尹代行大尹职务的李素想弄到好处②,被李素勒令脱掉道士衣冠还俗,等于白演了一场闹剧。这首古诗也写得不长,以说理为主,风格近似《赠唐衢》。

　　　　非痴非狂谁氏子,去入王屋称道士。
　　　　白头老母遮门啼,挽断衫袖留不止。
　　　　翠眉新妇年二十③,载送还家哭穿市④。

────────

①炅(jiǒng 炯)。王屋山:在今山西垣曲、河南济源等地之间,中条山的分支,济水发源之所。
②河南少尹代行大尹:当时河南等府都设从三品的府尹一人为长官,通称"大尹",再设从四品下阶的少尹二人为副职,这时未派府尹,叫少尹李素代理府尹职务。
③翠眉:古人说美女的眉毛像"翠羽",所以这里用"翠眉"形容这位新妇的年轻美貌。新妇:古代结婚不久的女子叫"新妇"。
④市:河南府城里的商业区。

或云欲学吹凤笙，所慕灵妃媲萧史①。

又云时俗轻寻常，力行险怪取贵仕。

神仙虽然有传说，知者尽知其妄矣②。

圣君贤相安可欺，干死穷山竟何俟？

呜呼余心诚岂弟③，愿往教诲究终始。

罚一劝百政之经④，不从而诛未晚耳⑤。

谁其友亲能哀怜，写吾此诗持送似⑥。

【翻译】

　　既非痴呆又未疯狂你是谁家的儿子，

　　要跑到王屋山里去做道士。

　　满头白发的老母亲拦在门口啼哭，

　　扯断了衣袖也留不住。

　　眉毛像翠羽的新妇年纪才二十，

　　用车子载送回家哭着穿过闹市。

---

①或云欲学吹凤笙，所慕灵妃媲（pì譬）萧史：传为西汉刘向编写的《列仙传》
　里说，春秋时秦穆公有个女儿名叫弄玉，对一个擅长吹箫的萧史产生爱
　情，结婚后萧史吹箫引来凤凰双双骑上飞去成仙。这里的"凤笙"就是引
　来凤凰的箫，因为要避免和下一句"萧史"之"萧"重复所以改成"凤笙"。
　"灵妃"就是"仙妃"。"媲"是匹配的意思。

②传说：指传为西汉刘向的《列仙传》、东晋葛洪的《神仙传》之类以及其他神
　仙之说，不是通常所谓相传这么说的"传说"。知者："知"通"智"。

③岂弟（kǎi tì 凯替）：同"恺悌"，和易近人的意思。

④经：正常的道理。

⑤诛：这里是追究责任的意思。

⑥持送似：持送与。

有人说你要学着吹凤箫，

希望有个仙妃来匹配你这个萧史。

有人又说如今世道看不起寻常的人和事，

所以你要竭力装出惊险奇怪的行为来猎取贵仕。

神仙虽然有人给写传记有人给讲说，

聪明人都清楚尽是虚妄之事。

何况圣君贤相怎么会受你欺蒙，

你白白老死在深山里有何企图？

唉，让我来发点善心吧，

我愿意教诲你把事情的究竟弄清楚。

罚一劝百是施政的常道，

不听从再追究责任也不算迟误。

谁是你的亲友能对你哀怜，

抄写我这首诗给你看以破除你的愚昧无知。

石鼓歌

　　石鼓是我国传世石刻中最古的一种,是十个像鼓那样的大石块,在周围分别刻上十首讲狩猎的四言诗,所以通称之为"石鼓"、"石鼓文"。它应是春秋时秦国的东西,在天兴的三畤原上为唐人所发现①,搬进凤翔府的孔庙里②,北宋末年又搬到京城开封府③,北宋灭亡时金人把它再搬到燕京④,至今仍保存在北京的故宫博物院里。这首七言古诗《石鼓歌》,是韩愈在石鼓搬进凤翔孔庙前写的作品,从内容看应写于宪宗元和六年(811),韩愈四十四岁,在东都洛阳任职,至于歌的内容,因为韩愈相信石鼓是西周宣王时所刊刻,所以开头就从这位号称"中兴"之主宣王讲起,最后一再建议应视为重宝搬进京城,并和"柄任儒术崇丘轲"之举相提并论。通篇一气呵成,笔力苍劲,常为后来写长篇七言古诗者所学习模拟。

---

①天兴:今陕西凤翔。
②凤翔府:治所在天兴,即今陕西凤翔。
③开封府:治所在今河南开封。
④燕京:今北京。

　　　张生手持石鼓文①，劝我试作石鼓歌。

　　　少陵无人谪仙死②，才薄将奈石鼓何！

　　　周纲陵迟四海沸③，宣王愤起挥天戈④。

　　　大开明堂受朝贺⑤，诸侯剑珮鸣相磨⑥。

　　　蒐于岐阳骋雄俊⑦，万里禽兽皆遮罗。

　　　镌功勒成告万世⑧，凿石作鼓隳嵯峨⑨。

　　　从臣才艺咸第一，拣选撰刻留山阿⑩。

　　　雨淋日炙野火燎⑪，鬼物守护烦㧑呵⑫。

　　　公从何处得纸本，毫发尽备无差讹。

----

① 张生：可能名叫彻。石鼓文：指石鼓文字的拓本。石刻文字通常是凹下去的，用纸蒙在上面经水湿后敲打，使有字画处纸跟着凹下，然后扑上或刷上墨，揭下来便成为黑底白字的拓本。这种墨拓技术在南北朝时就出现了，到唐代已很通行。

② 少陵：杜甫，因家住当时长安县南的少陵原而自称"少陵野老"。谪仙：李白，当时人称他为"谪仙人"，即从天上贬谪到凡尘的仙人。

③ 陵迟：衰坏。

④ 天戈：戈是先秦时最常用的长柄武器，用来击杀、钩杀敌人，"天戈"就是天子所用之戈，也就代表天子的军事威力。

⑤ 明堂：西周时天子所用的大会堂，凡听政、祭祀、庆赏、选士、养老等国家大典都在这里举行。

⑥ 珮（pèi 配）：同"佩"，古代贵族挂在身上做为装饰的玉制玩器。

⑦ 蒐（sōu 搜）：狩猎。岐阳：岐是岐山，在今陕西岐山县城东北，岐阳就是岐山的南面，古代山南为阳，山北为阴。

⑧ 镌（juān 捐）：凿刻。勒：也是刻。成：成就、勋业。

⑨ 隳（huī 灰）：毁坏。嵯峨：形容山的高耸。

⑩ 阿（ē 婀）：曲隅。

⑪ 炙（zhì 制）：烤。

⑫ 㧑（huī 灰）：通"挥"。呵（hē 喝）：大声呵斥。

辞严义密读难晓，字体不类隶与科①。

年深岂免有缺画，快剑斫断生蛟鼍②。

鸾翔凤翥众仙下③，珊瑚碧树交枝柯④。

金绳铁索锁纽壮，古鼎跃水龙腾梭⑤。

陋儒编《诗》不收入⑥，二《雅》褊迫无委蛇⑦。

孔子西行不到秦，掎摭星宿遗羲娥⑧。

嗟余好古生苦晚，对此涕泪双滂沱⑨。

忆昔初蒙博士征，其年始改称元和。

---

① 隶：隶书，出现于秦汉时，开始时只把原来的小篆写得随便些，到东汉时又演变出艺术化的隶书，被称为"八分"。科：科斗书，是篆书的一种，因头大尾小，像青蛙的幼虫科斗（蝌蚪）一样，所以被称为科斗书。

② 鼍（tuó 驼）：扬子鳄。

③ 鸾：神话中凤凰一类的飞禽。凤：凤凰，神话中飞禽之王，最早为殷商、东夷所崇拜，认为他们是凤凰的后裔，这时凤凰的形象还只是燕子，燕子色黑，也称玄鸟，以后披上美丽的羽毛，成为和孔雀等动物相类似的东西。翥（zhù 铸）：飞升。

④ 珊瑚：这里指珊瑚树。碧：青绿色的美玉。

⑤ 古鼎跃水：鼎本是古人用来煮肉食的，后来成为权威的象征。《史记·封禅书》说"宋太丘社亡，而鼎没于泗水彭城下"，相传是自己跳进泗水里去的。龙腾梭：传说东晋大臣陶侃年轻时捕鱼，捞到一个织布用的梭子，挂在墙壁上，不一会打雷下雨，梭子变成赤龙飞去。

⑥ 陋儒：指孔子以前编诗的人。因为古人误传当时的四言诗本有三千多篇，经孔子删削只留下三百零五篇，就是后来为人们传诵的《诗经》。

⑦ 二《雅》：《诗》的《大雅》、《小雅》。褊（biǎn 扁）：狭隘。迫：狭窄。委蛇（wēi tuó 威驼）：同"委佗"，从容自得的样子。

⑧ 掎（jǐ 己）：拉住。摭（zhí 直）：拾取。羲：羲和，古代神话中日神，这里用来代表太阳。娥：姮娥，古代神话中月神，这里用来代表月亮。

⑨ 滂沱（pāng tuó 乓驼）：大雨貌，这里用来形容涕泪多。

故人从军在右辅①,为我量度掘臼科②。

濯冠沐浴告祭酒③,如此至宝存岂多。

毡苞席裹可立致④,十鼓只载数骆驼。

荐诸太庙比郜鼎⑤,光价岂止百倍过。

圣恩若许留太学⑥,诸生讲解得切磋⑦。

观经鸿都尚填咽⑧,坐见举国来奔波。

剜苔剔藓露节角⑨,安置妥帖平不颇⑩。

---

①故人从军在右辅:西汉时设京兆尹管理京城长安及其周围地区,右扶风管理京兆以西地区,左冯(píng平)翊管理京兆以东地区,合称"三辅",韩愈的这个老朋友在凤翔节度使手下任职,凤翔在西汉是右扶风所管,所以可称为"右辅",节度使掌兵权,所以在节度使处任职可称为"从军"。

②臼科:石臼形状的坑窝。

③濯(zhuó浊):洗涤。濯冠沐浴:用来表示敬谨。祭酒:唐代最高学府国子监的长官是从三品的祭酒。

④苞:通"包"。

⑤太庙:君主的祖庙。郜(gào告)鼎:郜是周文王之子的封国,为宋所灭,所以郜铸的大鼎为宋所有,春秋初年宋国内乱,怕鲁国干涉,把这个郜鼎贿赂鲁国,鲁国竟也接纳了并送进太庙,受到识大体者的批评。

⑥太学:唐代国子监设六个学,太学是六学之一。

⑦切磋(cuō搓):切是割开,磋是磨光,本指加工器物,引申为在学问上商讨研究。

⑧观经鸿都:东汉灵帝熹(xī希)平年间在洛阳太学门外用石碑刊《诗》、《书》、《易》、《仪礼》、《春秋》、《公羊传》、《论语》七种经典,后人称之为《熹平石经》,当时每天有千余辆车子载着人们来观看,把街道都堵塞了。鸿都即鸿都门,但并非太学的门,可能韩愈记错了。填咽:车马拥挤状。

⑨剜(wān弯):用刀挖。剔(tī梯):把东西挑出来。节角:东西本来的模样。

⑩颇:偏颇,不平正。

大厦深檐与盖覆,经历久远期无佗①。

中朝大官老于事②,讵肯感激徒婀娜③。

牧童敲火牛砺角,谁复著手为摩挲④?

日销月铄就埋没⑤,六年西顾空吟哦。

羲之俗书趁姿媚⑥,数纸尚可博白鹅⑦。

继周八代争战罢⑧,无人收拾理则那⑨!

方今太平日无事,柄任儒术崇丘轲。

安能以此上论列,愿借辩口如悬河⑩。

石鼓之歌止于此,呜呼吾意其蹉跎⑪!

【翻译】

　　张生拿来了石鼓文,

----

① 无佗:即"无他",指没有什么祸害。
② 中朝:中是中央,朝是朝廷,中朝也就是朝廷的意思。
③ 讵(jù巨):岂。感激:感动奋发。婀娜(ān é):依违曲阿。
④ 摩挲:抚弄。
⑤ 销:本是熔化,这里作"销削"讲。铄(shuò朔):本也是熔化,这里作"剥蚀"讲。
⑥ 羲之俗书:羲之指东晋时大书法家王羲之,但他写的字已是后来通行的隶书和行草书,较之石鼓上的字已不算古雅而可称之为流俗。
⑦ 博白鹅:传说王羲之爱鹅,有个道士养的鹅很好,王羲之写了《道德经》和他换鹅。
⑧ 继周八代:周以后秦、汉、晋、宋、齐、梁、陈、隋可算八代,如以石鼓所在之地来说,则秦、汉、魏、晋、北魏、西魏、北周、隋也可算八代,不知韩愈自己是怎么算法。
⑨ 那(nuò诺):语助词,作"奈何"讲。
⑩ 悬河:形容滔滔不绝地讲话。
⑪ 蹉跎:这里是时间白白地错过去的意思。

劝我试写首石鼓歌。
少陵不在了谪仙也已去世，
我才华不够对着它真有点无可奈何！
想往昔周朝政纲衰坏四海沸乱，
宣王发愤整治挥动起天戈。
大开明堂接受诸侯来朝贺，
诸侯们挂着的剑和佩叮当地相磨。
去岐阳狩猎夸耀车马雄强，
万里之内的飞禽走兽都被遮拦网罗。
要把丰功伟业铭刻下来传之万世，
凿下山石做成石鼓不惜毁损山峰的嵯峨。
从臣们才华技艺都是第一流，
挑拣选择撰诗刻字然后把它留在山之阿。
雨淋日晒还经野火烧烤，
可仍保存下来像有鬼神在守护。
公从哪里弄来这拓本，
文字毫发毕露没有差错。
辞义严密读起来可不好懂，
字体既不像隶书又不像科斗。
年代久了难免有些断缺，
就像利剑斩断了蛟鼍。
又像鸾凤飞翔群仙下降，
又像珊瑚树碧玉树交结着枝柯。
又像有金绳铁索加以锁纽，
又像古鼎会跃进水里腾龙会变梭。
编《诗》的陋儒们没有把它收进去，

使大小二《雅》都变得狭隘而不能委蛇。
孔子西行又不曾到达秦地，
致使摘取了星辰却遗漏掉羲和姮娥。
唉，好古的我只恨出生得太晚，
对着它涕泪双流可真像大雨滂沱。
记得那年刚被征召做国子博士，
那年刚改年号叫作元和。
有个老朋友从军在右辅，
给我度量了石鼓大小好准备迁移安放挖坑窝。
我洗刷帽子洗过澡去禀告祭酒，
说这样绝顶贵重的宝物保存下来已不多。
用毡包好席裹好就能马上弄来，
十个石鼓负载起来也不过用几头骆驼。
把它恭送进太庙和当年鲁国接受郜鼎相比较，
光彩声价何止百倍地胜过。
皇上如果恩准把它留在太学里，
那对学生们讲解时就可供商讨切磋。
当年去鸿都门看石经的人尚且多得车马填咽，
如今肯定通天下的人都要为了看石鼓而奔波。
该剜剔掉苔藓让它露出本来的模样，
安放得十分平稳不让偏颇。
有大厦深檐给它覆盖着，
让它再经历久远也不遭灾祸。
可朝廷的大官太世故，
岂肯为之感奋而惯于依违曲阿。
让它被牧童去敲火牛去磨角，

有谁加以爱惜摩挲？
这样一天天销削剥蚀终于要被埋没掉，
我六年来翘首西望却束手无策空自吟哦。
王羲之的俗书只会呈献姿媚，
可写了几张还可换到白鹅。
周以后经历八个朝代争战早已结束，
还无人去收拾可为之奈何！
如今天下太平海内无事，
任用儒术尊崇孔丘孟轲。
谁能把这些向皇上奏请，
我愿借给他善辩之口有如悬河。
石鼓之歌就写到这里，
唉，我这番诚意是否仍会付之东流！

赠张籍

　　韩愈写过不少长篇五言古诗,但往往喜用生僻字,叫人不易通读。这首《赠张籍》,是因为好友张籍教他的儿子韩昶读《诗经》,教得很得法,一天能通读一卷,于是韩愈很高兴地写来赠送给张籍以表感谢。诗里的生僻字虽仍有一些,却还可以读得下去,而且诗中所流露的爱子之情和望子成龙之心也十分真切,并无丝毫虚伪做作之处,比后来某些所谓诗人之好打官腔摆架子者自有雅俗之别。这位韩昶是德宗贞元十五年(799)出生的,据他晚年给自己所写的墓志,他向张籍学《诗经》是在十几岁时,加之这首诗最后有"便可耕灞浐"的话,说明写诗时韩愈应在长安,应是宪宗元和六年(811)韩愈任兵部职方员外郎时所作,当时韩愈四十四岁。

　　　吾老著读书①,余事不挂眼。
　　　有儿虽甚怜,教示不免简②。
　　　君来好呼出,踉跄越门限③。

①著:专心致志的意思。
②简:简略,简慢,照顾不周。
③踉跄(liàng qiàng 亮呛):也作"踉蹡",走路不稳、跌跌冲冲的样子。门限:门槛,旧式的门在门底下要安一条木档子,叫门槛、门限。

惧其无所知，见则先愧赧①。

昨因有缘事②，上马插手版③。

留君住厅食，使立侍盘盏④。

薄暮归见君，迎我笑而莞⑤。

指渠相贺言，此是万金产⑥。

吾爱其风骨⑦，粹美无可拣⑧。

试将《诗》义授，如以肉贯弗⑨。

开祛露毫末⑩，自得高蹇嵼⑪。

我身蹋丘轲，爵位不早绾⑫。

固宜长有人，文章绍编划⑬。

---

①赧（nǎn 南上声）：害羞而脸红。

②缘：因。

③手版：也叫"笏"（hù 户），用象牙或玉、竹、木等制成，上朝时得拿上，上面可以记事，以免奏对时遗忘。

④盏（zhǎn 展）：浅而小的杯子，这里指酒杯。

⑤莞（wǎn 碗）：莞尔，微笑貌。

⑥产：妇女生孩子叫"产"，这里是名词，作"孩子"讲。

⑦风骨：风度品格。

⑧无可拣：拣是挑拣，无可拣，是说挑不出毛病。

⑨肉贯弗（chǎn 铲）：弗是插上肉在火上烤的签子，肉贯弗，是很快就熟透的意思。

⑩祛（qū 区）：衣襟。

⑪蹇嵼（jiǎn chǎn 检产）：即"蹇产"，诘屈，曲折。

⑫绾（wǎn 碗）：系住绳状的东西叫"绾"，古代授与封爵官职时都得给印章，印章上端穿根丝带叫"绶"以便佩挂，得到封爵、官职就系住了印绶，所以受封做官可以叫"绾"。

⑬划（chǎn 产）：削。

感荷君子德,恍若乘朽栈①。
召令吐所记②,解摘了瑟僩③。
顾视窗壁间,亲戚竞觇矕④。
喜气排寒冬,逼耳鸣睍睆⑤。
如今更谁恨,便可耕灞浐⑥。

【翻译】

我年纪大了时间多半放在书本上,
余外的事情再没去多用心眼。
有个孩子虽也很爱怜,
可教导训诲难免太疏简。
君来到我把他叫出来,
他跌跌冲冲地跨越过门限。
我怕他什么也不懂,
看到生人只会先红脸。
昨天因为我有点公事,
跨上马插好手版得去办理。
把君留下来在客厅上吃便饭,

---

①恍(huǎng 谎)若乘朽栈:恍是仿佛,栈是车子,仿佛登上了朽坏的车子,是表示惶恐不敢承当的意思。
②吐:讲出来。
③解摘:解答提问。瑟僩(xiàn 现):宽心、放心。
④亲戚:这里指家里的人,如夫人之类。觇(chān 掺):窥看。矕(mǎn 满):注视。
⑤睍睆(xiàn huǎn 现缓):《诗·邶风·凯风》有"睍睆黄鸟,载其好音"的话,睍睆就是美好的声音。
⑥灞浐:灞河和浐河,都在长安城东,灞浐之间当时号称"三辅胜地"。

叫他侍立在旁边敬奉盘盏。

天将晚我回家来见君，

君迎上前来微笑莞尔。

指着他恭喜我说，

这可是万金之产。

说爱他风度品格，

好得没有毛病可挑拣。

试把《诗》义给他讲解，

一会就熟透像烤肉上了弗。

像才打开衣襟露出点东西，

就已经既高大又诘屈不平凡。

我一心追踪孔丘与孟轲，

封爵官位都没能及早掌绾。

自应后继有人，

将来好把我的文章来编削。

感荷你君子的恩德，

使我惶恐得好似登上了朽栈。

把他叫来讲讲所学的东西，

他解答提问都可使我心宽。

回头看到窗子那边，

家里的人都争着在窥看。

一堂喜气连冬天的寒气都被冲散，

满耳喜悦之声像黄鸟睍睆。

如今我还有什么不满足，

可以放心地买些田地终老在灞浐。

听颖师弹琴①

这是韩愈在长安听了一位僧人颖师弹琴后写了送给他的七言古诗。当时李贺也写了这样一首古诗,诗里说到李贺自己正在做奉礼郎,而李贺在长安做奉礼郎是宪宗元和五年(810)的事情,到八年(813)春天就离开长安,而韩愈元和五年还在东都任河南令,六年才回京师任兵部职方员外郎,七年(812)任国子博士,听琴写诗应在这两年,韩愈四十四五岁。七言古诗一般每句都是七个字,但也有夹杂进每句五字甚至四字、八九字的。韩愈这首听弹琴诗就夹进了不少五字句,这是为了要写出琴声音节变化的缘故。再一点,唐人写音乐诗时多数要把自己的情感写进去,能把情感和音乐融为一体的才算上乘之作,韩愈这首听琴诗就是如此。

---

① 颖师:是僧人,法名该叫"×颖",所以称之为"颖师",擅长弹琴,当时来京城在显贵官僚间献艺,这也是唐代的一种风气。琴:我国传统的乐器,西周时已出现,以后长期受到文人和有文化的官僚们的爱好,琴身是个狭长的木质音箱,上面安上七根弦,所以也叫"七弦琴",演奏时右手弹弦,左手按弦,音域较宽,音色变化丰富。

昵昵儿女语①,恩怨相尔汝②。

划然变轩昂,勇士赴敌场。

浮云柳絮无根蒂③,天地阔远随飞扬。

喧啾百鸟群,忽见孤凤凰。

跻攀分寸不可上④,失势一落千丈强。

嗟余有两耳,未省听丝篁⑤。

自闻颖师弹,起坐在一旁。

推手遽止之,湿衣泪滂滂⑥。

颖乎尔诚能,无以冰炭置我肠⑦。

【翻译】

像小儿女一样昵昵地相语,

既有恩也有怨互相在"尔"、"汝"。

划然一声又转成音调高昂,

好似勇士投身去战场。

再一转又像浮云柳絮那样无根无蒂,

随着广阔的天地到处飞扬。

---

①昵(nì 逆)昵:低声讲亲昵话。

②尔汝:都是"你"的意思,魏晋时江南一带流行一种情歌,每句用"尔"用"汝",叫"尔汝歌"。

③蒂(dì 地):花或瓜果和枝茎相连接的部分叫"蒂"。

④跻(jī 基):登,升。

⑤省(xǐng 醒):这里是懂得、领会的意思。丝篁(huáng 皇):篁是竹林、竹子,丝篁就是"丝竹",即弦乐器和竹制管乐器,用在这里是泛称音乐。

⑥滂滂:也就是"滂沱",大雨貌,这里为了押韵用"滂滂"。

⑦冰炭:冰是冷的,炭是热的,比喻听了琴声使人心中悲喜交集,难于承受。

再一转又像百鸟一起啾啾鸣叫，
其中忽然出现了一只孤单的凤凰。
它要飞升可一分一寸也升不上，
失了势一落却何止千丈。
唉，我虽然空长了两只耳朵，
过去一向不懂得欣赏丝篁。
这次听了你颖师的弹奏，
我起来坐到一旁。
推开手请你不要奏下去了，
我已经衣袖尽湿泪滂滂。
颖啊我承认你真有能耐，
可不要再让冰炭交集在我心肠。

游太平公主山庄^①

这是一首七言绝句。所谓绝句,是截取律诗的一半,律诗有八句四联,绝句只有四句二联。因为字数、句子都少,所以要写得言简意赅,要讲含蓄,使人读了得言外之意,回味无穷,这就是绝句的特有功能。这首《游太平公主山庄》,大概是宪宗元和八年(813)韩愈四十六岁时的作品,这年三月他被提升为刑部比部郎中史馆修撰,到城南太平公主山庄旧址春游时写下了这首为人们传诵的好诗。好就好在没有在诗里对太平公主的贪横不法作任何公开指斥,而只是含蓄地说凭公主当年熏天的气焰自可把城南胜地统统霸占为己有,但到头来寸土尺地还是尽属他人,这既对当前的权势者作了警告,同时也充分表达了韩愈本人对这些权势者的义愤。

---

①太平公主:武则天和高宗所生的小女儿,她三哥中宗死后,她和四哥睿宗联合起来推翻三嫂韦后,让睿宗即位称帝而自己掌握很大的权力,以后又和睿宗联合起来反对睿宗的第三子玄宗,为玄宗所杀。山庄:是当时贵族官僚在名胜风景区设置的私人庄园,主要用来游乐,同时也可有经济收入。太平公主山庄:在当时京兆府万年县南端乐游原上,向南一直延伸到终南山脚下,有四十多里长,太平公主失败后被政府没收分赐他人,韩愈看到的只是遗址,已成为官员百姓春游胜地。

公主当年欲占春，
故将台榭压城闉①。
欲知前面花多少，
直到南山不属人。

【翻译】

公主当年要把春光占尽，
有意把台榭直压到城闉。
要知道前面花木还有多少，
一直到南山脚下都不属于他人。

---

①台榭(xiè 谢)：台在古代本是筑了供游观的高土台，榭是台上供游观的敞
　屋，这里只是亭台楼阁的泛称。闉(yīn 因)：古代城门外层的曲城，这里用
　"闉"是为了押韵，也就是城墙的意思。

盆池五首

古诗一个题目一般只写一首,只有个别的可一题多首。律诗、绝句则往往一首意思说不完,在一个题目下可以写出好几首成为一组诗篇。这《盆池五首》就是一组五首七言绝句,讲在盆池里种荷花、养鱼的乐趣。据前人说,这是宪宗元和十年(815)韩愈任吏部考功郎中知制诰时的作品。当时韩愈已四十八岁了,在古人说来已快进入老年,而且官也做得不算很小,可仍有这种闲情逸致,说明在文章政治上有成就的人也并非成天板起脸过日子,而且弄这种不花什么钱的盆池玩意,比闲下来就征逐酒食,一味追求奢华总要高尚得多。诗句也明白浅显,可体现出安闲的心情,和他平素喜用生僻字的诗风不甚相同。

老翁真个似童儿,
汲水埋盆作小池。
一夜青蛙鸣到晓,
恰如方口钓鱼时①。

① 方口:即"枋口",在韩愈《送李愿归盘谷序》中所说的盘谷附近沁水流经之处,是由山水汇成的一个大水池。韩愈在这里用"方口"作比喻,是为了表达他这时的闲情逸致等于在盘谷隐居过日子。

莫道盆池作不成，
藕梢初种已齐生。
从今有雨君须记，
来听萧萧打叶声。

瓦沼晨朝水自清①，
小虫无数不知名。
忽然分散无踪影，
惟有鱼儿作队行。

泥盆浅小讵成池，
夜半青蛙圣得知②。
一听暗来将伴侣，
不烦鸣唤斗雄雌。

池光天影共青青，
拍岸才添水数瓶。
且待夜深明月去，
试看涵泳几多星③。

【翻译】

　　老翁真的像孩儿，

---

①沼（zhǎo 找）：小池。
②圣得知：这是唐宋人的习惯用语，即敏锐、迅速地知道。
③涵泳：沉浸。

埋起盆汲了水做成个小池。
一夜里青蛙叫直到天放晓，
好似在方口钓鱼之时。

不要说盆池很难做成，
种下的藕梢已齐齐出生。
从今以后得记住下雨时节，
该来倾听萧萧地打响荷叶之声。

瓦池里的水在早晨自然分外的清，
活动着无数小虫可不知其名。
忽然分散开来全无踪影，
只有鱼儿在列队游行。

泥盆既浅小又岂能成池，
可半夜里被青蛙很快得知。
听一声在暗中就引来伴侣，
何用不断地鸣叫来比斗雄雌。

池光和天影一样青青，
要池水拍岸只需再加水几瓶。
且等待夜深明月移去，
可看到池水里沉浸着多少星星。

和李司勋过连昌宫^①

宪宗元和十二年(817)七月宰相裴度出任统帅去平定淮西的叛乱,奏请韩愈做他的行军司马,十月叛乱平定,十一月启程回朝。中途经过已长期锁闭的连昌宫,同行的李正封写了首七言绝句,韩愈就和作了这一首,这时他正五十岁。前面说过,绝句字数不多,要有言外之意,韩愈写这首七言绝句就是如此。他抓住连昌宫是开元年间玄宗临幸过的离宫,从而写出"宫前遗老来相问:今是开元几叶孙"的句子,使人们把这次平定淮西和开元盛世的丰功伟业联想到一起,不着笔墨而给当时的宪宗皇帝树立了能继承先业的形象,这就是这首绝句成功的地方。

夹道疏槐出老根,
高甍巨桷压山原^②。
宫前遗老来相问^③:

---

①李司勋:李正封,当时以吏部司勋员外郎兼侍御史任裴度的判官,所以韩愈以官职称他为李司勋。连昌宫:唐高宗时建筑的离宫,在今河南宜阳,往来长安、洛阳两地要从宫前经过,玄宗在开元年间曾临幸,以后长期锁闭。

②甍(méng 蒙):屋脊。桷(jué 觉):方的椽子。

③遗老:经历世变留下的老人,一般指前一个朝代或本朝代前几代皇帝统治时候留下的老人。

今是开元几叶孙？

【翻译】

路两旁稀疏的槐树露出了老根，

高高的屋脊粗大的椽子在山原上压得怪沉沉。

宫前遗老们前来相问：

当今天子是开元皇帝的几代儿孙？

次硖石①

这是宪宗元和十二年(817)韩愈跟随裴度一行经过连昌宫后到达硖石所写的一首五言绝句。五言绝句一般说来比七言绝句更难写,因为一共只有二十个字,要写得比七言更含蓄,更有言外之意。韩愈这首《次硖石》就是如此,看上去二十个字全部是记事写景,"数日方离雪"说前几天正遇上有雪,"今朝又出山"说当天走出了崤山,"试凭高处望,隐约见潼关"就更讲得明白不用解释。但试想一想,从硖石到潼关之间还有不太近的距离,再登高处也如何能望见呢?韩愈这么写,正是表达了他们急于凯旋回朝、志得意满的心情。对我国古代诗歌尤其是绝句往往得这样去欣赏理解。

数日方离雪,
今朝又出山。
试凭高处望,
隐约见潼关②。

---

①硖(xiá 狭)石:唐代的县名,在今河南三门峡市东南。
②潼关:关名。在今陕西潼关北,古为桃林塞,东汉末设置潼关,当陕西、山西、河南三省的要冲,是关中地区的东大门。

【翻译】

　　几天前才离开雪地，
　　今朝又走出重山。
　　试登高处远眺，
　　隐隐约约见到了潼关。

次潼关先寄张十二阁老使君^①

这是宪宗元和十二年(817)十二月裴度一行到达潼关时韩愈写给华州刺史张贾的一首七言绝句。当时潼关在华州境内,华州刺史张贾照例应到潼关迎候裴度。但华州治所在今陕西华县,离开潼关还有一百多里,可能因此张贾没来得及赶到。韩愈大概是和张贾相熟,于是写了这首诗半开玩笑地催他前来。诗本身没有多大意义,但用四句二十八个字就写出大军凯旋的盛况,写出裴度以宰相出任统帅的威风,其中没有安一个形容词,没有征引一个典故,而气象自然开阔,气势自然雄伟,因而成为公认的七言绝句名作。

> 荆山已去华山来^②,
> 日出潼关四扇开。
> 刺史莫辞迎候远,

---

① 张十二阁老使君:张贾,他排行第十二,所以称之为"张十二",他是华(huà 画)州刺史,所以称之为"使君",唐代中书省、门下省的属官都可称"阁老",他大概还兼任这两省中的某个名义职务,所以也称之为"阁老"。

② 荆山:在今河南灵宝南边。华(huà 画)山:在今陕西东部,当时华州境内,是所谓"五岳"中的西岳。

相公亲破蔡州回①。

【翻译】

　　荆山已过去华山又到来，

　　太阳东升照着潼关关门四扇大开。

　　刺史不要怕远道前来迎候，

　　我们相公是亲自平定了蔡州凯旋而回。

---

①相公：当时裴度已被重新任命为宰相，同时又封晋国公，所以称之为"相
　公"。蔡州：治所汝阳，在今河南汝南，当时是淮西的彰义军节度使的驻
　地，所以攻破蔡州也就平定了淮西地区。

左迁至蓝关示侄孙湘^①

元和十四年(819)正月，韩愈因上《论佛骨表》得罪了宪宗，被南贬到潮州去任刺史，并按照罪人家属不能留京师的规定，韩愈家里的人也得跟着一起去。由于韩愈接到命令就立即动身，家里的人包括寄居的侄孙韩湘等走迟了一步，到蓝关才赶上韩愈。韩愈在忠而获咎感慨万分中写了这首七言律诗送给韩湘，因为韩湘比韩愈自己的儿子韩昶还大五岁，在韩愈子孙辈中算是最年长的一个。在旧诗中七言律诗比较不容易写得精彩，因为颔联、颈联两副对仗弄不好就只有硬性拼凑以致板滞而欠流畅。韩愈这首还算比较流畅的，能够表达出他当时的真实感情，因而博得了后人的喜爱。

一封朝奏九重天^②，夕贬潮州路八千。

---

①左迁：降调官职叫"左迁"。蓝关：即蓝田关，当时在京兆府蓝田县境，即今陕西蓝田境内，是当时从长安南去岭南的必经之地。侄孙湘：韩愈侄儿老成的长子，《祭十二郎文》中"汝之子始十岁"就是指的这个韩湘，这时已二十七岁，和他十九岁的弟弟韩滂一起随同叔祖韩愈南行，同年冬韩滂死在袁州，而韩湘第二年随韩愈回长安，穆宗长庆三年(823)举进士及第。
②九重天：古人认为天有九重即九层，又以"天"比君主，有所谓"君门九重"的说法。

欲为圣明除弊事,肯将衰朽惜残年。

云横秦岭家何在①? 雪拥蓝关马不前。

知汝远来应有意,好收吾骨瘴江边②。

【翻译】

一封表文清早上奏君王之前,

傍晚就被贬逐潮州路程有八千。

要给圣明之世清除弊政,

岂能因为衰老顾惜残年。

彤云横带秦岭家乡应在何地?

积雪堆满蓝关马儿不肯向前。

知道你远远赶来自有你的心意,

好收拾我的尸骨在瘴江之边。

①秦岭:广义的秦岭是西起今甘肃、青海边境,东到河南中部的东西走向大
  山脉,这里是狭义的,仅指在关中南部的一段。
②瘴(zhàng 帐)江:瘴是一种传为南方特有的"瘴气",其实是当地山林间湿
  热蒸郁会使人生病,人们就说中了瘴气。瘴江就是有瘴气的江河。好收
  吾骨瘴江边:韩愈这次被贬时已五十二岁,他估计有可能就此死在岭南,
  因而有要叫韩湘收尸骨的话,以后被召回重任显职是当时没有能料到的。

早春呈水部张十八员外二首①

　　这是韩愈逝世前一年穆宗长庆三年(823)春任吏部侍郎时的作品。当时好友张籍也在京城里做官,韩愈写了这两首七言绝句送给他,大概准备约他到城南曲江去春游。两首都写得很好,"天街小雨润如酥"一首尤享盛名。北宋时大文学家苏轼模仿它,写过一首诗:"荷叶已无擎雨盖,菊残犹有傲霜枝。一年好景君须记,正是橙黄橘绿时。"也同样成为名作,但比较起来,仍不如韩愈原作来得自然。可见文学作品贵自立新意,模仿之作尽管可以极其精工,在思路上总受到局限而不能成其为绝唱。

　　天街小雨润如酥②,草色遥看近却无。
　　最是一年春好处,绝胜烟柳满皇都③。

①水部张十八员外:张籍排行第十八,所以称之为"张十八",他当时在工部任从六品上阶的水部员外郎,所以称之为"水部张十八员外"。
②天街:旧时把京城里的街道叫"天街"。酥(sū 苏):牛羊乳制成的"酥油",用在这里是比喻润滑。
③烟:这里是烟雾轻散的意思。皇都:也就是"帝都",指京城,因为"都"字上面要用个平声字,所以不用"帝都"而用"皇都"。

　　莫道官忙身老大①，即无年少逐春心。
　　凭君先到江头看②，柳色如今深未深？

【翻译】

　　天街下过小雨润湿如酥，
　　远远看去的草色到近处全无。
　　一年中这是春天最好的时节，
　　远胜皇都到处烟柳之时。

　　不要说做官忙年纪又老大，
　　就没有心思像青年人那样喜欢游春。
　　请君先去曲江头看看，
　　柳色现在是浅还是已转深？

---

①官忙身老大：韩愈这时所任吏部侍郎是显要的官职，所以说"官忙"，韩愈
　这时已五十六岁，所以说"身老大"。
②凭：这里作"请"讲。江：指曲江，是唐代京城东南角的游览胜地，遗址在今
　陕西西安东南郊，久已涸竭成为耕地。